农作物

高产理论与种植技术研究

马占飞　孔宪萍　邓学福　著

吉林科学技术出版社

图书在版编目（ＣＩＰ）数据

农作物高产理论与种植技术研究 / 马占飞，孔宪萍，
邓学福著. -- 长春：吉林科学技术出版社，2022.8
　　ISBN 978-7-5578-9382-8

　　Ⅰ．①农… Ⅱ．①马… ②孔… ③邓… Ⅲ．①作物－
高产栽培－栽培技术－研究 Ⅳ．①S31

中国版本图书馆 CIP 数据核字 (2022) 第 113543 号

农作物高产理论与种植技术研究

著	马占飞　孔宪萍　邓学福
出 版 人	宛　霞
责任编辑	王　皓
封面设计	北京万瑞铭图文化传媒有限公司
制　　版	北京万瑞铭图文化传媒有限公司
幅面尺寸	185mm×260mm
开　　本	16
字　　数	282 千字
印　　张	13.25
印　　数	1-1500 册
版　　次	2022年8月第1版
印　　次	2022年8月第1次印刷

出　　版	吉林科学技术出版社
发　　行	吉林科学技术出版社
地　　址	长春市南关区福祉大路5788号出版大厦A座
邮　　编	130118
发行部电话/传真	0431-81629529　81629530　81629531
	81629532　81629533　81629534
储运部电话	0431-86059116
编辑部电话	0431-81629510
印　　刷	廊坊市印艺阁数字科技有限公司

书　　号	ISBN 978-7-5578-9382-8
定　　价	49.00 元

《农作物高产理论与种植技术研究》
编审会

前言 PREFACE

农业生产的发展，多是以农业科学的发展与技术的应用为理论基础，栽培作物是以产量形成的数量、质量、效益和持续发展为主要指标的，而产量的形成是作物、环境和技术措施相互协调的结果，是自然再生产与经济再生产的结合，是一项复杂的系统工程，涉及作物本身、品种特性、土肥水条件、病虫草害防治以及栽培措施运筹等。作物栽培学是农业科学中密切联系生产实际的综合应用科学，作物高产理论和实践则是其更高的层面，在一定程度上反映一个国家和地区的农业科学和生产技术水平。依靠科技进步，转变农业发展方式，将传统农业由主要依靠物质要素投入转到依靠科技创新和提高劳动者素质上来，走产出高效、产品安全、资源节约、环境友好的现代农业发展道路，是当前和今后一个时期加快推进农业现代化的根本途径之一。

农作物高产稳产优质是生产者和消费者永远追求的目标。作物科学工作者的首要任务是为生产提供优质高产的品种和相应的栽培管理措施。科学技术的发展在作物遗传育种、栽培生理、增产措施等方面，取得许多重大突破，得到了实际应用。对作物高产理论与实践进行更高层次的探讨，确有必要。本书作为农作物高产理论与实践方向的著作，主要研究农作物高产理论与种植技术，本书从农作物生产与高产战略介绍入手，针对农作物产量性能优化与环境、农作物群体生理与产量进行了分析研究；另外对小麦高产种植技术、玉米高产种植技术、水稻高产种植技术、大豆高产种植技术以及花生高产种植技术做了一定的介绍；旨在摸索出一条适合提高农作物产量的科学道路，帮助其工作者在应用中少走弯路，运用科学方法，提高效率。这对农作物高产理论与种植技术有一定的借鉴意义。

本书在撰写过程中引用了大量相关专业文献和资料，在此向相关文献的作者表示诚挚地感谢。由于作者水平有限，加之时间仓促，书中难免有错误和不足之处，诚恳地希望专家、学者及广大读者批评指正。

目录 CONTENTS

第一章 农作物生产与高产战略

第一节 农作物生产发展

发展粮食生产,解决吃饭问题,这是国际社会普遍关注的重大战略性和长期性问题。后疫情时代,世界农业大国纷纷调整和制定新的粮食发展战略和粮食安全举措。中国作为世界粮食生产大国、粮食消费大国,面对世界粮食发展与安全格局的新变化,稳定地发展粮食生产,继续解决好吃饭问题,是治国理政、应对国际新形势新挑战的头等大事。改革开放以来,中国特色的粮食发展与安全取得举世瞩目的重大成就,为脱贫攻坚全胜、全面建成小康社会,及应对疫情灾害影响、稳定经济社会发展等奠定了坚实基础。

一、我国粮食发展

我国农业和粮食生产稳定发展,成功地保障了14亿人口的吃饭问题。目前,我国是世界人口大国中粮食生产和供给最为安全的国家之一。近些年来,我国粮食发展和安全取得重大成就,粮食综合生产能力已经达到一个比较稳定的较高的阶段性水平,堪称世界和我国粮食发展史上的伟大奇迹。

(一)我国改革开放40年粮食发展

从改革开放之初的1978年到新时代2021年的40多年间,我国粮食综合生产能力从6000亿斤的基础水平上,2021年全国粮食总产量13657亿斤,这比上年增加267亿斤,增长2.0%,连续7年保持在1.3万亿斤以上。全年粮食产量再创新高,实现"十八连丰"。我国粮食供给从1978年前的"粮食短缺、供给明显小于需求",到1997年的"粮食供求基本平衡、丰年有余",再到目前的"粮食供求基本平衡,结构性矛盾突出",粮食供求关系发生历史性、根本性的转变。

（二）我国近年来粮食发展在转方式、调结构、提质量背景下再登一个千亿斤新台阶

目前，我国粮食总产量已连续 7 年达到 13000 亿斤以上。近年来粮食综合生产能力的提高，再登千亿斤台阶，是在推进绿色高效发展、调整优化结构、适当减少玉米面积、加大生态和资源保护力度的情况下获得的成就，实属不易。当前，我国粮食生产呈现出数量和质量"双提高"的良好发展态势。

（三）我国已成为单位耕地面积养活人口较多的国家

我国用全球 9% 的耕地、6% 的淡水养活了近全球 20% 的人口。我国人均耕地面积仅 1.4 亩，还不到世界人均耕地面积的一半，排在第 126 位，其中全国 664 个市县人均耕地面积在联合国确定的 0.8 亩警戒线之下。我国面对耕地、淡水等农业资源稀缺，坚持绿色发展和新的粮食安全方针，稳定地保障了吃饭问题，有力维护了国家粮食安全。

改革开放以来，我国粮食发展与安全取得重大成就，是中国共产党率领广大农民创造的伟大奇迹，是我国"三农"工作理念、制度和强农惠农政策的伟大奇迹，是中国特色粮食发展战略的伟大奇迹。这一伟大奇迹，是我们党坚持以人民为中心、以民生为本的发展理念的具体体现，是中国特色社会主义制度与体制优势的生动彰显。

二、创造我国粮食发展的有力支撑

我国面对日趋复杂的国际环境与挑战，面对人多地少的基本国情，面对新冠肺炎疫情的严重影响，面对多发重发的自然灾害，依靠什么创造粮食发展与安全的伟大奇迹？习近平新时代中国特色社会主义思想和"三农"理念，为新时代粮食发展与安全指明了方向。中国特色的"三农"理念、农村改革、制度政策、农业经营主体、农业科技创新，是伟大奇迹的有力支撑。

中国特色的"三农"理念，为我国粮食发展与安全奠定了坚实理论基础。始终坚持把农业农村农民问题作为国计民生的根本性问题。坚持把解决好"三农"问题作为全党工作重中之重。坚持农业农村优先发展，加快推进农业农村现代化。坚持把发展粮食作为治国理政的头等大事，始终把粮食发展与安全作为人民至上、生命至上的有力保证。中国特色的农村改革，为我国粮食发展与安全提供了巨大的动力保障。综合分析，改革开放以来我国粮食连续登上 8 个千亿级大台阶的过程，可以发现每登上一个千亿斤的大台阶总是伴随着农村改革的不断深化。1978 年，是我国农村废除"三级所有、对为基础"体制，实行"大包干"和"家庭联产承包责任制"的起始年，当年粮食总产量就达到了 6095 亿斤，这比上年增产 7.8%。20 世纪 80 年代前期和中期，我国农村改革不断深化，稳定完善农村基本经营制度，改革粮食购销体制，由高度的计划体制向市场体制转变，逐渐放开粮食市场，连登两个千亿斤大台阶，1982 年和1984 年粮食总产量分别达到 7090 亿斤和 8146 亿斤。20 世纪 90 年代以来，我国农村改革向纵深发展，实行家庭承包经营、统分结合的双层经营体制，稳定农村承包关系，

改革粮食价格体制，进一步调动了广大农民种粮积极性，粮食总产量突破了 9000 亿斤和 10000 亿斤大关，1993 年粮食总产量 9130 亿斤、1996 年粮食总产量达 10090 亿斤。进入 21 世纪以来，我国农村改革力度加大，坚持稳定农村基本经营制度，加大农业支持保护力度，实行"工业反哺农业，城市支持农村"，有效扭转了 20 世纪初期粮食产量下滑的趋势，2011 年粮食产量再次登上千亿斤大台阶，达到 11424 亿斤，2012 年达到 12245 亿斤。党的十八大以来，我国农村综合改革提速、扩面、集成，实行农村承包地"三权分置"，稳定承包关系长久不变，推进农业供给侧结构性改革，深化农村集体产权制度改革，2021 年粮食产量在基数较高基础上再登千亿斤大台阶，达到 13657 亿斤。

中国特色的"三农"工作制度政策，这为我国粮食发展与安全提供了有力政策保障。巩固完善农村基本经营制度，完善承包地"三权分置"制度，保持土地承包关系稳定并长久不变。完善农业支持保护制度，不断加大强农惠农政策力度，调动和保护地方政府抓粮和农民种粮的积极性。实行"以我为主、立足国内、确保产能、适度进口、科技支撑"的新粮食安全方针，确保谷物基本自给、口粮的绝对安全。坚持"藏粮于地、藏粮于技"的战略性举措，增强了粮食发展与安全的可持续性。建立健全四级国家粮食安全储备制度和体系，确保饭碗里装满自己生产的粮食。

中国特色的农业经营主体，为粮食发展与安全提供了有力的队伍保障。目前，我国已经形成了以小农户为主，家庭农场、农民合作社、社会化服务组织、农业产业化龙头企业等新型农业经营主体相融合的农业经营体系。促进小农户与现代农业有机衔接，新型农业经营主体发挥规模经营、代耕代种、应用科技、改善管理、对接市场等优势，生产性社会化服务组织提供托管服务，形成粮食发展的新业态、新动能，提升粮食生产经营的质量与效益，增强粮食生产抵御各类风险能力。

中国特色的农业科技创新，为粮食发展与安全提供了有力支撑。深化农业科技推广体制改革，建立健全农业科技创新体系。实行"一主多元"的农业科技服务，农业科技企业和农产品加工企业向现代农业科技园、产业园、加工园、示范园聚集，实施农业科技特派员制度，鼓励农科人员把"论文"写在大地上。持续加大农业科技投入，大力支持农业科技创新。围绕粮食提质增效，开展农业科技攻关，提高粮食单产和质量。大力推进农业育种技术、栽培技术、耕作技术、农机技术和绿色农业科技不断创新发展。特别是农业信息化发展加快，大数据、互联网、云计算、区块链等现代信息技术等广泛应用农业领域并日益加深融合。农业科技专业合作社、农业生产性社会化服务组织、农业科技小院等一大批农业科技主体加快发育，为农业科技进村入户发挥了积极作用。每到农时关键时期，国家农业行政主管部门组织专家因时因地因作物制宜的制定农业科技指导应用方案，提高农业科技对粮食生产的针对性、实用性和有效性。

中国特色的"三农"理念、农村改革、制度政策、农业经营主体、农业科技创新，具有强大的优势，迸发出应对世界百年变局、新冠肺炎疫情冲击、重大自然灾害、生态资源瓶颈、国际贸易摩擦等不利因素影响和制约，赢得了粮食生产发展的重大成就，为国家粮食发展与安全奇迹的创造提供有力支撑。

三、粮食发展与安全面临的新形势新挑战

全球粮食生产及供给受世界百年变局、地缘政治、贸易摩擦、突发疫情等多种因素叠加的潜在风险影响，从来没有像今天这样严峻。新冠肺炎疫情给全球粮食发展与安全带来新挑战新问题。疫情放大了粮食安全风险，加剧了一些国家粮食生产供给困难。目前，全球新冠肺炎疫情仍在发展，给粮食生产以及供给带来的挑战和影响仍在加剧。

从全球来看，粮食发展与安全面临新的风险和挑战，不确定性、不可预见性和高度复杂性仍在增加，应对的难度明显加大，疫情严重国家粮食生产和供给的风险在加快向其他国家传导和扩散。

一是地缘政治和新冠肺炎疫情导致非传统粮食发展与安全的风险因素加剧形成。目前已有一些国家在粮食市场和供给上采取限制性政策和措施的苗头倾向。例如，有的国家制定了限制粮食出口政策，有的国家抬高粮食出口价格，部分粮食巨头以期货炒作控制粮源。这种人为造成的粮食生产及供给上的非传统风险因素，比传统风险因素对粮食安全的影响更大，对全球粮食生产及供给的影响更具长期性和危害性。

二是新冠肺炎疫情和自然灾害导致世界粮食生产和供给格局发生新的变化。由于疫情和自然灾害等影响，有些国家粮食生产受到冲击，非洲个别国家受到重创。全球粮食流通体系在有的国家出现断点，粮食供应链阻断，造成粮食供求不畅，粮食价格上涨。在一些疫情和自然灾害严重国家，导致粮食生产链受损，供应链阻断，价格水平攀升，供求矛盾突出。

三是新冠肺炎疫情和自然灾害加剧了粮食供给的不平衡性不稳定性。近几年来，虽然世界谷物产量稳中略有减少，供求基本平衡，但是由于新冠肺炎疫情影响和地缘政治操作，加之有的粮食巨头垄断炒作，加剧了粮食供求的不平衡性。

四是全球粮食购买能力不平衡性加剧。新冠肺炎疫情导致全球失业人口增加，收入水平下降，购买能力降低，再加上有些国家粮价上涨，导致一些低收入群体买不起食品和粮食，受影响最大的是非洲一些国家低收入群体。

从国内来看，我国粮食发展与安全是有保障的，但是也面临一些新情况新问题。在我国粮食发展与安全的总体格局中，稻谷、小麦、玉米三大主粮将继续保持良好发展势头，稻谷和小麦供给充裕与玉米略显偏紧并存，国内大豆、食用油供给能力提升与仍需大量进口并存，粮食供求基本平衡与结构性矛盾突出并存，粮食产量保持稳定增长与粮食消费逐年增加并存。

一是我国粮食增产率低于粮食消费增长率。我国大国小农、人多地少、淡水稀缺的基本国情农情没有改变。尽管近年来农业科技进步带来单产提高，但由于人口增长和需求升级，粮食消费明显增加。据统计，2010～2019年的10年间，我国粮食产量年均增长率2%，粮食消费年增长率2.7%，粮食消费年均增长率高于粮食产量增长率0.7个百分点。这就决定了我国粮食供求总体上是偏紧的。

二是我国城镇化加快发展增加粮食供给新需求。全球城镇化规律显示，一方面城镇化要增加一部分耕地和淡水需求，减少一部分农业生产资源；另一方面城镇化要增

加粮食消费需求。我国每年新增人口大约 600 多万人，新增城镇化人口大约 2000 万人，每年因为人口增长和需求增加都需要粮食消费新增 100 多亿斤，加上消费结构变化和农业人口进城增加的粮食需求，这个压力还是很大。

三是我国农业资源和生态环境对粮食生产的瓶颈制约加大。我国户均耕地 7 亩左右，只有世界平均水平的 1/4，发达国家的 1/40，美国的 1/400。农业灌溉用水的供给呈偏紧趋势，农业生态环境脆弱，制约粮食生产发展。同时，还要减少传统化学投入品使用，调整作物种植结构，必然带来一些品种产量的小幅回调。所以，农业资源稀缺和保护生态环境对粮食发展的制约是刚性的、长期的。

四是有的地方存在耕地非农化、粮田非粮化倾向。受农业比较效益低和外部竞争等因素影响，致使有的地方和农户产生耕地非农化、粮田非粮化倾向；有的地方发展经济和推进城镇化，致使一部分耕地非农化；农民大量外出务工就业导致有的地方农业经营兼业化，致使耕地撂荒；有的片面追求种植效益，导致粮田非粮化种植；有的工商企业进入农业偏离农业经营方向，诱发耕地非农化或是种植非粮化倾向。耕地非农化、粮田非粮化倾向，严重威胁国家粮食安全。对此，国家已明确做出相关规定，坚决制止各类耕地"非农化"、粮田"非粮化"行为，严格落实耕地保护责任，坚决守住耕地红线。

五是我国大豆、食用油和蛋白饲料缺口较大。我国消费需要的大豆、食用油进口数量较大。

六是商品粮消费需求增加。随着我国农民工加快向城市转移，当前，许多大城市已放宽落户条件，300 万人口以下的城市户籍全部放开，进一步提高户籍人口城镇化率。这些转移进城的人口，过去在农村粮食消费是自产自消，现在到了城市需要吃市场上销售的商品粮，由农村种粮人"自产自消"转变为城里人"不产商消"。近些年来，我国粮食商品消费率不断提高。随着肉蛋奶消费增加，食品工业和医药工业发展，对粮食消费需求也明显增加，构成了新的粮食消费需求增长的压力。

七是依靠国际市场解决我国粮食需求的空间越来越小。世界粮食市场不具备支持我国粮食安全的能力。我国每年消费大米 2900 亿斤，而世界市场大米的可贸易量只有 700 亿斤。我国每年消费猪肉 5400 万吨，而世界市场的可贸易量只有 900 多万吨。所以，只有按照我国新的粮食安全方针来解决粮食需求问题，方能把饭碗牢牢端在自己手里。

四、粮食地位、功能与内涵变化

随着国际粮食生产与供求格局新变化，随着全球新冠肺炎疫情蔓延对粮食生产与供给的影响，随着国内人口增长、消费增加和农业资源制约加大，当下粮食的地位、功能和内涵正在发生深刻变化。

第一，粮食生产是乡村振兴的首要任务。乡村振兴首要的是提高粮食综合生产能力，保障国家粮食安全。发展现代农业，既包括粮、棉、油、糖、果、菜、茶等种植业，也包括畜禽养殖和水产捕捞等行业。要把粮食生产摆在乡村振兴的重要地位，把发展粮食作为产业兴旺的重要组成。特别是粮食主产区，应重点抓好粮食产业振兴。无论现代农业的范围如何拓展、功能如何强化，粮食生产的重要地位和作用都不会改变，始终是乡村振兴的基础和核心，始终是"六稳""六保"的有力支撑。

第二，粮食发展与安全是应对突发公共社会事件的有力保障。发生大规模突发公共事件对社会的冲击是多结构多层次的。但最为严重的是首先造成粮食和食品生产链、供应链断裂。随着粮食商品化程度与居民生活社会化程度提高，多数食品企业和居民不多存粮食，大多是现用现购、现吃现买。因此，保障粮食生产和供应是应对处理公共事件的首要任务。一旦在公共事件中发生粮食生产及供给危机，会放大事件负面效应，而且易引发次生危机，加剧社会不稳定性。保持粮食发展，加强粮食储备，是一个国家应对大规模公共事件的先手棋。保障粮食稳定供给是应对公共社会事件的第一要务，是其他一切应对举措的基础。

第三，粮食安全是新型工业化、信息化、城镇化重要基础。中央提出"四化同步"发展战略，关键是加快现代农业建设，补齐全面小康"三农"领域短板，补齐农业现代化这个短板。农业现代化是新型工业化、信息化、城镇化的基础，而粮食安全是基础中的基础。在推进新型工业化、信息化、城镇化进程中，如果忽视或偏离国家粮食安全，这不仅将严重影响农业现代化进程，而且也将给国家社会主义现代化建设带来损失。越是推进新型工业化、信息化、城镇化，越要加快农业农村现代化建设，越要重视和强化粮食生产的地位和作用。

第四，粮食安全是国家安全的重要内容。粮食安全具有重要的经济特性和政治特性。维护国家粮食安全对于一个发展中大国有着特殊的重要性。粮食既是一般性消费品，又是特殊的商品；既是工业原料，又是战略性物资。粮食是经济和社会发展不可缺乏的战略性资源，具有不可替代性。因此，粮食安全既有国民经济系统的经济特性，是一国经济发展的基础；又有保障公民基本生存权利重要属性，是一国国民生存和发展的根本。粮食安全是维护国家经济安全、政治安全的保障，必须始终把维护国家粮食安全放在国家安全的重要地位。

第五，粮食综合生产能力是国家综合经济实力的重要组成部分。世界发达国家非常重视粮食综合生产能力在国家综合经济实力中的地位与作用，不断加强粮食综合生产能力建设。一个国家的综合经济实力，既包括科技实力、军事实力、工业实力和二三产业实力，又包括粮食综合生产能力。粮食综合生产能力是国家其他实力的基础和前提。只有不断提高粮食综合生产能力，充分发挥保障作用，其他实力才有巩固提高和发挥作物的基础。

第六，粮食有效供给能力是国家社会保障能力的重要体现。粮食有效供给能力是国家社会保障能力的基础。一个国家的社会保障是多方面的，包括最低生活保障、医疗保障、养老保障、失业保障等等。这些保障都是以粮食有效供给能力为基础的。粮食供给是国家最大的民生。只有具备了粮食有效供给能力，国家才有足够的社会保障能力。吃饭问题解决了，搞好其他保障才有基础。特别是遇有特大自然灾害和突发事件时，保持自有、有效的粮食供给能力就显得尤为重要。

当前，随着世界百年大变局和一些国家新冠肺炎疫情加剧，地缘政治深层次结构性变化，经济全球化逆流和单边主义抬头，世界经济严重衰退，国际农业市场秩序受到严重干扰,对粮食生产与供给带来深刻影响,粮食发展和安全的重要性凸显,粮食的地位、功能和内涵正在发生着深刻变化与演进。应把后疫情时代粮食发展与安全摆在一个国家和民族发展的重要战略基点上。粮食是一种国力,也是捍卫一个国家和民族命运前途的重要力量;粮食是一种保障,是一个国家和民族生存保障的重要基础;粮食是一种实力,是一个国家和民族综合实力的重要组成。

五、坚定不移走中国特色粮食发展与安全道路

总结我国粮食发展与安全的基本经验,最为重要的就是坚持把"三农"工作摆在全党工作的重中之重地位,坚定不移地走中国特色粮食发展与安全之路。我国创造了粮食发展与安全的伟大奇迹,我国的粮食发展战略和政策措施是成功的。面对全球粮食生产及供给的新形势新挑战,要坚持以中央新的发展理念为指导,可继续坚持贯彻实施中国特色的粮食发展与安全战略和政策措施。

一是要深入贯彻落实新时代粮食安全理念。着眼于国际大背景和国家长远粮食安全,以新时代粮食安全新理念为指导,高度保持后疫情时代粮食发展与安全的战略性、前瞻性。坚持实施"以我为主、立足国内、确保产能、适度进口、科技支撑"的粮食发展战略,做到谷物基本自给、口粮绝对安全,把饭碗牢牢端在自己手里。

二是坚持把发展粮食生产始终作为乡村振兴的重要任务。大力实施乡村振兴战略,要坚持巩固和发展粮食生产。特别是粮食主产区的乡村振兴,要把发展粮食生产和产业化摆在重要位置。要把后疫情时代粮食发展与安全作为国家"六稳""六保"的基础性工程。要坚持粮食数量增长与质量提升并重,巩固和提高粮食综合生产能力。要以巩固和增加粮食总量保消费安全,以提高粮食质量保消费升级。应坚持以稳步发展保粮食供给稳定,首先要稳粮食面积、稳粮食产量、稳粮食发展政策。要进一步转变粮食发展方式,加快粮食绿色发展,提高粮食单产,提升粮食生产效率和效益。要制定新阶段粮食的中长期发展计划,正确处理粮食发展同其他产业的关系,加大粮食省长负责制落实力度。

三是切实解决我国大豆、食用油和蛋白饲料供给突出短板问题。我国大豆、食用油和蛋白饲料供给短缺,进口数量巨大,是粮食发展与安全的突出短板。后疫情时代,随着地缘政治的强化,霸权主义、单边主义上升,国际贸易摩擦加剧,再依靠进口解决的风险性、不确定性日益增大,因此,应立足自力更生,把解决供给短缺的战略基点确定在选择和培育种植我国自有的高产优质油料作物上。要充分发挥我国农作物种质资源丰富的优势,在继续抓好大豆、花生、油菜籽、油葵等油料作物种植的同时,筛选、培育不与种粮争地,单产与营养具有优势,适宜推广种植的油料作物品种,以缓解和解决我国大豆、食用油和蛋白饲料供给短板问题。

四是把粮食发展与安全放在国家区域发展战略的重要位置。要推进区域粮食生产资源优化配置,种植结构布局整体优化,粮食生产统筹发展,粮食综合生产能力协同提高,形成粮食发展与安全的区域性新格局。要在长三角一体化、中部崛起、东北振兴、西部大开发、京津冀协调发展等区域发展战略中提升粮食发展与安全摆位,强化措施,

加大力度，明确任务。省市县域经济社会发展规划中，这对粮食发展与安全要明确巩固提高目标，落实责任和任务。特别是在粮食主产区及800个产粮大县经济社会发展规划中，应把粮食发展与安全作为重中之重，明确目标任务，以此来加大政策措施，坚决防止"重工轻农""重城轻乡""重经轻粮"等现象发生。

五是大力推进粮食生产功能区和重要农产品保护区创新发展。近些年来，我国粮食生产功能区和重要农产品保护区建设取得积极进展。应以新的发展理念为指导，以创新为动力，加大创新支持力度，大力提升"农业两区"现代化水平。应注重发挥我国各区域发展战略对"农业两区"建设的带动、辐射作用，积极促进区域间"农业两区"协同发展，统筹衔接区域间粮食发展规划，协调推进农业科技应用，建立粮食风险联防联控机制，共同保护粮食生产资源，促进区域间粮食生产一体化发展。进一步加强"农业两区"建设，大力提高农业现代化水平。要大力加强粮食主产区建设，巩固和提高稻谷、小麦、玉米三大主粮生产能力，建设现代化绿色高产、优质高效的三大主粮产区。防止粮食主产区的数量减少和能力降低，特别是要有效防止发生粮食调出省减少、粮食调出大省滑向粮食调出小省、粮食调入小省滑向粮食调入大省、粮食产销平衡省滑向粮食调入省。要重点抓好800个产粮大县，夯实粮食生产的基础。要加大扶持粮食主产区的政策力度，加强800个产粮大县现代农业建设，增加农民种粮收入，增加粮食主产区财政收入。要把抓好三大主粮作为粮食发展与安全的重点，巩固和提升三大主粮生产能力，保持三大主粮良好发展势头。同时，应抓好名优特的粮食品种生产，建设特色粮食优势品种产区。

六是制定和强化增产保粮、节约用粮的政策措施。进一步加大强农惠农政策力度，加大对粮食生产的扶持，调动地方政府抓粮、农民种粮、合力保粮、社会节粮的积极性。当前影响粮食安全的风险因素原因较多，但关键是工业品农产品比价差距拉大、务工务农收入差距拉大、耕地资源农用与非农用收益差距拉大。因此，后疫情时代的粮食发展与安全应在扶持政策上加大力度。要进一步制定和完善调动农民和地方政府重粮、保粮、产粮积极性的政策和措施。制定稳粮惠农的新粮价政策、粮农收入补贴政策、耕地粮用补贴政策、扶持种粮新型农业经营主体政策、支持粮食新品种研发和科技创新政策，规范耕地跨区域占补平衡政策。要把巩固和发展三大主粮作为粮食发展的重中之重，作为维护国家粮食安全的命根子，制定扶持三大主粮产能巩固和提高的特殊政策措施。要进一步理顺三大主粮价格，着力解决增产不增收的问题。要加快建设和提升三大主粮生产基地，从财政、金融、科技、保险等方面加大对三大主粮发展的支持力度。制定爱粮、节粮政策措施，用政策把地头到餐桌间10%的粮食浪费率减下来，把餐桌上的粮食浪费率减下来。

七是牢牢守住粮食安全的"一条红线"和"两条底线"。手中有粮，心里不慌；手中有地，心里有底。耕地是保障国家粮食安全的基础条件。保障国家粮食安全的根本在保护耕地，耕地是粮食生产的命根子，认真落实并严格实行最严格的耕地保护制度和最严格的节约用地制度。严格落实耕地保护责任制，牢牢守住"一条红线"和"两条底线"，即18亿亩耕地红线、17亿亩粮田底线和15.5亿亩基本农田底线。特别是要在已划定的基本农田基础上，加快从严划定永久性基本农田，要实行更加严格的用途管制。

八是要加快农业科技创新和应用。要加快育种技术创新，并应用现代育种技术加大种子科研攻关力度，尽快改变有的蔬菜、水果种子及畜禽种苗过度依赖国外进口的状况。要针对我国农产品供给的短板，有针对性地选择推广作用明显的农作物品种，调整优化作物结构。要把育种基地建设作为粮食安全重大的战略性工程，加快三大育种基地的现代化育种建设，尤其要搞好南繁基地建设。推进互联网、大数据、"云计算＋现代农业"，大力发展智慧农机，建设智慧农业，提高农业科技含量和智慧化水平。

九是建立健全现代粮食储备体系。要把现代粮食储备体系建设作为应对粮食灾害风险和市场风险的重大举措，加快建设现代粮食储备体系和流通体系。进一步加强中央和地方粮食储备体系建设，国家要切实掌握合理的粮食储备规模，强化粮食储备调控市场的功能，巩固合理的粮食储备能力。进一步加强粮食储备基础设施现代化建设，提高粮食储备质量。健全完善粮食储备制度，加强粮食储备监管。建立粮食安全预警体系。充分利用好"两种资源""两个市场"，适度进口我国粮食消费中急需品种，把握好进口力度和节奏。

十是建立健全粮食发展与安全的风险防控体系。粮食发展与安全始终面临各类风险和挑战，不仅面临自然风险、市场风险，而且面临突发的公共卫生事件的风险。目前，我国粮食发展抵御各类风险的能力还比较薄弱，基础设施建设滞后，技术支撑能力不强，体制机制还不完善。特别是粮食绿色高质量发展的基础还不稳固，粮食产业发展水平较低，补齐粮食发展与安全领域短板任务繁重。因此，应切实加强粮食生产和供给的抗风险能力建设。要加快建立健全应对世界百年变局、国际形势新变化新挑战与新冠肺炎疫情的冲击影响，巩固和维护粮食发展与安全的有效机制。要切实加强粮食生产和供给的抗风险能力建设。当前，要采取有效措施消除新冠肺炎疫情对粮食发展与安全的冲击与影响，进一步加强抵御自然灾害的基础设施建设，强化抵御风险的技术装备，建立健全应对突发公共卫生事件的设施装备与技术体系。

第二节　农作物安全

粮食安全是国家安全的重要基础，在《中共中央关于制定国民经济和社会发展第十四个五年规划和二〇三五年远景目标的建议》中，国家首次把粮食安全战略纳入五年规划，并将其列在"粮食、能源资源、金融安全"三大安全战略的首位。新中国成立以来，中国在粮食安全保障方面取得了举世瞩目的成就，这一方面要归功于国内粮食生产供应能力的大幅提升，另一方面也得益于中国农业全球领先的开放水平，通过扩大进口补充国内供应，中国利用国际农业市场和资源的规模已经达到相当程度。然而，当今世界处于百年未有之大变局与百年未遇之大疫情交汇之际，新冠肺炎疫情全球蔓延，贸易保护主义抬头，国际地缘政治格局不稳，全球粮食市场面临的风险和不确定性明显增强，不仅极大地增加了中国粮食安全所面临的外部市场风险和压力，而且对国内粮食供需平衡也带来了前所未有的冲击与挑战。

党的十九届五中全会提出，"十四五"时期应加快构建"以国内大循环为主体、国内国际双循环相互促进"的新发展格局。就粮食领域而言，维护中国粮食安全，有赖于国内国际双循环共同支撑的局面日益显现。然而，对于保障国家粮食安全，国内循环和国际循环的功能和作用究竟应当如何定位？国内循环和国际循环各自运行过程中可能会面临哪些风险与挑战？推动两个循环有效衔接、相互促进又需重点克服与应对哪些摩擦、风险和压力？这些都是新发展格局下筑牢国家粮食安全防线、牢牢把握粮食安全主动权亟待展开全面分析和深入研判的重大问题。

二、粮食安全领域双循环：战略定位与相互关系

在世界百年未有之大变局与百年未遇之大疫情交汇的现实背景下，面对国际大循环动能明显减弱、国内大循环活力日益强劲的现状，党中央明确提出应加快构建新发展格局。一方面，要更加注重国内大循环，并将其作为国内经济持续发展的主要动力来源；另一方面，也要推动国内国际双循环相互促进。

对农业部门而言，"双循环"的含义既与其他部门有共同之处，也具有其自身特质。中国之所以能够以低于世界平均的人均水土资源占有量，获得高于世界平均的人均食物消费水平，除了有赖于国内粮食产量的持续提高以外，也与积极利用外部市场和资源补充国内供应紧密相关，尤其是近年来伴随着中国粮食进口规模的不断扩大，国际循环已经深刻嵌入国内循环，成为保障中国粮食安全不可或缺的组成部分，且其重要性和影响力日益增强。与此同时，国内国际双循环的对接融合，也意味着国际粮食市场和外部经贸环境的各种风险与不确定性将更加容易地输入国内粮食市场，并有可能对粮食国内循环带来强大的冲击和压力。在此情况下，如何准确定位国内循环与国际循环在当前及今后中国粮食安全保障中的目标功能与作用分工，如何辩证看待两者的互动关系和相互影响，是准确把握粮食安全领域双循环的重要内涵、推动两个循环共同助力国家粮食安全保障的关键。

（一）有内有外，缺一不可：该进就得进

新中国成立以来，中国在粮食安全保障方面取得了举世瞩目的成就。尤其是2003年至2021年，全国粮食产量实现"十八连丰"，人均粮食占有量超过470千克，远远高于世界平均水平。与此同时，伴随着中国农业对外开放程度的不断提高，特别是加入世界贸易组织（下文简称"入世"）以来，中国通过贸易利用海外农业市场和资源的步伐显著加快。如图1-1所示，入世之前的1997～2000年，中国粮食进口规模总体较小。然而，入世以后的2001～2020年，中国包含大豆在内的广义粮食的进口量快速增长，由1738.0万吨迅速提高到14262.0万吨，增加约7.2倍，年均增长11.7%，进口量与国内产量之比也由3.8%增长到21.3%。国际市场日益成为满足国内持续增长的食物消费需求、维持国内食物供给稳定重要组成部分。

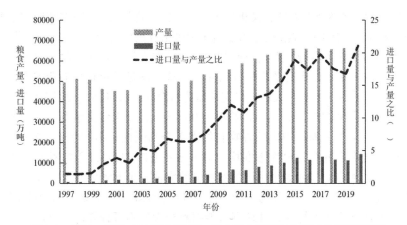

图 1-1　1997～2020 年中国粮食产量、粮食进口量及其与产量之比的变动情况

尽管当前中国粮食安全保障处于历史最佳时期，但考虑到国内粮食消费需求尚未达到峰值、刚性增长态势延续，且资源环境面临的"硬约束"趋紧，粮食供需在今后相当长一个时期内仍将处于脆弱的紧平衡状态。从该角度来讲，利用外部市场和资源作为国内循环的重要补充，不管是现在还是将来，始终都是保障中国粮食安全的必然选择。相关研究的估算结果表明，保证中国农产品的供需平衡，农作物种植面积至少需要 35 亿亩，但国内农作物实际种植面积仅为 25 亿亩，剩余约 10 亿亩的农产品产出缺口必须依靠国外进口。事实上，从国外进口资源密集型农产品，不仅有助于补充国内供应、满足多样化消费需求，而且也符合中国的比较优势，有利于提升资源配置效率。以中国进口最多的农产品——大豆为例，随着大豆进口量的持续增长，进口所包含的虚拟水土资源量也在快速增加。按照 2020 年中国大豆进口 10032.7 万吨折算，相当于进口了 7.6 亿亩的虚拟土资源和 1987.2 亿立方米的虚拟水资源，与当年国内粮食播种面积之比为 43.3%，与当年农业用水量之比为 54.0%。考虑到大豆单产仅相当于玉米单产的 1/3，且大豆单位产量的耗水量也远大于玉米，如果进口的大豆全部由国内自行生产，粗略估计将可能导致国内玉米减产 3.2 亿吨左右，这相当于 2020 年国内玉米总产量的 1.2 倍。从这个意义上来说，大豆进口所节省出的水土资源，为国内调整粮食种植结构，增加稻谷、小麦、玉米的播种面积与产量，保障"谷物基本自给、口粮绝对安全"，无疑创造了十分有利的条件。这也表明，今后无论是要满足人民群众吃饱、吃好的要求，还是要提高农业资源配置效率，中国的粮食安全都必须走合作安全之路，必须合理且充分地利用以国际贸易作为代表的国际循环，即"该进就得进"。

（二）以内为主，以外为辅：该保必须保

虽然国际循环在中国粮食安全保障中发挥了不可或缺的重要作用，但在强调"该进就得进"的同时，也必须清楚地认识到，对于中国这样的人口大国，解决十几亿人口的吃饭问题，不能过度寄希望于国际市场，以内为主仍将是保障国家粮食安全必须始终坚守的底线。

一方面，与中国谷物消费需求相比，国际谷物贸易总量相对有限。以 2019 年为例，

全球谷物贸易量为42855.7万吨，仅相当于当年中国谷物消费需求量的75.7%。其中，稻谷全球贸易量为4253.8万吨，仅相当于当年中国稻谷消费需求量的29.3%。另一方面，倘若中国不是选择立足自身，而是照搬其他一些已进入经济发达阶段、同样人多地少的东亚经济体的做法，以主要依靠国际市场的方式来满足国内食物消费需求，那么，国际市场能否承受得住中国巨大的进口需求压力将存在巨大疑问。再以2019年为例，中国谷物净进口量为2178.2万吨，自给率为96.9%，远高于食物消费需求相似的日本和韩国的自给率水平。如果中国的谷物自给率下降到同期日本的水平（27.4%），按照当年全球谷物市场既有规模静态推算，中国需要进口41113.4万吨谷物，相当于全球谷物贸易总量的95.9%；而如果中国的谷物自给率进一步下降到韩国的水平（20.4%），中国需要净进口45077.5万吨谷物，相当于2019年全球谷物贸易量的105.2%。这不仅在短期内不具有现实可行性，且还有可能招致极大的不可预知的市场风险和国际舆论压力。

由此可见，尽管国际粮食市场可以成为国内粮食市场的重要补充，但高度依赖国际粮食市场并非中国可以选择的"安全"选项。保障中国粮食安全，需要"该保必须保"，必须要确保"谷物基本自给、口粮绝对安全"。

（三）内外统筹，协调互促：助力彼此，形成合力

总体上，保障中国的粮食安全既离不开国内循环的基础支撑，也离不开国际循环的重要补充。然而，尽管国内国际双循环对于保障中国粮食安全可以发挥互补作用，但并不意味着两者总是能够天然地彼此助力、形成合力。事实上，随着中国粮食进口规模的持续扩大和两个循环融合程度的不断提升，国内国际双循环的彼此碰撞、相互冲击正在成为阻碍粮食安全领域双循环高效运行的重要因素，且还引发了国内粮食产量、进口量、库存量"三量齐增"以及"洋货入市，国货入库"等一系列新的粮食安全困扰，使得中国稻谷、小麦、玉米、大豆等粮食品种的库存消费比长期远高于国际公认的17%～18%的警戒水平。与此同时，国际规则约束对国内粮食支持保护政策设计的掣肘压力、国际政治经济格局不稳和新冠肺炎疫情全球蔓延等外部环境带来的高度不确定性等，都更加全面、深入地传导并冲击到了国内粮食市场的供需平衡，并对国内粮食支持保护政策体系转型（以更好地促进"该进就得进"和"该保必须保"目标的兼容）提出了更高要求。

三、新发展格局下的粮食安全风险

在新发展格局下，牢牢把住粮食安全主动权的关键在于畅通粮食国内国际双循环，实现"该进就得进"和"该保必须保"目标的协调统一，推动两个循环"内外统筹，协调互促"。尽管目前中国粮食安全领域双循环总体上的融合程度很高，但在运行过程中仍然面临一些阻碍其高效运行、相互促进的难点问题与需要重点防范的安全风险。

（一）"该进就得进"方面的风险：国际循环的可能断点

1. 世界粮食贸易可能的链接断点

伴随着全球农产品贸易额和贸易量的快速增长，跨境农产品贸易也在人类的热量摄入供应中所占的比重由 1995 年的 16.1% 增加到 2019 年的 21.0%，国际贸易在保障全球粮食安全方面正发挥着愈发关键的作用。然而，由于世界人口和粮食生产在空间分布上的不均衡、不匹配，全球范围内的粮食产销分离趋势日渐明显，粮食生产和出口越来越向少数国家和地区集中。就总量而言，美国、阿根廷、澳大利亚、巴西、加拿大、新西兰、泰国 7 个国家的粮食净出口量占全球粮食净出口总量的约 55%。分产品来看，2000～2019 年，全球稻谷的出口国集中度始终较高，泰国、越南、印度等国家在国际稻谷出口贸易方面所占的市场份额长期维持在 50% 以上；全球小麦和玉米的出口国集中度尽管呈下滑趋势，但前两大出口国（地区）所占的市场份额仍维持在 40%～50% 左右；全球大豆的出口国集中度持续升高，前两大出口国——美国和巴西的大豆出口份额合计由 79.3% 提升至 83.5%。总体上，全球粮食贸易呈现出高度依赖少数大型粮食净出口国的态势，不仅容易形成卖方市场势力，使得出口国有可能利用粮食禁运作为武器来制约进口国，而且一旦出口国暴发重大自然灾害、疫情疾病或出现政局不稳定等突发情况，极易诱发全球粮食市场供给不稳、供应不畅，进而会引爆世界范围内的粮食供应短缺或粮食价格危机。

事实上，以上担忧并非空穴来风，尤其是在新冠肺炎疫情期间，随着全球粮食市场的风险和不确定性增加，越来越多的国家开始质疑全球粮食贸易的作用，有的国家甚至鼓吹放弃粮食贸易或高筑贸易壁垒以更好地独善其身。例如，受恐慌性预期等因素的影响，新冠肺炎疫情暴发以来，部分国家对农产品实施出口限制措施，且这些国家中也不乏一些主要的粮食产品出口国。例如，印度、越南、缅甸等 13 个国家对稻谷实施出口限制措施，影响了全球约 44.3% 的稻谷贸易；俄罗斯、哈萨克斯坦、罗马尼亚等 8 个国家对小麦实施出口限制措施，影响了全球约 23.7% 的小麦贸易。这种"以邻为壑"的贸易政策极有可能诱发连锁反应，诱导其他粮食贸易国纷纷仿效，进而积小成大，加剧国际粮食市场短期内的供需紧张和粮价动荡，对市场不良预期和恐慌情绪产生推波助澜的作用，给世界粮食安全和经济社会稳定带来严重的影响。

2. 全球粮食流通潜在的运输断点

粮食国际贸易的快速增长、粮食生产与贸易区域的高度集中，使得全球粮食运输网络系统和关键路线节点面临的压力不断加大，一旦关键节点出现阻塞或中断，将造成运输延误或停滞、增加运输成本、降低市场反应能力、加剧粮食价格异动，对粮食的可获得性及运达的及时性造成重大影响。从全球范围来看，粮食跨境运输主要依靠海运，对海上运输要道和关键节点的依赖性日益增强，其中，巴拿马运河、马六甲海峡、直布罗陀海峡、苏伊士运河、曼德海峡、土耳其海峡、多佛海峡和霍尔木兹海峡是 8 个最为关键的海上运输节点。相关数据显示，2015 年，全球约 55% 的玉米、小麦、稻谷、大豆贸易运输都要至少途经这 8 个海上运输节点中的一个，约 11% 的贸易运输需要通过土耳其海峡、霍尔木兹海峡中的一个或两个，并且没有其他替代路线。另一方面，

2002～2017年，由于气候风险、安全和冲突风险以及政治与制度风险等，除直布罗陀海峡外，其他7个海上运输关键节点均发生过至少1次中断，其中，巴拿马运河、土耳其海峡和苏伊士运河的中断次数都超过5次，相当于平均每3年则要中断一次。海上运输要道和关键节点的中断，对全球粮食贸易甚至世界经济带来了巨大冲击。例如，2021年3月～4月，亚欧之间连接地中海和红海的重要贸易通道——苏伊士运河接连发生了两次堵塞。据估计，苏伊士运河每中断一周，全球贸易增长就可能下降0.2个至0.4个百分点。

作为全球重要的粮食进口国，受国际粮食出口和运输路线集中的影响，中国的粮食进口不仅面临着品种和来源地高度集中的问题，也面临着进口运输线路高度集中的风险。以2019年为例，中国进口大豆8851.1万吨，占当年国内粮食进口总量的70%以上，其中，84%的大豆进口来源于巴西和美国。从海上运输线路来看，中国从巴西、美国进口大豆，除了需要经历两国国内长距离的内陆运输以外，还需要通过巴拿马运河、马六甲海峡这两个海上运输节点。其中，通过巴拿马运河运输的进口大豆占中国大豆进口总量的比重由2000年的27%上升到2017年的39%；通过马六甲海峡运输的进口大豆所占比重则由8%上升到43%，这两个海上运输节点对于保障中国大豆进口安全的重要性不言而喻。尽管目前中国并未因为这些运输节点出现中断而受损，但新冠肺炎疫情和苏伊士运河堵塞事件却暴露出全球农产品供应链与运输链的极度脆弱性。如果未来这两个海上运输节点发生重大突发事件，导致运输中断，那么，便极有可能对中国大豆进口的安全性和运达的及时性造成不利影响。从这个角度来讲，需要未雨绸缪，除了重视粮食进口的品种结构和来源结构多元化以外，多元化粮食进口的运输线路、降低粮食国际运输成本、提高运输稳定性和及时性，也应当成为未来中国分散粮食进口风险的重要考量方面。

3. 极端情形下的全球粮食供应断点

当今世界处于百年未有之大变局，意识形态、地缘政治、多边贸易和投资框架体系遭遇挑战等一系列非市场因素可能会严重扰乱全球农产品市场和贸易秩序，而粮食能源化和金融化、自然灾害频发等层出不穷的因素则导致国内外农产品市场形势更加错综复杂。在极端情形下，全球粮食市场稳定性堪忧，全球粮食供应也可能面临断点风险。

一方面，随着全球变暖形势日益严峻，极端天气衍生出自然灾害和病虫害进入高发期，严重威胁全球粮食生产和粮食市场的稳定性。联合国防灾减灾署发布的一份报告显示，过去20年间全球共记录发生了7348起自然灾害事件，远远超过1980～1999年间的4212起。另一方面，世界范围内单边主义、贸易保护主义盛行，严重扰乱了国际粮食市场与贸易的秩序和格局。尤其是在逆全球化背景下，国际政治经济变局对全球粮食的可获得性和稳定性的影响不容小觑。在全球贸易摩擦愈演愈烈的背景下，农业成为贸易保护主义蔓延的重要领域之一，与之相关的各类贸易摩擦接连不断。

除了自然灾害和政治等传统因素外，国际农产品市场受生物质能源、投机资本等非传统因素的影响加深，粮食市场面临的不确定性、波动性和风险加剧。受此影响，国际粮价进入频繁波动期。21 世纪以来，国际粮价在 2004 年、2008 年、2010 年、2012 年等出现过多次较大幅度的波动，新冠肺炎疫情暴发有可能诱发全球粮价步入新一轮波动周期。考虑到新冠肺炎疫情尚未结束，各种因素对世界粮食市场的影响仍在持续，未来全球粮食市场波动风险仍将不断增加，中国利用外部市场及资源来补充国内粮食供应、保障粮食安全的难度也将有增无减。

（二）"该保必须保"方面的风险：国内循环的内在"压力点"

1. 资源约束持续加大的压力

在粮食消费需求刚性增长与资源环境"硬约束"长期并存的局面之下，中国粮食供需"紧平衡"或将成为常态。一方面，人口增长和膳食结构转型升级，推动国内食物消费需求总量仍将持续扩张。根据经合组织与联合国粮农组织的预测，中国谷物总量需求将在 2029 年达到 22307 万吨的峰值，包含大豆在内的粮食总量需求届时将达到 76691 万吨。此外，随着中国城乡居民膳食结构的转型升级，对动物性产品的消费将会快速增长。国务院发展研究中心课题组的研究表明，中国的肉类需求将在 2030 年达到峰值，而奶类、蛋类和水产品则分别将在 2047 年、2030 年和 2069 年达到总量需求峰值。另一方面，国内水土资源短缺问题日益加剧，对粮食生产的瓶颈制约明显。受制于"人多地少水缺"的资源禀赋条件，国内粮食增产仍将高度依赖化学品的高投入及资源的高强度开发利用，导致资源环境这根弦越绷越紧，不仅会极大增加食品质量安全风险，而且会对农业可持续发展带来巨大挑战。

此外，伴随着中国粮食生产越来越向主产区和少数省份集中，粮食生产重心北移趋势愈发明显，粮食主产区的资源环境约束显著增强。2003 ~ 2020 年，13 个主产区（包括黑龙江、吉林、辽宁、河北、山东、内蒙古、四川、河南、江西、湖南、湖北、江苏、安徽）的粮食产量占全国粮食总产量的比重已由 71.0% 增长到 78.6%，尤其是黑龙江、吉林、辽宁、内蒙古、河北、河南、山东北方 7 省（区）的这一比重明显提升，由 39.5% 增长到 49.9%。同期，这北方 7 省（区）的粮食播种面积从 60309 万亩增长到 83835 万亩，增幅将近 40%。粮食生产高度向少数省份集中不仅极大地增加了粮食主产区的资源环境压力，不利于全国各个区域之间的协调发展，而且还有可能进一步降低粮食主销区和产销平衡区的生产积极性，导致一旦少数粮食主产区发生重大疫情或自然灾害，全国粮食安全形势必然受到波及，也可能会极大地增加中国未来粮食安全保障的风险隐患。

2. 生产成本不断上升的压力

随着工业化、城市化的推进及农村人口结构的变化，人工成本、土地成本和其他生产要素成本持续上涨，推动中国粮食产品的生产成本步入快速上升通道。2001 ~ 2019 年，中国稻谷、小麦、玉米三种粮食的平均总生产成本从 350.6 元 / 亩增加到 1108.9 元 / 亩，年均增长 6.6%。其中，土地成本年均增长 9.9%，人工成本年均增长 6.7%，物质与服务费用年均增长 5.4%。同期，三种粮食的亩均生产净利润呈现先增后降的趋势，在 2011 年达到峰值后直线下降，而从 2016 年起已经转为负数，2019 年的每亩净利润进一步下降到 −30.5 元。

从国际比较来看，与新大陆国家相比，中国农业生产在经营规模和成本竞争力上先天不足。受人工成本和土地成本上涨的推动，中国主要粮食产品单位产量的总成本已全面超过美国。截至2019年，中国稻谷、小麦、玉米和大豆单位产量的总成本已经分别比美国高出36.6%、46.4%、96.2%和117.0%。考虑国内工业化、城镇化尚未完成，人工成本和土地成本仍将不断上涨，由成本倒挂决定的价格倒挂或将成为常态。这意味着，未来随着国内外粮食价格差距的持续扩大，中国粮食产品的国际竞争力将进一步减弱，价差驱动型粮食进口的压力有增无减，不仅会给农产品贸易调控和国内相关产业发展带来更加巨大的压力和冲击，而且也会对农民就业和收入增长产生较大影响，并对国内配套的农业生产支持和补贴政策改革提出更多新的要求。

3. 科技进步和支持政策转型升级的压力

受制于资源禀赋条件的"硬约束"，未来中国扩大粮食播种面积的空间有限，且粮食单产已处于较高水平，进一步提升的难度增加，粮食高位护盘、高位增产的难度明显加大。过去20多年来，尽管全国粮食产量总体上持续增长，然平均增长率先增后降，"十五"时期为1.0%，"十二五"时期为3.4%，"十三五"时期则仅为0.3%。与此同时，全国粮食单产平均增长率也出现了明显下滑，特别是"十三五"时期下降到仅为0.6%，较"十二五"时期减少了1.5个百分点。粮食总产量和单产的增长势头趋缓，对相关政策支撑和科技进步也提出了更高的要求。

然而，中国当前粮食生产中的关键核心技术与农业发达国家相比仍存在差距。以种质资源创新为例，尽管目前国内农作物自主选育品种的播种面积占比超过95%，稻谷、小麦等粮食作物在种子使用方面基本做到了100%自给，但国内在种业核心技术创新和优良品种培育等方面仍面临一些短板问题，主要表现在：一是部分粮食品种的单产水平与国际先进相比仍有较大差距。2019年中国玉米和稻谷单产水平仅相当于美国的60.0%和84.3%，大豆单产水平仅相当于意大利的48.9%，小麦单产水平仅相当于英国的63.0%；二是每年需要从国外进口大量农作物种子，部分品种甚至还高度依赖国外进口。例如，美国先锋公司20多个玉米品种的种植范围就已覆盖东北和黄淮海等粮食主产区；三是种业科技创新能力相比发达国家明显偏低。国内育种企业普遍存在规模小、效益差、创新能力不足等问题，研发投入占销售收入的比例不仅低于国际公认的正常线5%，更是与大型跨国企业相距甚远。

（三）"助力彼此、形成合力"方面的风险：国际循环对国内循环的"冲击点"

1. 非传统"三量齐增"挑战对国内粮食供需市场正常秩序的冲击

受低关税保护、高开放水平及日益严峻的国内粮食供需压力等一系列因素的驱动，国内循环已经受到了世界粮食市场和国际大循环的剧烈冲击，突出表现是：近年来出现了大量超过正常产需缺口的粮食进口及由此引发的"三量齐增"问题。一方面，国内粮食生产成本持续攀升，推动基于生产成本的粮食支持保护价格不断被抬高。另一方面，国际粮价在新冠肺炎疫情暴发之前总体呈现下行走势，导致国内外粮价严重倒挂。此外，受入世承诺约束，相比欧美国家及WTO其他成员，中国既没有足够的关税政策空间和复杂的关税形式，也无法采取进口许可、数量限制等措施，农产品进口调控手段十分有限，边境保护措施的"防火墙"作用难以得到发挥。在该背景下，国外相对便宜的农产品逐步翻越运费、关税等贸易成本之墙，大举进入中国市场，严重扰乱了国内粮食市场秩序，引发产量增长、进口激增、库存积压的反常现象，粮食安全领域国内循环畅通面临巨大压力。

2. "进口＞缺口"被动型、"非必需"进口对粮食产需平衡惯性思维的冲击

"三量齐增"问题的出现，表面上冲击的是国内循环中的内部市场秩序，实质上冲击的是中国保障粮食安全以国内产需为主、贸易为辅的"二元平衡"这一传统的惯性思维，凸显了国内国际双循环连接机制上的认知误区。长期以来，中国粮食安全保障都带有较为明显的封闭经济思维印记。在封闭经济条件下，粮食政策目标往往多关注国内粮食高产量，因为高产量带来高供给，低产量则意味着国内自我供给水平降低，进口就会相应增加。无论是哪种情况，粮食安全保障都主要体现为国内产需的"二元平衡"，辅之以必要的进口作为外在且可调控的平衡项来调剂余缺。然而，在高度开放条件下，尤其是由于粮食生产成本高企、国内外粮价倒挂严重以及配额内进口关税低，中国粮食进口量已经大大超出国内实际的产需缺口量，出现了"非必需"进口大量增长且难以抵挡的问题。这在一定程度上表明，当前粮食进口的主动权已经并非完全掌控在我方手中，粮食贸易也不再如以往一般仅是国内粮食产需平衡的外在辅助项。

事实上，当国际市场已然成为中国粮食供应的重要来源并构成决定国内粮食供需平衡的重要影响因素和有机组成部分时，只要国内外价格差距足够大，粮食大量进口的动力就会持续存在，中国与国际市场的关联度就会进一步增强，想不进口都很难。争论要不要进口、进口多少这种仍然把贸易量看作可以单方面确定取舍的思维方式，不仅脱离现实，而且不利于直面问题及寻求应对之道。此情形下，亟需突破传统的"二元平衡"思维，重新定位国际循环和国际贸易在中国粮食供需平衡中的功能和作用，建立生产－消费－贸易"三元平衡"的新思维，把适度开发利用国际市场、提升国内循环与国际循环的协调程度纳入国家中长期粮食供应的顶层设计与系统规划中。

3. 外部国际规则约束对国内既有农业支持保护体系的冲击

为减轻农产品国际竞争压力，采用边境保护措施和国内支持政策对农业进行支持保护是一些国家的普遍做法。然而，在高度开放的条件下，中国农业国内支持保护政策面临两难困境，不仅难以有效弥补基础竞争力差距，无法抵挡"非必需"进口的大量涌入，而且还面临着愈发严峻的国际争端压力和更加严格的国际规则约束。

从边境保护措施看，目前中国农产品的简单平均关税税率只有15.2%，仅相当于世界平均水平的1/4，甚至远低于瑞士、挪威等发达国家。尽管中国对稻谷、小麦等实施进口关税配额制度，但配额量大，配额内关税低，配额外最高关税税率仅为65%。在此情形下，一旦国内外价差超过65%的配额外关税税率，中国粮食产品的进口就将完全对外放开。除此之外，现阶段中国的边境保护政策还面临着巨大的改革调整压力。尤其是2016～2019年以来，在中国作为被诉方的4起WTO农业争端案件中，就有3起涉及边境保护措施，涉及事由包括农产品进口关税配额管理、动植物检验检疫标准、贸易便利化等。其中，针对美国起诉中国对小麦、稻谷、玉米等三大主粮实施的关税配额管理措施违反入世承诺案（编码：DS517）的裁决结果，中国不得不对《农产品进口关税配额管理暂行办法》进行大幅度修订。

从国内支持政策看，一方面，中国针对主要粮食作物的价格支持政策遭到了WTO规则约束，面临不得不进行调整和改革的处境。例如，受中美农业国内支持争端案件（编码：DS511）中方败诉这一结果的影响，中国不得不对稻谷和小麦的最低收购价政策进行调整，并宣布从2020年起将之前主产区按最低收购价敞开收购的操作办法调整为按最低收购价限量收购。另一方面，发达国家对包含中国在内的发展中国家的农业国内支持政策的诉讼挑战也进入了高发期。2016年至今，以中国和印度为代表的发展中国家的特定农产品的国内支持措施相继被诉，且被诉对象逐渐由稻谷、小麦、玉米等主粮产品向糖料、棉花等经济作物延伸。这表明，包含中国在内的发展中国家的农业支持保护政策体系正遭受到发达国家的全面审视，今后可能会面临越来越高的国际贸易争端和纠纷风险，国际贸易规则已经对中国等发展中国家的农业支持保护政策空间带来了巨大的挑战与压力。

4. 不确定外部环境对利用海外资源能力提出更高要求

作为一个拥有14亿人口的国家，中国的粮食安全、对外投资、农产品贸易、农业援助始终受到国际社会的广泛关注和舆论压力。一方面，发达国家常以中国对粮食贸易实施保护、国内外粮食市场整合程度不高为由，诟病中国对全球粮食安全治理体系的融入程度不够；另一方面，当中国增加粮食进口、加大农业对外直接投资的力度时，不仅受到"中国威胁论""新殖民主义"和"土地掠夺"等不实指控，还遭遇到缺少国际农产品定价权、对国际农产品产业链缺乏掌控力等问题，面临诸多被动局面。不利的国际舆论环境不仅暴露出中国在舆论引导、规则制定等方面的经验欠缺和不足，更是给中国利用国际循环带来了较多不便，严重影响了中国国际声誉与海外农业投资效果。

考虑到中国的发展仍然处于重要战略机遇期，经济基本面长期向好的发展趋势没有改变，强大的国内市场不仅为扩大对外开放提供了广阔空间，而且为农业对外合作提供了良好机遇。同时，世界范围内政治、经济、贸易格局正在发生深刻变化，新冠肺炎疫情影响广泛深远，经济全球化遭遇回头浪，不稳定、不确定因素明显增加，农业国际合作面临的风险挑战将更加严峻。中国在未来仍将通过积极开展农业对外合作来保障本国和全球的粮食生产供应能力、改善全球尤其是发展中国家的粮食安全和营养健康状况以及创造稳定的国际粮食生产、贸易环境和粮食安全环境。在此过程中，不确定的外部环境对中国利用海外资源能力、更好地融入国际循环提出了更高要求。如何提升参与全球粮农治理的能力和技巧，既做负责任的大国，又避免产生大国威胁的负面舆论，也是中国未来利用国际粮食市场与资源、建立开放型国家粮食安全保障体系需要积极面对和深入思考的重要问题之一。

四、新发展格局下粮食安全风险的防范

面对当前国际国内复杂形势，保障中国粮食安全，既需立足国内并畅通国内循环，也需要积极利用国际市场并借助国际循环所带来的竞争压力和倒逼压力，推动国内农业转方式、调结构、补短板、强产业，以增强应对外部风险和冲击的韧性与定力，建立更高层次、更高质量的粮食安全保障体系。具体而言，围绕粮食安全领域连通国际循环的可能"断点"、治理国内循环的内在"压力点"、抵御国际循环对国内循环的潜在"冲击点"，增强国家粮食安全战略定力，则可着重从五方面发力。

（一）转型粮食安全保障既有思维，提升国内国际双循环互促动力

当前中国粮食安全领域双循环所面临的各种阻碍其高效运行、相互促进的风险点，本质上凸显出国内传统的以国内产需为主、贸易为辅的粮食供需平衡思维已经无法适应新的形势要求。在高度开放的条件下，粮食贸易不再简单体现为缺口驱动型进口，而是更多表现为价差驱动型进口。同时，连通国内国际双循环的也不再是单方面自主开合的政府"调控之手"，而是价格孰高孰低的市场"竞争之手"。在此情形下，亟需突破传统的产需"二元平衡"思维，构建将贸易纳入粮食供需体系中的"三元平衡"框架，适度弱化对国内粮食高产量和高自给率目标的追求，并将融入国际粮食市场、提高粮食产品国际竞争力作为保障国家粮食安全的重要组成部分。一方面，要瞄准导致国内粮食生产成本快速上涨的主要因素，通过扩大土地经营规模、推动科技进步、加大基础设施投资等途径来降低生产成本；另一方面，要顺应市场消费需求变化，以低碳、环保、绿色、营养、健康等理念为指引，推动国内农业由产量导向朝质量导向、品质导向和竞争力导向转型，推动质量兴农、绿色兴农、品牌强农，不断提高粮食的质量安全水平、品牌文化内涵和综合竞争力，为消费者提供既多样又安全的消费选择。

（二）筑牢国内粮食稳产保供能力基础，激发国内循环运行活力

面对国内粮食中长期供需紧平衡的挑战和压力，也对于中国这样的人口大国来讲，以国内循环为主始终是国家粮食安全保障必须坚守的底线。要以国内循环的确定性应对国际循环的不确定性，关键在于夯实国内粮食稳产保供的能力基础，通过深入推进"藏粮于地、藏粮于技"两大战略，抓住耕地与种子两大要害，激发国内循环运行活力。一是要打好耕地"保卫战"，坚持"稳数量"与"提质量"并重。落实最严格的耕地保护制度，强化耕地数量、质量、生态"三位一体"保护，采取"长牙齿"的硬措施，严守耕地保护红线，同时加强粮食安全产业带建设，深入推进高标准农田建设与耕地质量提升行动，确保耕地数量不减少、质量有提升、产能不下滑。二是要打好种业"翻身仗"，推动现代种业做大做强。加快启动种源"卡脖子"攻关计划，强化育种基础研究和创新能力升级。三是要打好科技"攻坚战"，提升粮食产业链的科技赋能水平。推进信息、生物、新材料等高新技术在粮食产业中的应用，补齐关键共性技术短板，助力提升粮食安全保障能力。

（三）构建全方位多渠道的外部粮源供应体系，提高国际循环利用能力

面对波动性、不确定性和风险性加剧的国际市场，要当努力升级国际循环的利用能力，通过积极强化贸易风险管控体系建设、参与全球农产品产业链、实施农产品多元化战略等多种方式，构建安全、高效、稳定、多元的外部粮源供应体系。一是应加强农产品贸易风险监测与预警体系建设。强化对粮棉油糖肉蛋奶等大宗农产品国际市场的监测、研判、预警等基础性工作，及时跟踪重点国家、市场、农产品的供需和贸易动态，切实提高应对国际市场波动和风险的能力。二是应深入推进农产品进口多元化战略。审慎把握农产品进口的规模、节奏、方式和布局，推动进口农产品在品种结构、区域结构、渠道来源、运输线路等方面的多元化，分散集中进口的风险。三是应积极参与全球农产品产业链建设。依托"一带一路"倡议、区域全面经济伙伴关系协定等多边协议框架，通过支持和培育大型粮食企业或国际大粮商，强化对国外粮食、资源、物流、仓储及关键环节和运输节点的投资与布局，形成对国际农产品产业链和供应链的控制权与话语权，确保外部粮源买得起、买得到、运得来，促进粮食在更高层次上来实现供需平衡。

（四）升级既有农业支持保护政策体系，化解国际循环对国内循环的冲击压力

国际规则约束对国内农业支持保护体系的冲击，折射出在国内国际双循环深度融合的情况下，国内农业政策的设计关起门来"调结构、转方式"的难度越来越大。应在综合考虑与国际规则的适应性、影响国计民生的敏感性、国际竞争能力以及WTO农业改革走向等因素的基础上，升级中国的农业支持保护政策体系，以化解国际循环对国内循环的冲击压力。一是要用足用好WTO规则所允许的"黄箱"支持空间。尤其是对于非特定产品的"黄箱"补贴，中国仍具有充足的增长余地，需要创新机制设计，加强对这一部分补贴空间的开发利用。二是应积极推动农业支持保护政策由"黄"转"绿"。加大对一般服务支持的投入力度，可通过农田整理、水利设施建设、农技研发推广等方式支持农业发展。

三是应在规则所允许的范围内积极探索创新补贴方式。持续推进主要粮食作物完全成本保险和种植收入保险的"扩面、增品、提标"，推动农业保险从"保基本、保成本"向"保价格、保收入"升级。四是要提高农业支持保护政策实施的精准性和指向性。具体来说，应增强稻谷、小麦最低收购价政策的弹性和灵活性，并积极探索新的补贴类型和补贴手段，推动农业补贴向适应消费需求、鼓励优质优价、提高农业综合效益和竞争力的方向倾斜等。

（五）健全和完善应急保障体系，强化国内国际双循环的协同治理能力

面对百年未有之大变局和百年未遇之大疫情，全球粮食市场和粮食安全都面临巨大考验，国际粮食市场和贸易充满变数和不确定性。在该背景下，中国作为一个负责

任的大国，应始终秉承人类命运共同体理念，积极推动全球粮食安全保障体系建设及粮食安全协同治理，共同维护全球粮食市场和贸易秩序的稳定。对内，要进一步改革完善国内的粮食流通体系、储备体系，提升应急保障能力，确保关键时刻储得够、调得出、运得及，为全球的粮食安全稳定军心，提供"中国方案""中国智慧"。对外，应积极参与全球粮农治理，推动建立稳定的粮食生产、贸易环境和粮食安全环境。一方面，弘扬多边主义和共商共建共享的全球治理观，深度参与全球农业贸易与投资规则的改革和完善，积极推动全球和区域粮食储备体系建设、反对粮食禁运与出口限制等行动计划，增进各国农业贸易和粮食安全的政治互信与政策协调；另一方面，积极推进联合国粮农组织、国际农业发展基金会、世界粮食计划署等国际组织和机构在协调全球农业合作等方面发挥更加重要的作用，共同打造国际粮食安全合作新平台，以更好地助力全球农业食物系统转型、粮食安全与营养保障及农业可持续发展。

第三节　农作物持续高产战略

一、单产是根本，高产是核心

（一）世界粮食安全的选择

世界粮食生产经验表明，粮食增产的途径主要有两种：一种要是依靠扩大耕地面积，一种是依靠科技进步提高单位面积产量。但从长期来看，未来世界粮食增产主要依靠农业科学技术进步及其成果在生产中的广泛应用，通过提高单位面积产量来解决。20世纪90年代在罗马举行的世界粮食问题首脑会议上，100多个国家政府首脑及科学家们明确地提出：今后解决世界粮食问题及食物安全的有效途径，就是推行一次建立在可持续发展基础之上的"新的绿色革命"。世界许多国家进行高产和超高产研究，引领产量水平的不断提高，进而提高粮食生产能力，可以随时应付动荡的国际粮食市场，防患于未然，是粮食安全的国际重要战略。21世纪初，世界粮食科技发展的主要趋势是：充分利用生物的遗传潜力，采取现代生物技术和常规技术结合，培育高产、优质、抗逆性好的新品种或者超级品种；开展作物"最大生物产量"研究和"最大经济效益产量"目标设计技术体系突破性研究，力求获得超常规的单位面积产量；重视农田保护和提高土壤肥力，重点是通过土壤培肥和科学施肥，改善土壤物理化学性质，创造作物生产的最佳条件，提高土地生产力；重视保护和有效利用水资源，提高水资源利用率；关注人类营养和健康，建立和完善一套有效的粮食与食物保障体系，以确保人类对粮食和食物的需求与总供给的基本平衡，改善人们的膳食结构；改进粮食的加工、贮运、包装、销售和综合利用等技术，也为粮食产业化经营提供技术保证。

（二）高产突破是作物科学的重要命题

世界粮食面临需求刚性增长，粮食生产不利因素限制性增加使得粮食生产能力与需求增长的不平衡性引起了关注。粮食问题，成为全球越来越关注的焦点。同时，随着气候变化，污染加剧及耕地面积减少，在接下来这些不利因素将严重威胁作物产量，粮食安全形势日益严峻。国际上农业可持续发展的研究热点和重点仍是作物高产问题。

（三）中国粮食安全的选择

对我国来说，人多地少的矛盾决定了必须实行最严格的土地政策保护耕地，依靠科技进步，提高粮食综合生产能力，通过提高单位面积生产能力来解决我国的粮食安全问题。当前，我国粮食生产能力的提高不但面临严峻的市场挑战，也面临着资源紧缺的限制。随着我国工业化和城市化的快速推进，耕地面积减少呈不可逆转趋势，依靠增加播种面积来提高粮食总产已没有出路。我国以占世界不足 10% 的耕地生产世界 25% 的粮食，但同时也消耗了世界 20% 的水资源和 30% 的化肥，属于典型的资源消耗型的粮食增产方式，科技贡献率仅有 40% 左右，远低于粮食生产先进国家水平。粮食高产地区普遍存在成本居高不下、粮食生产效益低下的突出问题。

目前，我国主要作物优良品种的覆盖率已达 95% 以上，但大面积实际产量水平与高产品种产量潜力的差距至少在一半以上。制约我国粮食大面积均衡持续增产的主要原因是与高产品种相适宜的区域性综合技术的集成化、规范化、标准化、现代化水平低，超高产技术尚不成熟，水肥资源效率低，农田土壤退化严重，病虫害危害加剧，农田抗灾能力不高等。此外，我国长期对农村储粮重视不够，产后损失严重，平均损失率达 8%。因此，我国粮食安全的技术战略是必须将粮食安全建立在资源环境可持续发展和经济高效的基础之上，强调从技术上重点解决粮食高产与资源高效利用、地力持续稳定、效益持续增加和产后减损等四大目标的协调，重点围绕提高单位面积产量，充分发挥优良品种潜力，研制和应用超高产优质技术，确保大面积均衡增产和节本增效，实现水土资源的高效利用和可持续发展，提高抗灾减灾和产后减损能力，实现高产与高收益的统一，走出一条以作物生产科技创新体系为主体，以技术集成创新带动大面积均衡增产、资源高效利用的可持续粮食丰收道路。

二、绿色革命的发生

随着作物生产条件不断变化，特别是工业化进程的加快，灌溉条件、化肥的施用、机械化的发展，已有的品种和种植方式不能适应，高产倒伏问题成为进一步高产的主要限制因素，作物科学家很早就开始进行了矮秆抗倒高产品种的选育和栽培技术的改进。国际小麦玉米改良中心（CIMMYT）在 20 世纪 50 年代开始进行了小麦矮秆育种，并于 20 世纪 60 年代由诺曼·博洛格（Norman Borlaug）育出了半矮秆、抗锈病、广泛适应性较强的新品种 Pitic62，并在许多国家种植获得了成功，有效地促进当时的世界粮食增长，增产效果是加倍提高产量水平，在缓解粮食紧缺上起关键性作用。与此同时，国际水稻研究所（IRRI）也进行了成功的矮秆育种，张德慈选育出了 IR8，取得了创纪录的产量。中国也在小麦和水稻的矮秆抗倒高产育种上进行了长期的研究，在生产上发挥了重要作用。

三、杂种优势的突破

利用杂种优势提高作物产量是作物科学重大研究方向。玉米是同株异花授粉作物，最容易进行杂种优势的利用。对于自花授粉的作物水稻和小麦而言，难度较大，但我国科学家在水稻杂种优势利用方面也获得成功，取得了举世瞩目的成就。中国杂交水稻研究始终处于世界领先地位，代表性的科学家袁隆平也被称为"杂交水稻之父"。中国杂交水稻向着超级稻方向发展，目标产量也不断突破，为我国水稻生产发挥了重要作用，也使中国杂交稻为世界的粮食安全做出贡献。

四、新绿色革命的探索

作物科学家在显著提高产量上，进行了矮秆基因和理想株型的改造，并通过特异遗传原理进行了杂种优势利用。不同的作物在产量提高的途径前后序不同。水稻先矮化理想株型后杂种优势突破；相对而言，小麦在矮化理想株型之后，杂种优势一直处于艰难发展的地步；玉米首先进行杂种优势的利用和理想株型的培育，进一步发展矮化密植的高产株型。进一步大幅提高作物产量，实现产量的新突破，是作物科学界必须面临的重大挑战。不同的科学家在探讨新的高产突破上具有不同的观点。有的认为，自从1960年加倍提高谷物产量的手段已接近于尽头，生物技术将成为进一步增产的希望。有的认为传统的作物育种仍然有许多发展余地，但要重新设计，如中国的超级稻育种，IRRI的新株型（NPT）。还有的科学家明确指出随着农业发展，作物持续期和收获指数的增加可能将引起产量进一步提高。与此同时，有的科学家认为所有明显提高产量的方法都已经采用，只剩下光合作用可以考虑。新的高产突破难度更大，必须基于抗倒、理想株型和杂种优势基础上，进行高光效高分配相配合的高产突破，重视作物花后物质生产，特别是强化作物体内C4途径高产高效与抗逆的机制效应，从光合与分配的相对和绝对活性下进行生理育种与栽培的研究。此外，许多科学家不认为产量突破是新的绿色革命的特点，而是以可持续发展、资源高效利用、环境友好生产的高产高效为特点的新绿色革命。由此可见，新的绿色革命还需要再进行较长时间的探索。

五、中国粮食安全的高产战略

（一）从产量层次上提高产量

产量水平层次有不同的理解和划分，基本上可按产量高低划分，特别在科技立项中和生产管理上是重要参考。中国作物产量高低存在明显的不同层次，主要概括为低产、中产和高产，粗略地相对划分产量层次，将低于平均产量50%的为低产水平，高于平均产量50%的为高产水平，近年来由于产量水平的新变化，可将高于高产水平30%的称为超高产。在低产水平与高产水平之间的可称为中产水平。也可以根据产量情况变化进行产量实际水平划分，例如小麦亩产低于200kg为低产水平，500kg为高产水平，650kg 以上为超高产水平。水稻的中稻亩产低于 250kg 作为低产水平，550kg 为高产水平，750kg 以上为超高产水平。双季稻亩产低于 200kg 为低产水平，450kg 为高产水平，600kg 以上为超高产水平。玉米亩产低于 200kg 为低产水平，550kg 为高产水平，900kg 以上为超高产。在低产与高产之间均为中产。这种划分是相对的，而且不同区域和地区产量变化差别较大，难以十分明确。也可以根据产量数据来源不同，分为光温生产潜力、高产纪录产量、高产区试产量和实际平均产量，也有的初步划分试验产量和农民产量。

从产量高低的层次上划分，我国有 40% 以上的低产田、30% 左右的中产田、不足 30% 的高产田，更加概括性地说，我国中低产田占 70% 以上，进行产量提升，实际增产潜力较大，不足 30% 面积的高产田长期是我国粮食生产的主体，生产 50% 的粮食总产。不同产量水平的农田有不同的特点。低产田要克服障碍因素，改造条件，提高抗逆境能力，可大幅增产；中产田降低自然变化约束力，集成技术，提高作物适应性，并可向高产水平发展；高产田能满足作物基本生育的需求，保证粮食正常产量和可持续粮食生产，要进一步提高产量水平，并逐渐向超高产过渡，大量研究表明高产田对中低产田具有一定的提升和带动作用。

（二）作物高产科技工程的全面部署

1. 粮食丰产工程

全方位提高粮食生产综合能力从策略上分析主要以层次产量提高为目标，一是通过高产突破的超高产，发挥引领高产升级的作用；二是通过高产技术集成示范大面积高产高效，发挥丰产的主渠道作用；三是中低产田条件改良和抗逆增产技术措施，促进低产田大幅增产丰产。

科技部实施了国家粮食丰产科技工程，东北、华北、长江中下游三大平原 12 个粮食主产省政府共同推动，突出水稻、小麦、玉米三大作物（占我国粮食总产量的 86%），重点在东北（辽宁、吉林、黑龙江和内蒙古）、华北（河南、河北、山东）、长江中下游（湖南、湖北、安徽、四川、江西、江苏）三大平原（总产量占全国的 69%，商品量占全国的 95% 以上），以核心区、示范区、辐射区"三区"建设为手段，围绕水稻、小麦、玉米三大作物增产增效目标，集成了一批丰产技术，创新了一批超高产、资源高效和产后粮食贮藏减损新技术，建立了多部门联合、中央与地方有机结合的联动管理机制，攻关田及核心区、示范区、辐射区"三区"累计落实面积 5 567 万 hm^2，累计增产（减损）5 079.11 万 t，增产及减损共计会增加直接经济效益 852.92 亿元，在促进全国粮食大面积增产增收、保障国家粮食安全方面发挥了重要示范与带动作用，为进一步确保国家粮食持续增产提供了坚实的技术支撑。

2. 粮食高产创建

高产创建是促进大面积均衡增产的重大举措，是科技增粮的重要途径。为了实现粮食高产丰收年目标，国务院决定组织实施全国粮食稳定增产行动，并选择基础条件好、增产潜力大的 50 个县（市）、500 个乡（镇），开展整乡整县整建制高产创建试点，在更大规模、更广范围、更高层次上开展高产创建。

（1）整县推进目标

全国选择 50 个县（市）开展试点。①黄淮海地区。包括冀鲁豫苏皖 5 省，在重点产粮县（市）选择基础条件好、增产潜力大的 19 个县（市）实行整县整建制推进。小麦玉米两熟区产量目标 1 050kg，其中小麦亩产 500kg，玉米 550kg；稻麦两熟区产量目标 1 100kg，其中水稻亩产 650kg，小麦 450kg；稻油两熟区产量目标：水稻亩产 650kg，油菜 200kg。②东北地区。包括辽吉黑蒙 4 省（自治区），选择基础条件好、增产潜力大的 12 个县（场）实行整县整建制推进。产量目标：水稻亩产 650kg，玉米 700kg，大豆 200kg。③长江中下游地区。包括湘鄂赣 3 省，选择基础条件好、增产潜力大的 7 个县（市）实行整县整建制推进。稻麦两熟区产量目标 1 000kg，其中水稻亩产 600kg，小麦 400kg；双季稻产区产量目标 1 100kg，其中早稻亩产 500kg，晚稻 600kg；稻油两熟区产量目标：水稻亩产 650kg，油菜 200kg。④西南地区。包括云川渝 3 省（直辖市），选择基础条件好、增产潜力大的 5 个县（市）实行整县整建制推进。稻麦两熟区产量目标 1 100kg，其中水稻亩产 650kg，小麦 450kg；稻油两熟区产量目标：水稻亩产 650kg，油菜 200kg；玉米薯类两熟区产量目标：玉米亩产 600kg，马铃薯 2 500kg。⑤西北地区。包括陕甘晋新 4 省（自治区），选择基础条件好、增产潜力大的 4 个县（市），以玉米、马铃薯为主，实行整县整建制推进。产量目标：小麦亩产 400kg，玉米 650kg 或马铃薯 2 500kg。⑥华南地区。包括闽粤桂 3 省（自治区），选择基础条件好、增产潜力大的 3 个县（市）实行整县整建制推进。双季稻产区产量目标 1 000kg，其中早稻亩产 500kg，晚稻 500kg。

（2）整乡推进目标

全国选择 500 个乡（镇）开展试点。①黄淮海地区。包括冀鲁豫苏皖京津 7 省（直辖市），在重点产能县（市）选择基础条件好、增产潜力大的 170 个乡（镇）实行整乡整建制推进。产量目标 1 150kg，其中小麦亩产 550kg，玉米 600kg。稻麦两熟区产量目标 1 200kg，其中中稻亩产 700kg，小麦 500kg；稻油两熟区产量目标：水稻亩产 700kg，油菜 200kg。②东北地区。包括辽吉黑蒙 4 省（自治区），选择基础条件好、增产潜力大的 97 个乡（镇）实行整乡整建制推进。产量目标：水稻亩产 700kg、玉米 750kg，大豆 200kg。③长江中下游地区。包括湘鄂赣浙沪 5 省（直辖市），选择基础条件好、增产潜力大的 79 个乡（镇）实行整乡整建制推进。稻麦两熟区产量目标 1 200kg，其中中稻亩产 700kg，小麦 500kg；双季稻产区产量的目标 1 100kg，其中早稻亩产 500kg，晚稻 600kg；稻油两熟区产量目标：水稻亩产 700kg，油菜 200kg。④西南地区。包括云贵川藏渝 5 省（自治区、直辖市），选择基础条件好、增产潜力大的 80 个乡（镇）实行整乡整建制推进。稻麦两熟区产量目标 1 150kg、其中水稻亩产 650kg，小麦 500kg；稻油两熟区产量目标：水稻亩产 650kg，油菜 200kg；玉米 / 薯类两熟区产量目标：玉米亩产 700kg，马铃薯 2 500kg。⑤西北地区。包括陕甘宁晋新青 6 省（自治区），选择基础条件好、增产潜力大的 47 个乡（镇），以玉米、马铃薯为主，实行整乡整建制推进。产量目标：小麦亩产 450kg，玉米 700kg 或马铃薯 2 500kg。⑥华南地区。包括闽粤桂琼 4 省（自治区），选择基础条件好、增产潜力大的 27 个乡（镇）实行整乡整建制推进。双季稻产区产量目标 1 100kg，其中早稻亩产 550kg，晚稻 550kg。

以促进粮食稳定发展和农民持续增收为目标，并以粮食主产省和非主产省的主产区为重点，以主要粮食作物和重要紧缺品种为重点，以农业综合开发项目县为重点，强化行政推动，依靠科技进步，加大资金投入，集成技术，集约项目，集中力量，把粮食高产创建万亩示范片成功的技术模式、组织方式、工作机制，向整乡（镇）、整县（市）整建制推进，集中打造一批规模化、集约化、标准化的高产示范区，辐射更大范围，带动大面积均衡增产，提高资源利用率和土地产出率。

第二章　农作物产量性能优化与环境

第一节　农作物产量潜力与高产水平分析

一、我国粮食主产区的气候特点及分布

（一）我国粮食主产区的气候特点

我国粮食多集中分布在东北、华北、长江中下游地区以及西南山区，大致形成一个从东北向西南的斜长形地带。在这一地带内包括黑龙江、吉林、辽宁、内蒙古、河北、山东、河南、山西、陕西、四川、贵州、广西和云南13个省（自治区）。我国粮食主产区根据各地的自然条件、栽培制度等，可划分为以下五个粮食主产区：

1. 东北平原区

本区大部分位于北纬40°以北，包括黑龙江、吉林、辽宁全省以及内蒙古东北部。本区属中温带湿润或半湿润气候，无霜期短，冬季温度低，夏季平均气温在20℃以上，全年平均降水量在500mm以上，且降水量的60%集中在夏季，可以满足玉米抽雄灌浆期对水分的要求，但春季蒸发量大，容易形成春旱。本区的主要粮食作物是玉米和水稻，玉米栽培制度基本上为春播一年一熟制。玉米和水稻生育期间雨水充沛，温度适宜，日光充足，构成了本区玉米和水稻高产的气候基础。

2. 黄淮平原区

本区位于淮河——秦岭以北，包括河南、山东全部，河北中南部，陕西中部，山西南部，江苏、安徽北部。本区属暖温带半湿润气候。除个别高山地区外，每年4～10月的日平均气温都在15℃以上，全年降水量500～600mm。多数地区日照2 000h以上。本区玉米栽培制度主要有两种方式：一是一年两熟制（冬小麦——夏玉米），在山东、河南、河北南部和陕西中部地区多采用之；二是两年三熟制（春玉米——冬小麦——夏玉米），在北京、河北保定附近，因气温较低，冬小麦播种期早，多采用之。

3. 西南山地丘陵区

本区东界从湖北襄阳向西南到宜昌，入湖南省常德南下到邵阳，经贵州到云南，北以甘肃白龙江向东至秦岭与黄淮平原区相接，西以青藏高原为界。本区包括四川、云南、贵州全省，湖北、湖南西部，陕西南部，甘肃一小部分。本区属亚热带湿润气候，各地因受地形地势的影响，气候变化较为复杂。除个别高山外，4～10月日平均气温均在15℃以上。全年降水量1 000mm左右，多集中在4～10月份，雨量分布比较均匀，有利于作物生长。

本区栽培制度因受地理环境的影响，主要有3种栽培方式：①高山地区以一熟春玉米为主。②丘陵地区以两年五熟春玉米或一年两熟夏玉米为主。③平原地区以一年三熟秋玉米为主。

其中，两年五熟制、一年两熟制是本区的主要栽培方式。

4. 长江中下游平原区

本区北与黄淮平原春、夏播玉米区相连，西接西南山地丘陵玉米区，东南界为东海、南海，包括广东、广西、浙江、福建、台湾、江西等省、自治区，江苏、安徽两省的南部，湖北、湖南两省的东部。本区属亚热带、热带湿润气候。其气候特点是气温高，霜雪少，生长期长。一般3～10月的平均气温20℃左右，年降水量多，均在1 000 mm以上，有的地方达到1 700mm左右。本区为我国水稻主要产区，玉米栽培面积不大，约占全国玉米总播种面积的5%左右。本区玉米栽培制度过去以一年二熟制为主，改制后在部分地区推广秋玉米，此外广西等地种植双季玉米，广东湛江一带种冬玉米。

5. 西北内陆区

本区东以乌鞘岭为界，包括甘肃河西走廊和新疆全部。玉米播种面积约占全国玉米总播种面积的3%。本区属大陆性气候，气候干燥，全年降水量在200mm以下，甚至有的地方全年无雨。北疆及甘肃河西走廊温度较低，但4～10月的平均气温均超过15℃；南疆和吐鲁番盆地温度较高，4～10月的平均气温多在20℃以上。生长期短。

（二）我国粮食主产区的气候生态因子分布

1. 我国粮食主产区的温度分布

气温是作物生长的必要条件。温度直接影响作物的生产分布和产量，并通过影响作物的发育速度而影响全生育期的长短及各发育期出现的早晚，而发育期出现的季节不同，又会遇到不同的综合条件，产生不同的影响和后果。温度还影响光、水资源的利用与作物生产的安排及病虫害的发生发展。

农业上常用的界限温度有重要意义。日平均气温稳定通过0℃时，在春季，土壤开始解冻，草木萌动；在秋季，土壤开始冻结，越冬作物停止生长，≥0℃的积温可以反映供作物利用的总的热量状况，其持续日数可代表广义的可能生长期或生长季。5℃时，春小麦已出苗，牧草返青，绿色生长季开始；在秋季树木落叶，停止生长，引黄灌区冬灌，山区冬小麦进入抗寒锻炼期。10℃时，春季，冬小麦和早春作物进入旺盛生长期；在秋季，喜凉作物光合作用显著减弱，喜温作物停止生长。15℃时，喜温作物进入生长旺盛季节；在秋季，影响喜温作物灌浆成熟。20℃是喜温作物光合作用最适温度的下限，20℃以上的持续时间长，有利于喜温作物抽穗、扬花、灌浆。

我国是世界上季风气候最典型最显著的地区之一。与世界同纬度的其他地区相比，我国冬季气温偏低，是世界上同纬度最冷的地方，而夏季气温又偏高，是世界上同纬度除沙漠地带以外最热的地方，气温年较差大，降水集中于夏季，这些都是大陆性气候的特征。除了青藏高原以外，我国大部分地区的年平均气温大致由南向北递减，等温线与纬线大致平行分布。青藏高原由于海拔高，空气稀薄，气温很低，在高原内部出现0℃闭合等值线，另外内蒙古东北部和黑龙江西北部由于纬度高，年平均温度也低于0℃。长城、天山以北的大部分地区年平均气温低于10℃，华北平原中北部、晋南和关中等地大致在10~14℃，黄淮南部以及长江中下游地区大致在14~18℃，云南南部、两广大部、台湾和闽南一带在18~22℃，华南沿海及海南年均温在22℃以上，是我国最温暖的地方。我国季风气候显著的特征，为农业生产提供了有利条件，因夏季气温高，热量条件优越，这使许多对热量条件需求较高的农作物在中国种植范围的纬度远比世界上其他同纬度国家偏高，例如水稻可在北纬52°的黑龙江省呼玛县种植，是世界上水稻种植的北界。

2. 我国粮食主产区降水量的分布

降水量的多少与所处纬度、海陆位置、地形和盛行风向有重要关系。我国位于亚欧大陆东部太平洋西岸，季风气候显著，雨热同期，十分利于作物的生长发育。由于我国地域广大，地形复杂多样，夏季风并不能深入西北，也难以翻越青藏高原，所以我国降水量由东南沿海向西北内陆递减，大兴安岭——阴山——贺兰山——巴颜喀拉山以西北的降水量都低于400mm，有些地区甚至低于50mm，其中南疆的托可逊年降水量仅5.9mm，是我国降水量最少的地方，所以形成了许多沙漠。青藏高原的大部分地区不仅降水量少而且气温低，植物难以生长，在高原的西部和北部有许多荒无人烟的不毛之地。

降水量空间上分布不均深刻地影响了我国的自然环境，使得我国的粮食主产区集中在400mm降水量线以东南的湿润半湿润地区，在此线以西北由于天然降水已不能满足旱作农业的发展，只有在有河流经过或地下水出露的地方才有灌溉农业，主要发展畜牧业，有大片戈壁和沙漠等难以利用的土地。我国的内蒙古西部、宁夏、甘肃、青海、新疆和西藏的大部分地区降水量都在400mm以下；东北大部分地区降水量都在400mm以上，在辽吉两省的东部可达到800mm以上；长城以南，秦岭——淮河以北大部分地区降水量在400~800mm；云南北部、四川盆地和江淮地区降水量在800~1200mm；长江中下游及其以南大都在1200mm之上。

3. 我国粮食主产区太阳辐射的分布

太阳辐射主要受日地距离、所在地纬度、云量等影响。全球年总辐射大致在2510~9210MJ/（m²·年），基本上呈带状分布，只是在热带低纬度地区受到破坏。赤道地区因为云雨较多，年总辐射量大为降低。南北半球的副热带地区，尤其是在大陆上的副热带沙漠地区，因为云量最少，总辐射最大，最大值出现在非洲东北部，其数值达 9 210 MJ/（m²·年）。我国各地太阳辐射年总量大致在 3 350 ~ 8 370MJ/（m²·年），最大值出现在青藏高原西南部，高达 8 370MJ/（m²·年），最小值则出现在四川盆地西南部和贵州北部，仅为 3 350 ~ 3 768MJ/（m²·年）。

二、作物产量生产潜力分析

作物生产潜力主要包括光合生产潜力、光温生产潜力。光合生产潜力指气温、水分、土壤肥力和农业技术措施等因素处在最适宜的条件下，由太阳辐射所确定的作物产量；光温生产潜力指当水分、土壤肥力和农业技术措施等因素处在最适宜的条件下，经由太阳光能和气温所确定的作物产量，它是人们经过努力可能实现的作物产量。

（一）作物生产潜力的估算方法

1. 作物光合生产潜力（radiation production potential, RPP）

计算公式如下：

$$RPP = f(Q) = \sum Q \times \varepsilon \times \sigma \times (1-\rho) \times (1-\gamma) \times \varphi \times (1-\omega) \times (1-X)^{-1} \times H^{-1} \quad (2-1)$$

式中：$\sum Q$——作物生育期内单位面积上所投的太阳辐射量（J/m²）；

ε——光合有效辐射系数，取 0.49；

σ——光合器官对光合有效辐射的吸收率，$\sigma = 1-(\alpha+\beta)$，整个生育期作物群体吸收率可以写出随叶面积增长的线性函数，$\sigma = [1-(\alpha+\beta)] \times (L_i/L_{max})$，其中，α 为反射率，β 为漏射率，$L_i$ 为某一时段的叶面积指数，L_{max} 为最大叶面积指数，整个生育期内，α=0.10，$\beta = 0.07, \sigma = 0.83 \times (L_i/L_{max})$；

ρ——非光合器官的无效吸收率，取 0.10；

γ——光饱和限制率，自然条件下忽略不计；

φ——量子效率，取 0.224；

ω——呼吸耗损率，取 0.30；

X——有机物中含水率，取 0.14；

H——每形成 1kg 干物质所需的热量，取 1.78×10^7（J/kg）。

将各参数值代入上述公式，得到 $RPP = 3.75 \times 10^{-5} \times \sum Q \times (L_i/L_{max}) (kg/hm^2)$。$\sum Q$ 值根据总辐射计算公式 $\sum Q = Q_0 \times (a+b+S_1)$ 计算如下：

华北地区 $Q_0 \times (0.105+0.708S_1)$

华中地区 $Q_0 \times (0.205+0.475S_1)$

华南地区 $Q_0 \times (0.130+0.625S_1)$

西北地区 $Q_0 \times (0.344+0.390S_1)$

其中，a、b 为区域参数；Q_0 为天文辐射（称大气上界辐射），可根据各地的分月天文辐射量数值通过查表获得；为日照百分率，即实际日照时数与最大日照时数的比值，最大日照时数可查表获得；LAI_i/LAI_{max} 为相对叶面积指数，LAI_{max} 为最大面积指数，LAI_i 为某一时段的叶面积指数，该参数可用相对叶面积指数方程表示。

三大作物相对叶面积指数动态变化模型分别为：

春玉米 $y = (0.0134 + 0.3234x) / (1 - 2.7742x + 2.4178x^2)$

夏玉米 $y = (-0.0528 + 0.6178x) / (1 - 2.7840x + 2.7140x^2)$

冬小麦 $y = (0.0131 + 0.0035x) / (1 - 2.4515x + 1.5273x^2)$

水稻 $y = (0.0777 + 0.0205x) / (1 - 2.73744x + 2.0484x^2)$

在计算的过程中，将相对生育天数与最大生长天数相乘会得到实际生长天数，相对叶面积不变，即可得到作物实际生长的相对叶面积指数。

2. 作物光温生产潜力（thermal production potential, TPP）

可通过对 RPF 进行温度订正得到：

$$TPP = RPP \times f(t) = 3.74925 \times 10^{-5} \times \sum Q \times (L_i / L_{max}) \times f(t) \quad (2-2)$$

$f(t)$ 为温度订正函数（t 为平均气温）。温度订正函数的线性订正函数为：

喜凉作物 $f(t)$ $\begin{cases} 0 & T \leqslant 3^\circ C \\ (T-3)/17 & 3 < T < 20^\circ C \\ 1 & T \geqslant 20^\circ C \end{cases}$

喜温作物 $f(t)$ $\begin{cases} 0 & T \leqslant 3^\circ C \\ (T-10)/15 & 10 < T < 25^\circ C \\ 1 & T \geqslant 25^\circ C \end{cases}$

经济产量 $Y_{RPP} = RPP \times HI = 3.74925 \times 10^{-5} \times \sum Q \times (L_i / L_{max}) \times HI$

经济产量 $Y_{TPP} = RPP \times f(t) \times HI = 3.74925 \times 10^{-5} \times \sum Q \times (L_i / L_{max}) \times f(t) \times HI$

根据当前高产作物的干物质积累、分配特点，在本书中 HI 的取值分别为玉米 0.5、冬小麦 0.48、水稻 0.51，再生稻 0.60。

（二）不同作物的生产潜力分析

1. 我国粮食主产区的生产潜力分析

根据光合生产潜力和光温生产潜力计算公式，分别计算得到不同高产地区作物生育期的光合生产潜力（RPP）、光温生产潜力（TPP）。因光合生产潜力是在假设温度、水分和土壤条件完全适宜的情况下按照作物对太阳辐射的利用率计算出来的，因此它的分布趋势和我国太阳辐射的分布趋势是一致的，太阳辐射资源丰富的地方光合生产潜力也高，光能资源少的地方光合生产潜力也低。我国作物的光合生产潜力还是很高的，只要水热条件满足，增产的潜力还是巨大的。最高值出现在青藏高原上，是由于这里海拔高，空气稀薄，水汽含量少加上日照充足，所以太阳辐射强。位于高原东部的四川盆地则是我国光合潜力最低的地方，这里水汽充沛，阴雨日多，大气透明度差，日照时数少，所以太阳辐射很低，导致光合生产潜力低。当然光合生产潜力毕竟只是一种潜力，要想达到这个潜力还需要付出很多努力。现实中的青藏高原是我国人口密度最低的地区之一，很重要的一个原因就是这里高寒缺氧，降水也不多，不适合农业发展。四川盆地尽管光合生产潜力不高，但由于降水和气温比较适宜，适宜农耕和人类生存，故有"天府之国"的称号。

光温生产潜力则是一个地区在假设降水和土壤条件完全适宜情况下单纯由太阳辐射和温度决定的作物产量，是灌溉农业的产量上限。它主要取决于太阳辐射的多寡和温度的高低以及二者的配合情况。太阳辐射的多少直接决定了一个地区光合生产潜力的高低，但是光合生产潜力高的地方，光温生产潜力未必也高。例如青藏高原地区由于地高天寒，很多地方作物根本无法正常生长，使得光合潜力无法发挥，因此反倒成了全国光温生产潜力最低的地方，与之相反，四川盆地的光温生产潜力则较高。四川盆地气候温暖湿润，一年四季都有作物生长，使得太阳辐射的利用率远高于青藏高原地区。我国的华南沿海全年的光温生产潜力最高，也主要得益于这里气温高，是我国热量条件最好的地方，农作物全年都可以生长，水稻一年可以熟三次，不像东北地区一年只能熟一次，因此可以使本来不是太丰富的太阳辐射得到充分利用。

（三）我国粮食作物的产量性能层次差及当量值分析

1. 不同作物的产量层次差分析

作物产量可划分为 4 个层次：第一个层次光温产量潜力作为区域难以实现的最高标准，这一标准是当地的光温资源得到充分的利用，不因肥水品种和栽培措施及各种逆境条件而影响的产量标准，即计算产量；第二个层次是高产纪录产量（record yield，RY），这是品种与栽培技术和生态环境优化配合下实现有纪录的最高产水平，实际上是可出现的高产；第三层次为品种试验产量（experimental area yield，EAY）或试验产量，品种试验产量是在不进行特意的肥水和栽培技术管理下，良种在一定试验田获得的产量；第四层次为现实产量（farm yield，FY），即当前农民大田的平均产量水平。

由产量的 4 个层次可以得出 3 个产量增加的潜力：①区域试验产量与现实产量之间的差距，即产量差Ⅰ；②高产纪录产量与现实产量之间的差距，即产量差Ⅰ+Ⅱ；③光温理论产量与现实产量之间的差距，即会产量差Ⅰ+Ⅱ+Ⅲ。

2. 不同作物的生产潜力当量值

为了解各地作物对当地光温资源的利用情况，以作物单位面积生物量占光合生产潜力的百分率、生物量占光温生产潜力以及生物量占气候生产潜力的百分率来研究当地的生产状况。为便于叙述，研究中将生物量占光合生产潜力的百分率称为光合生产潜力当量（radiation production potential equivalence，RPPE），将生物量占光温生产潜力的百分率称为光温生产潜力当量（thermal production potential equivalence，TPPE）。RPPE 反映了物质生产量与光照条件的关系，TPPE 反映了物质生产量与光照及温度条件的关系。

不同熟区以及同一熟区内的光热资源及光热资源分配规律不同。TPP 与 RPP 的比值（TPP/RPP）可反映温度对作物产量的影响程度，该值较低表明温度是当地的主要限制因子，这因为没有具体的数值作为衡量限制因素的标准，我们只有在同一熟区内进行横向比较。

3. 气候变化对粮食生产的影响

气候变化是指气候平均值和气候离差值随时间出现统计意义上显著。全球气候变化是人们在 21 世纪初要面临的最主要的环境问题之一，全球气候背景下中国的生态因素也发生了重大变化。气候变化以温度上升为主要特征，而温度上升会直接影响作物的生长发育，从而影响粮食产量。在过去的 100 年全球平均温度上升了 0.74℃，中国的平均温度上升了 0.79℃，略高于全球平均增温幅度；而海平面在最近的 50 年里以 3.1mm/ 年的速度在上升，气候变化问题成为学术界研究的热点。

报告预测，今后 20 ~ 50 年间，我国农业生产将受到气候变化的严重冲击。按照目前的趋势，全国平均温度升高 2.5 ~ 3.0℃，将导致我国三大主要粮食作物（水稻、小麦和玉米）产量持续下降。报告预测，加上农业用水减少和耕地面积下降等因素，2050 年我国粮食总生产水 3 平将比目前下降 14% ~ 23%。由于气候变暖和降水增多，西北高海拔半干旱区小麦产量显著增加。南方近 50 年中降水增多，洪涝、连阴雨天气以及高温热害频次增加，不利与于水稻等农作物的生产。同时全球变暖会对农作物品质产生影响，如大豆、冬小麦和玉米等。全球变暖，气温升高还会导致农业病、虫、草害的发生区域扩大，危害时间延长，作物受害程度加重，由此增加农业和除草剂的施用量。此外，全球变暖会加剧农业水资源的不稳定性与供需矛盾。总之，全球变暖将严重影响中国长期的粮食安全。

第二节　农作物产量性能优化与生态环境

气候生态条件中的光、热、水、气等不同组合，对农业生产的影响不同。不利于农业生产的组合导致农业减产，有利于农业生产的组合使农业增产，最佳组合会使作物有更高的产量。近年来，全国作物高产典型不断涌现，除与品种更替和栽培措施优化等因素有关外，与充分利用气候生态资源及改善田间微生态环境也有直接的关系。因此，探明生态因素与作物生长发育及高产的关系，研究气候生态因素与作物生长发育、产量形成的定量关系，明确提高作物单产存在的主要限制生态因素，利用"三合结构"理论模式指导作物高产、超高产栽培，开发与利用气候资源，为挖掘作物生产潜力提供科学依据。本节主要以玉米为例。

一、产量性能的温度调节效应

玉米属喜温短日照作物，对温度条件要求严格，在生长发育过程中需要相对较高的温度，但温度过高会对玉米的光合产物积累和产量形成造成不良影响。温度通过影响作物生育期，从而影响光有效辐射截获率和生长发育。玉米播种期要求日平均气温稳定高于 8℃，10 ~ 12℃发芽正常，幼苗期要求日平均气温低于 18℃，以利于蹲苗，后期要求适当高温，抽穗开花时期适宜温度为 25 ~ 28℃，气温会低于 18℃或高于 38℃不开花，气温在 32 ~ 35℃，花粉粒 1 ~ 2h 即丧失生活力。籽粒成熟期日平均气温高于25℃或低于16℃，均影响酶活动，不利于养分的积累和运转。平均气温上升1℃，玉米出苗期提前3d左右，出苗至抽雄期间缩短6d左右，抽雄至成熟期间缩短4d左右，全生育期缩短9d左右，出苗速度和出苗以后的生长发育速度提升17%左右。玉米生长发育与温度关系密切，温度的变化直接影响玉米的生长发育及生育进程。

玉米作为短日照作物，随着播期的推迟，光照时间缩短，生育进程加快，阶段发育时间上影响较大的是苗期，穗期和花粒期也有影响但相对较小，穗分化受温度影响较大，温度高穗期短，温度低穗期长。灌浆期间的最适日平均温度为22～24℃，生育后期温度低于16℃即不再灌浆，不能正常成熟。夏播玉米穗粒数和粒重决定期中日平均气温是对产量影响最大的气候因子，灌浆期平均气温与粒重呈负线性关系，气温日较差与粒重呈正线性关系。在水肥适当的情况下，有效积温是影响玉米产量的主要因子。＞10℃的积温对玉米干物质生产的影响，可在花丝期前后表现相反。花丝期前积温与该时期的干物质呈正相关，而花丝期后两者呈负相关。灌浆期籽粒重占总增重的比例与各季玉米灌浆期210℃的积温正相关，这是因为前期积温高，出苗速度快，叶面积增长快，截获的太阳光多，并加快了光合作用强度，生产的光合产物也就多，如春玉米。而后期高温促进叶片衰老，叶面积指数下降快，且使灌浆期缩短，光合产物的生产量减少。

二、产量性能的光照调节效应

玉米是高光效的C4短日照作物，其干物质产量的90%以上是由光合作用产生的，玉米品种的高产潜力能否得以发挥，与群体光合作用强度有很大关系。玉米整个生育期光照均表现为正效应，相关显著性介于温度和降水之间。光照、温度不仅影响作物最终叶片数和叶面积指数，而且光合有效辐射量（PAR）与作物群体截获光能率直接决定作物的生长速率。玉米在短日照条件下发育快，在长日照条件下发育缓慢。在强光照下合成较多的光合产物，供各器官生长发育，茎秆粗壮结实，叶片肥厚挺拔；而在弱光照下则相反；而且玉米的不同生育时期都需要有一个适宜的日照时数。

产量性能方程构成指标对降水量的响应符合一元二次方程关系 $y = ax^2 + bx + c$。随着日照时数的增加，平均叶面积指数和平均净同化率呈先增加后减少的二次型曲线变化趋势，在日照时数为850h时，平均叶面积指数和平均净同化率最大。日照时数与生育天数、穗粒数、产量呈正相关；而与平均叶面积指数、平均净同化率、收获指数、单位面积收获穗数、单穗千粒重不相关，日照时数主要影响生育天数，从而影响玉米的穗粒数，最终影响玉米的籽粒产量。

三、产量性能的水分调节效应

研究认为，水分胁迫对玉米的影响范围相当广，但在播种后50天及籽粒灌浆至成熟期的水分短缺所引起的减产平均每日不超过4%，胁迫引起减产幅度增加的是抽雄至抽丝阶段，日减产通常在6%～7%，最大可达到13%。

产量性能方程构成指标对降水量的响应符合一元二次方程关系 $y = ax^2 + bx + c$。

随着降水量的增加，收获穗数、穗粒数、籽粒产量呈先增加后减少的趋势。降水量与平均叶面积指数、平均净同化率、生育天数、收获指数、千粒重不相关。而结果表明，降水量主要影响收获穗数和穗粒数，最终影响玉米的籽粒产量。

第三节　农作物产量性能优化的土壤环境

土壤是植物赖以生长的基础。土壤质量的高低，直接影响作物的产量和品质。因此，为作物生长创造一个良好的土壤环境是必要的。土壤物理性质是如何影响植物生长发育的？影响的机理是什么？如何根据我国土壤物理性质进行科学的土壤耕作和栽培管理？诸如此类的问题尚缺乏深入系统的研究，而研究、解决这些问题不仅可以为高产栽培提供理论和技术上的帮助，而且对实现作物持续高产稳产也有重要意义。

土壤物理性质是影响作物生长发育、产量和品质形成的重要因素。在作物生产中，物理性质不同的土壤导致其保水、保肥及供水、供肥能力出现显著差异，微生物群落及活性等发生明显变化，这些变化对作物的生长发育和产量形成影响也十分显著。作物高产不仅需要土壤中各种养分充足平衡，而且要各项物理性状适宜协调。土壤物理性质包括土壤容重、土壤质地、土壤通气性、土壤水分等，其中土壤容重、质地、土壤养分状况是其最主要的特征，因为容重和质地是影响通气性和其他物理性质的基础，土壤养分状况直接影响根系的发育进而影响产量。

一、土壤结构对产量性能的影响

土壤结构是土壤团聚体的总称。各种自然土壤和农业土壤除质地为纯砂者外，各级土粒很少以单粒状态存在，常由于种种原因相互团聚成大小、形状和性质不同的土团、土片或土块。不同土壤或同一土壤的不同层次，其结构体的大小、形状和性质都是很不一致的。这些结构体表现出的特征，是土壤的内外因素综合反应的结果。土壤结构直接影响土壤的松紧和孔隙状况，影响土壤耕作和农作物幼苗出土、扎根的难易程度。因此，土壤结构是调节土壤肥力最活跃的因素之一。

土壤结构体按其形态和性质可分为两大类：①不良结构体，包括块状结构体，片状结构体和柱状或棱柱状结构体；②良好结构体，又称团粒结构体或粒状结构体，土壤胶结成团块，形状似立方体或球形，其结构单元沿长、宽、高三轴呈均衡发展，直径范围一般为 0.25 ~ 10.00mm，其中以 1 ~ 3mm 最为理想。团粒结构体是调节土壤肥力的基础，每一个小团粒就像一个水库与一个小肥料库。具有团粒结构的土壤肥力较高。

与现代土壤耕作制度和土壤本身物理特征相联系的土壤紧实度会影响土壤微生物活性和生物化学过程，进而影响作物的营养利用。过于紧实的土壤会因为通气性变差和利用营养的减少影响作物出苗和根系生长，结果导致作物产量减少 50%。土壤紧实对植物根和地上部的负面效应以及土壤物理性质和作物产量的关系均有报道。土壤紧实导致容重增加，使排水和气体交换的大空隙减少，这些因素的综合作用使得植株高度和作物产量下降。

（一）土壤结构对作物产量的影响

土壤容重是土壤的主要物理性质之一，这是反映土壤松紧程度、孔隙状况等特性的综合指标。容重不同直接或间接地影响土壤水、肥、气、热状况，从而影响肥力的发挥和作物的生长，有可能成为作物优质、高产的重要限制因子。土壤的松紧度（即容重大小）可反应土壤的物理结构性肥力，承载着相应的化学肥力效应。疏松的土壤环境有利于作物根系的伸展和根量的积累。适宜的土壤容重范围能促进小麦生长，提高生物学产量和经济产量。在土壤容重增大的情况下，土壤水分和气体含量会降低，机械阻力增加，延缓小麦根系生长，不利于小麦生长发育。表层土壤紧实对氮、磷、钾吸收的影响远小于下层土壤紧实对氮、磷、钾吸收造成的影响。适宜的土壤容重保持了后期叶片的氮含量，延缓了叶片衰老，为后期维持较高的叶片光合速率提供物质基础，为进一步制造更多的光合产物、提高产量提供了条件。

（二）土壤结构对作物叶面积指数的影响

不同土壤容重处理玉米叶面积指数变化不同，从拔节期到吐丝期玉米叶面积指数不断增长，于吐丝期达到最大，之后随着生育进程叶面积指数逐渐降低。上层容重适宜，根系吸水吸肥能力差异小，随着根系延伸至 20 ～ 40cm 土层后，叶面积差异逐渐增大。吐丝期及之后，随着土壤容重的不断增大，叶面积指数变小。

（三）土壤结构对作物光合速率的影响

不同土壤结构对玉米在各个生育时期的光合速率影响不同。而整个生育期比较，玉米在吐丝期光合速率达到最大，在苗期玉米叶片的 P_n 值差别不大，在吐丝、乳熟和蜡熟期差别较大。不同生育时期各个处理存在着明显差别，可能是后期随着根系下扎，土层容重过大，阻碍了根的延伸和吸收能力，致使地上部叶片的光截获量减少，这可能是光合速率下降的主要原因，与前人的研究结果一致。土壤容重对后期玉米光合速率有着重要影响。

（四）土壤结构对作物EN、EG、GW的影响

设置土壤容重处理 1.0 ～ 1.6g/cm³，玉米每穗的籽粒行数在土壤容重为 1.6g/cm³ 时最低，在 1.15g/cm³ 和 1 ～ 3g/cm³ 两个处理中最高（13.5），随着容重的增加，产量下降主要是由于穗行数的减少。籽粒产量随着土壤容重的增加而降低。土壤容重为 1.15g/cm³ 籽粒产量最高，在 1.6g/cm³ 处理中产量最低。

（五）土壤结构对根系的影响

土壤容重与根量呈显著的直线负相关，这与产量呈显著的二次曲线相关。耙层少耕 1 ～ 2 年内，土壤紧实度适宜，小麦根系能正常下扎，开花期测定 3 ～ 15cm 耙层乃至 0 ～ 30cm 土层根量较翻耕多。但连续少耕 4 年后形成的耙底层严重阻碍小麦根

系正常下扎，耙层下部根量明显较翻耕少，且根系活力较低，0～30cm土壤总根量较少，根系呈明显的浅层分布特征，小麦表现早衰催熟，穗部性状较翻耕的明显变劣，小麦减产8.86%。

二、土壤质地对产量性能的影响

土壤质地是土壤物理性质之一，指土壤中不同大小直径的矿物颗粒的组合状况。土壤质地与土壤通气、保肥、保水状况及耕作的难易有密切关系，土壤质地状况是拟定土壤利用、管理和改良措施的重要依据。肥沃的土壤不仅要求耕层的质地良好，还要求有良好的质地剖面。虽然土壤质地主要取决于成土母质类型，有相对的稳定性，但耕作层的质地仍可通过耕作、施肥等活动进行调节。土壤质地是反映潜在土壤生产力的重要指标。质地不同的土壤理化性质差别很大，其机械阻力、颗粒组成和总孔隙度都不一样，这些因素通过影响气、水、热和营养在土壤中的移动及含量影响作物根系的生长发育。理解土壤与根的互作关系可以为创造良好的根系生长环境提供依据，最终在特定的土壤条件下，采取相应的栽培措施使作物的最大增产潜力尔得以实现。

（一）土壤质地对叶面积指数的影响

叶片是玉米最主要的源，其大小、发展动态与库高度相关，不同土壤质地上，不仅叶面积大小与产量有关，而且叶片本身的光合荧光特性也与产量高度相关。从不同土壤质地来看，玉米的叶面积指数（LAI）在不同生育时期存在差异，总趋势为中壤＞轻壤＞沙壤＞黏壤；后期叶面积指数差异较大，总的趋势表现为中壤＞轻壤＞黏壤＞沙壤。尤其蜡熟期以后，叶面积指数急剧下降，其中沙壤下降幅度最大为82.29%，轻壤为77.0%，中壤为76.56%，黏壤下降幅度最小为75.9%。黏壤直至成熟仍有较大的绿叶面积。成熟期单株叶面积大小表现为中壤＞轻壤＞黏壤＞沙壤，其中中壤比黏壤、轻壤、沙壤分别高8.62%、15.87%和34.90%，黏壤叶面积比沙壤高21.14%。

（二）土壤质地对净同化率的影响

植物的光合效率除了受CO_2浓度、光、温、水等外界生态因素及叶片的气孔限制等生理因子影响外，还间接受土壤物理性质及矿质营养特性的影响。土壤质地是重要的物理性状之一，对玉米的生长有着重要影响。不同质地土壤对作物根系营养成分吸收能力不同，因此对作物的光合特性和作物产量形成也会产生重要作用。

（三）土壤质地对根系的影响

质地不同的土壤致使根系在其中的穿透阻力不同，与沙壤相比，以黏粒为主的土壤容重较大，在苗期玉米根系的长度与根的伸长速率都较小，但根径大于沙壤。不同质地的土壤上玉米生长发育和产量表现显著不同，中壤土的根条数和根干重显著大于黏壤。沙壤则开始衰老。灌浆期之后，沙壤根长密度的衰老速率远大于中壤和黏壤，三者之间的差异极其显著。

三、土壤营养对产量性能的影响

玉米对氮、磷、钾等营养元素的吸收和积累都受到下层土壤容重的影响，然其影响程度为钾＞磷＞氮，这种影响在吐丝期表现尤为显著。通过调整下层土壤容重可以使玉米吸收更多的矿质营养，并使营养元素更多地向生长中心分配，促进玉米的生长，促进后期物质积累。适宜的土壤容重可以延缓玉米的衰老，使玉米地上部分茎叶系统的氮、磷、钾含量在生育后期仍然维持在较高的水平，有利于促进后期的光合作用，增加干物质的积累，从而提高产量。不同容重土壤关于玉米养分吸收和分配及玉米根系衰老和吸肥能力的差异，有待进一步深入研究。

（一）土壤营养对作物产量的影响

土壤养分供应状况与作物施肥显著影响玉米产量潜力的发挥。土壤种植作物存在平衡与不平衡土壤养分供应状况和最佳施肥比例，但无论是土壤养分平衡供应类型还是不平衡供应类型，在最佳氮、磷施肥比例条件下，施肥量与作物产量的函数关系为抛物线关系，它反映了施肥初始剂量到施肥过量与产量之间的整体规律。在一次性施肥条件下，作物最高产量施肥量主要是调节土壤养分供应达到玉米、小麦苗期所要求的适宜供应强度，而最佳施肥比例则是调节土壤供肥由不平衡供应转化为均衡供应或保持土壤原有供肥的均衡性。从施肥角度看，决定作物潜在最高产量的并不完全是土壤养分最低量元素，而是土壤养分供应比例和供应量，低于和高于这一比例和用量，都不能达到地力所允许的潜在产量。氮、磷比例和用量的合理与否均影响土壤有机质的矿化和积累。在生产中只有根据土壤养分供应类型和种植作物确定最佳施肥比例和施肥量，才能够做到有效利用土壤养分，提高氮素养分的利用率和生产率，最终达到提高产量水平的目的。调控施肥下玉米产量的提高主要和单穗粒重提高有关。

（二）土壤营养对叶面积指数的影响

施肥明显提高了四种质地土壤上玉米的叶面积指数，吐丝前增幅较小。吐丝后增幅较大，在吐丝、蜡熟和成熟期施肥比不施肥平均提高了4.89%、44.32%、23.91%，四种质地上增幅大小不同，对沙壤增幅最大，在蜡熟和成熟期分别为49.37%和35.29%。对黏壤增幅最小，分别为41.40%和17.79%。显然，施肥对后期保持一定量的光合器官，促进粒重的增加有着重要作用。土壤肥力对小麦不同叶位的叶片长宽的影响较大。肥力对小麦下部叶片的影响可能大于上部叶片，而对顶部旗叶长的影响未达到显著水平。

（三）土壤营养对EN、EG、GW的影响

单株土壤营养面积不同影响其产量因素，而随着单株营养面积的减少，株高、荚数、茎粗及单株粒重逐渐降低，结荚部位升高。单株土壤营养面积大小与单株荚数、荚粒数、百粒重呈明显的正相关。不同土壤营养面积所形成的冠层结构是不同的，单株土壤营养面积大，所形成的冠层结构会给大豆一个宽松的生长环境，有利于产量因素的形成；单株土壤营养面积小，所形成的冠层郁蔽，限制产量因素形成。前期施氮比例增加对

玉米的株高、茎粗和穗粒数有一定促进作用，但千粒重有降低趋势。在沙壤、中壤土上，施用粒肥的千粒重均较高，但在轻黏土上使用粒肥对千粒重的促进作用较小，一次施肥减产的主要原因是穗粒数显著减少，这对千粒重影响不大。

第三章　农作物群体生理与产量

第一节　农作物群体结构

作物群体结构是田间生长的个体植株所构成的整体及其整体各部分的空间配置。可分为地上和地下两部分，地上部分是指冠层群体，主要功能在于同化 CO_2，积累干物质。冠层群体结构性状可分为三类：①群体数量性状，包括群体密度、高度和群体叶面积等；②群体几何性状，即叶倾角和叶方位角；③群体空间散布性状，指群体中各器官（主要是叶片）在空间的分布状态。地下部分是指作物的根群，即吸收层，其主要功能在于吸收水分和养分。根群的主要性状为根重、根体积、根表面积、根粗度、根长及分布等。作物的产量是通过两个生理过程形成的，一个是吸收作用，一个是光合作用。在一个生长周期中，作物的群体结构不断变化，对于产量形成起决定作用的冠层结构是在群体光合系统和非光合系统达到最大值并相对稳定时的结构。作物群体要维持地上茎、叶、花、果等器官所需要的水分和养分，必须具有强大的根系和庞大的吸收表面积，而合适的冠层结构也是提高冠层光合速率，保证群体高产的关键因素。

一、干物质累积动态

为满足人类对食物需求不断增长的需要，世界粮食的生产需大幅提高。根据预测，到2030年，全世界的水稻产量需增加50%才能满足需求。然而，水稻的收获指数已经接近最大，继续提高的可能并不大，由此一个提高产量的重要途径就是大幅提高干物质，即提高净光合量。

研究表明，超高产群体的干物质积累，在叶龄期（N ~ n）为 3 ~ 4t/hm²，拔节始期（B）为 7.5 ~ 8.8 t/hm²，抽穗期（H）为 15.5 ~ 18 t/hm²，乳熟期（MK）> 20 t/hm²，蜡熟期（W）> 22 t/hm²，成熟期（M）为 23 ~ 28 t/hm²。抽穗期干重占成熟期总干重的 60% ~ 65%，抽穗至成熟期积累的干物质占总干重的 35% ~ 40%。茎与鞘干重的变化，若以茎鞘干重占总干重的百分比表示，叶龄期（N ~ n）和拔节始期为 55% ~ 60%，抽穗期为 60%，乳熟期约为 40%，蜡熟期为 35% 左右，成熟期为 30% ~ 33%。抽穗至成熟茎鞘物质的表观运转率为 10%（穗数型品种）~ 20%（大穗型品种），收获指数多为 0.51 ~ 0.53。

对于大豆而言，高产和低产类型大豆的干物质积累差异因生育时期而有所差异。生殖生长期的不同产量类型间盛花期至鼓粒初期干物质积累无甚大差异，但在鼓粒初期后，中、早熟大豆高产品种的干物质积累明显比低产品种多，晚熟品种高产类型鼓粒初期后干物质差异不如中、早熟品种明显，这可能与晚熟大豆的产量差异小于中早熟大豆有关，但高产品种鼓粒期干物质积累量还是比低产品种高 20% 左右，鼓粒期干物质的同花量和产量密切相关。

二、群体叶面积指数动态及其垂直分布

叶面积指数（leaf area index，LAI）是作物叶面积相对于栽培土地面积，是描述群体受光结构的最基础参数。由于太阳辐射是均匀地分布于土地面积上，叶面积指数是每单位叶面积的有效太阳辐射的粗略计算。一年生作物早期叶面积发育是很快的，叶面积增大，截获的光能增加。栽培的目的在于最大限度增加作物对太阳能的截获，以提高作物生长率和增加干物质积累。

在水稻的抽穗期，群体的叶面积由有效茎蘖叶面积和无效分蘖叶面积（分别简称为有效叶面积和无效叶面积）组成。在有效叶面积中，由于顶部 3 叶的生长与穗分化同步，成为抽穗后子粒充实的主要养分来源，且因其处于受光条件良好的群体上层，叶的生理年龄较轻，具有较强的功能，故称高效叶面积。研究表明，超高产群体在抽穗期的有效叶面积占总叶面积的比率 > 95%，高效叶面积占有效叶面积的比率为 75% ~ 80%。总颖花数与总叶面积、有效叶面积和高效叶面积的比值，即粒叶比［颖花 / 叶（cm^2）］分别为 0.618 ~ 0.732、0.648 ~ 0.807 和 0.836 ~ 1.02。

许多研究已指出，大豆群体叶面积指数是决定光合产物的多少、衡量群体结构的重要指标。叶面积指数过大、过小或猛升、陡降，均难获得高产。适宜的叶面积指数动态是大豆高产稳产的主要生理基础。在始花期之前，叶面积指数要稳步增大，结荚期前后应达到最大值，鼓粒直至成熟前仍保持较大的叶面积指数是大豆高产的保证。

不同基因型的大豆群体的叶面积指数变化趋势相似，即叶面积指数均在盛荚期至鼓粒初期达到最大值，而后逐渐下降。在盛花期不同产量类型的大豆叶面积指数没有显著差异，而在盛荚期后高产大豆的叶面积指数明显高于中、低产品种。在叶面积指数最大的鼓粒初期，早、中、晚三个熟期高产品种的叶面积指数比中、低产大豆分别高出 29.9% ~ 40.6%、18.9% ~ 23.2% 和 12.7% ~ 16.5%。可见，对于早熟大豆基因型而言，较快的叶片发育并形成较高的群体叶面积指数，是早熟大豆高产的先决条件，而晚熟大豆的叶面积指数对产量的贡献没有早熟品种明显。

相关分析表明，不论熟期早晚，大豆生殖生长期各阶段的叶面积持续期（LAD）均与产量呈正相关关系（r=0.681 7 ~ 0.903 6）。其中，盛花期至盛荚期的叶面积持续期与产量呈显著相关关系（r=0.681 7*），而盛荚期至鼓粒初期、鼓粒初期至鼓粒中期、

鼓粒中期至鼓粒中后期的叶面积持续期与产量呈极显著相关关系（分别为 0.903 6**、0.807 6** 和 0.829 5**）。由此可见，大豆生殖生长期维持较高的叶面积持续期，生育后期植株衰老进程慢，叶面积衰减迟缓是高产大豆及群体的特征。另外，中、早熟高产大豆在盛花期至鼓粒初期有更高的叶面积持续期，即叶面积持续期表现出较快的增长速度，说明其冠层发育较快，然而晚熟大豆这一趋势表现的不明显，所以中、早熟大豆生殖生长前期的出叶速度对于产量形成十分重要。这是因为，较高的叶面积持续期有利于截获更多的光能，从而积累更多的同化产物。

三、叶倾角和叶片水平分布

（一）叶倾角

叶倾角和叶片水平分布都影响群体对光能的截获与利用。叶面指数相同的两个作物群体，若叶片在空间分布的均匀程度不同，群体内光的分布不同，农田光能利用率也不同。当叶片均匀分布时，处于良好的光照条件下，农田光能利用率高。同样，当两群体叶片的叶倾角不同时，即使叶面积指数相同，叶层内光分布也有较大差异，导致叶片的净同化率不同，单位时间内群体生产的干物质量不同。叶片近似水平生长的作物，叶倾角小，上层叶片正面截获入射光，叶片光照强，位于作物层底部的叶片光照强度弱，上、下层叶片的受光量差异大。叶片近似直立生长的作物，叶倾角大，太阳光可入射到叶层深处，位于作物层底部的叶片同样有较好光照条件，上、下层叶片的受光量差异小。例如超高产水稻抽穗期顶部 3 叶的叶片着生角度（叶片与茎的夹角），顶 1 叶（剑叶）< 10°，顶 2 叶 < 15°，顶 3 叶 < 23°。

叶片均有调节其自身叶倾角的能力，这种能力受环境和遗传因素影响。研究表明，小麦灌浆初期群体叶倾角随群体密度的增加而增加，叶倾角与密度间的关系为：y=0.282%+32.077（r=0.976 4*），说明增加密度可使叶片趋向上举，这是群体自动调节功能的表现，此特点为通过密度来调节群体发展和冠层结构提供了基础。不同作物基因型冠层叶倾角不同，我们对不同大豆品种的叶倾角进行测定，结果发现，大豆调节叶倾角受遗传因素影响，平均叶倾角存在显著的品种间差异。不同熟期的大豆基因型冠层平均叶倾角随生育期均有较为明显的变化，且大都在叶面积指数最大的鼓粒初期达到最高值，此阶段也是大豆冠层最郁蔽的时期，表明随着冠层的发育，大豆叶片不断地进行自我调节。在生殖生长期内，早熟高、中、低产大豆基因型的叶倾角变幅分别为 10.5°、16.2° 和 21.2°，中熟高、中、低产大豆的叶倾角变幅分别为 9.1°、10.3° 和 11.0°，晚熟高、中、低产大豆的叶倾角变幅分别为 6.6°、8.9° 和 6.5°。然而，一个明显的规律是生殖生长过程中，早熟类型大豆的叶倾角小于中熟、晚熟类型，中熟、晚熟高产大豆基因型的叶倾角均一致的高于中产和低产基因型，而早熟大豆恰好相反。说明：①早熟类型的大豆叶倾角调节能力强，高产类型大豆调节能力弱；②对于中熟、晚熟大豆类型而言，较高的叶倾角是其高产的一个特征。因此，在一定的种植密度下，大豆调节叶倾角变化的能力并非影响产量的因素，而是叶倾角的大小。早熟高产大豆的叶倾角较中低产大豆小，可能与早熟大豆生育期较短有关。实际上，在同一密度条件下早熟品种形成的冠层群体小，早熟高产大豆叶倾角小，叶片也较为平展，将更有利于截获光能，提高其在较短生育期内光能利用率，而中、晚熟大豆生育期较长，后期群体较为郁蔽，维持较大的冠层叶倾角有利于增加冠层中下部的受光量，改善群体光环境，这可能是晚熟高产大豆所具有的特征。

在冠层垂直方向上，冠层的不同层次，叶倾角存在差异。大豆从上到下总体表现减小的趋势。早熟大豆的不同产量类型间，高产大豆中部以上冠层平均叶倾角均比中低产大豆低 15.0° ~ 19.4°，全冠层叶倾角也明显低于低产大豆，而中熟大豆的不同产量类型间，随产量的降低，中上部冠层的叶倾角有减小的趋势，减小幅度为 1.2° ~ 6.4°，但全冠层的平均叶倾角无甚大差异。晚熟大豆中上部冠层的叶倾角表现出与中熟大豆相似的规律，但全冠层平均叶倾角随产量的降低而表现下降趋势，高低产之间相差 5.2%，由此可见，由于早熟大豆形成的冠层群体较小，叶片平展有利于截获更多光能，提高光能利用率，晚熟大豆冠层郁蔽，在叶面积指数较大的条件下，冠层各层次叶倾角大则有利于太阳辐射透射到冠层内部，改善群体受光环境。所以选育叶倾角随叶位升高而增大的大豆品种极有可能获得高产。因其上部的叶倾角大，有较多直射光入射到叶层深处，下层叶片的叶倾角小，漏射于地表的光能减小，这样的群体有利于截获较多的太阳能，即可提高农田光能利用率。

（二）叶片水平分布

大豆有较强调节叶倾角和叶方位角的能力，叶片平展、重叠、调位运动明显。通过小叶的抬起、降落、扭转，叶面始终保持良好的受光态势，叶柄也能上下起落，左右扭转。叶片的调位运动使叶层镶嵌性良好是大豆群体的突出特征，叶层的镶嵌性一方面使各个叶片得以截获阳光，另一方面也使大豆群体各叶层的光照自上而下极度削弱。不同大豆在各个方向叶片分布密度的变异系数可反应出大豆叶片在各个方向上分布的均匀程度。我们对不同大豆品种的叶片水平分布及叶倾角进行测定，分析大豆冠层叶片在 8 个方向上的分布密度，综合 2 年的数据可见，不同产量类型的大豆品种叶片在不同方向上的分布存在差异，不同熟期的大豆在盛荚期至鼓粒初期叶片分布的变异系数最小。总体上表现为：而随着生育进程，晚熟大豆的变异系数比早熟大豆低 6.7% ~ 51.1%（盛荚期至鼓粒中期），早、中、晚熟高产大豆的变异系数平均分别比低产大豆低 22.9%、31.6% 和 32.2%（盛荚期至鼓粒中期），并且鼓粒中期不同产量类型大豆的变异系数的差异（39.7% ~ 53.2%）较盛荚期和鼓粒初期（4.4% ~ 43.6%）大，但在生殖生长的初期（盛花期）的变异系数相差不大，即晚熟大豆较早熟大豆、高产品种较低产品种的变异系数呈减小的趋势。晚熟品种由于生育期较长，形成的冠层群体庞大，较小的变异系数使得叶片分布相对更均匀。因此，盛荚期至鼓粒中期叶片分布的均匀与否与产量密切相关，尤以鼓粒中期显著，盛花期与产量关系不大。

在冠层垂直方向上，随着大豆冠层从上到下叶片的增加，叶片水平分布密度变异系数逐渐减小。熟期越晚、产量越高的大豆，叶片分布变异系数越小，叶片分布越均匀。早熟大豆中，虽然不同产量类型间全冠层的叶片分布变异系数差异不大，但中部以上冠层存在较为明显的差异。高低产品种间相差 5.11% ~ 15.09%，而中晚熟大豆叶片分布的差异不如早熟大豆明显，其中中熟大豆差异在 1.82% ~ 2.24% 之间，晚熟大豆差异在 0.86% ~ 2.45% 之间。这说明，熟期越早的大豆，产量形成越需要叶片在冠层的各个层次上有更加均匀的分布。

第二节　作物群体结构与光合生理特性

农业生产的实质就是植物利用太阳光能，将 CO_2 与水合成有机物质。所以，提高产量的实质也就是提高光能利用率。所谓光能利用率就是一定时间内落到一定面积土地上的日光能被吸收转化为植物所储存的热能的百分率。从理论上，光能（指太阳总辐射量）利用率可达 5% 左右。但实际上整个世界上的（包括陆地、水面）平均年光能利用率仅 0.1% 左右，而光合效率是影响光能利用率重要原因之一。提高群体光合速率的途径有二，一是增加叶面积指数，二是提高单位叶面积的光合速率。然而对于大多数作物来说，叶面积指数已接近最大，并由此来提高单位叶面积的光合速率是提高产量的有效途径。

一、光合速率

（一）群体冠层光合速率动态

光合速率是作物育种重要的选择指标，冠层光合速率与子粒产量呈显著正相关。大豆品种鼓粒初期光合速率与产量呈正相关，相关系数 r=0.852 9，在不同年份也保持相同趋势。可见，大豆在生殖生长阶段的光合速率对子粒产量影响最大，特别是结荚——鼓粒期大豆的冠层光合作用曲线与产量呈正相关。

不同熟期的大豆品种在生殖生长期光合速率有着相似的变化趋势，一般都在盛荚期前后达到最大，而后逐渐下降。不同产量类型间大豆的光合速率总体表现为：高产＞中产＞低产，其中，中早熟大豆差异较为明显，晚熟高产和中产大豆间的光合速率差异虽然不大，但与低产大豆相比，差异显著。可在每个生育时期光合速率的差异程度不同，而且光合速率曲线间在某些点互为交叉，如盛花期。可见，不同产量类型的大豆在生殖生长期光合速率不同，用生殖生长期平均光合速率可能更能科学、准确地反映其与产量间的关系。相关分析表明：生殖生长期平均光合速率与产量相关系数为 0.845 3[**]，达到极显著水平。

（二）群体冠层光合特性的垂直变化

作物冠层结构和与其相关的光截获特性是评价光合能力的重要指标。不同的冠层结构层次中，太阳辐射能分布不同，而总的光合效益及净光合速率是随太阳辐射的减少而显著减少，植冠结构对其太阳总辐射、光合有效辐射（PAR）和净光合效率都有显著影响。冠层中光分布造成的光合作用的差异远大于其他因素所造成的差异，因而在冠层结构与光合作用的关系中，光分布是一个主要因素。在水稻冠层中不同位置的光照强度差异与叶片光合速率变化呈显著的相关关系。因冠层上部叶片遮荫，使得下部叶片光合受到影响，这种光分布的差异使得对叶片光合速率的提高变得复杂。在新株型（New Plant Type，NPT）水稻中，叶片趋于直立，利于光线照射到群体下部叶片，进而优化整个冠层的光合速率。

大豆光合速率高低随光照强度的变化而变化。在一定光照范围内，光照强度高，光合速率也高。不同叶位的光合速率也有明显差异，其变化规律为上、中、下依次递减，差异范围因品种而异。下部叶片遮荫严重，是造成产量较低的原因之一。假定植物叶片对环境光强的适应使得植物群体对有限资源的利用为最优，比较叶片光合能力最优分布和均匀分布下的群体光合发现，叶片适应的优越性将随群体消光系数和叶面指数增加而增加。在特定条件下，消光系数从 0.4 增加到 1，群体全天的光合量在适应和不适应之间的差别是从 11.7% 增加到 36.5%。由此推测，由于叶片对环境光强的适应，叶直立而消光系数较小的群体中叶片光合能力的差异要比叶平伸而消光系数大的群体小。在叶片光合能力达最优分布时，群体光合速率或生长速率与光能截获率成线形关系，与截获光能成近似线形关系。提高单位叶面积光合速率的两个可能途径是：①更加均匀的冠层光分布；②增加参与有效光合的叶片比例。

我们比较不同产量类型的大豆群体冠层不同部位的叶片光合速率发现，盛荚期至鼓粒初期不同冠层层次的光合速率有明显的差异，不论熟期早晚，均表现为从上到下逐渐降低的趋势，且不同产量类型间，光合速率下降的幅度不同，早熟大豆中，高、中、低产大豆的下降幅度分别为 55.0%、75.4% 和 79.5%；中熟大豆分别为 70.5%、76.3% 和 71.9%；晚熟大豆分别为 72.0%、77.9% 和 81.0%。由此可知，高产大豆群体上下冠层的光合速率变化幅度相对较小，而同时高产大豆不同节位的光合速率均明显比低产大豆高，中产大豆介于两者之间，说明高产大豆在此时期全冠层的光合速率较高，且上下冠层差异较小，下部冠层的光合速率受光层环境的影响较小，而且随熟期的延长，冠层光合速率的变异有逐渐加大的趋势，表现为晚熟大豆上下冠层光合速率所受影响大于早熟大豆。

二、蒸腾速率及气孔导度

许多研究表明，大豆叶片光合速率与气孔阻抗呈负相关。在开花前后，影响光合速率的主要因素是叶肉导度和气孔内 CO_2 浓度，到鼓粒中后期，气孔导度也成为一个重要的直接因素，蒸腾速率对光合速率无直接影响，是通过气孔导度和叶肉导度而影响光合速率的。但也有研究证明光合速率变化与气孔导度关系不大。可见，光合速率与气孔导度关系的复杂性。

生殖生长期大豆蒸腾速率由高到低变化，盛花期最高，而后逐渐下降，且在盛花期早、中、晚熟大豆的蒸腾速率依次增高。不论熟期早晚，不同产量类型间的大豆蒸腾速率呈现一定差异，总体表现为高产>中产>低产，但在某个时期同样有所交叉。此外，气孔导度变化与蒸腾速率相似，随着生育期进展，都是由高到低变化，且不同产量类型间的大豆叶片气孔导度存在一定差异，且和蒸腾速率的变化相比更为明显。

可见，产量水平不同的大豆，其冠层叶片的光合生理活性亦不同，光合生理与产量关系密切。

在垂直角度上，蒸腾速率和气孔导度在不同冠层层次的差异程度不同，但均表现出高产大于低产的趋势，光合速率、蒸腾速率和气孔导度三者间存在着密切的耦合关系。

作物群体结构的性状决定了气孔的空间分布状况。气孔的配置及其整体行为在很大程度上调控着土壤——植物——大气连续系统中的碳素、水分以至能量的收支平衡。作物冠层气孔分布取决于叶片在农田着生的部位、叶龄等，从而决定了作物与外界进行水汽、CO_2 交换通道的空间分布。对于不同品种大豆群体冠层气孔分布也尚未见报道，其主要作用还有待于进一步深入探讨。

第三节　作物群体冠层的微环境特征

大豆群体与冠层环境之间相互影响、相互制约，即群体的发育改变冠层环境，变化了的微环境又反作用于群体冠层，使得冠层结构产生适应性的变化。

一、冠层透光特性

许多研究指出，群体冠层叶片是影响冠层光环境的决定因素，太阳辐射不仅是光合作用的能源，而且是质体分化、叶绿素形成的重要条件和光合酶系的调节因子，是影响大豆发育的重要环境因子，即便到达冠层上方的辐射量相同，但由于群体内部辐射能分布结构不同，群体的物质生产能力和生育状况差别很大。研究表明，生长期良好的环境条件，尤其是冠层截获的太阳辐射是产量性状重要的影响因素。

（一）群体冠层透光特性的动态变化

由于作物栽培条件和栽培技术不同，作物生长和作物群体结构类型也不同。因而在不同类型的作物群体中的光分布也不同。且作物每个生育阶段的群体结构变化致使其群体冠层的光分布也不同。

大豆群体冠层透光性与大豆株型密切相关。因而，在一定生态类型的基础上，研究大豆理想株型的冠层结构，首要的是研究左右群体冠层结构的叶面积垂直分布，不同冠层光分布特征及光合生产率，进而研究这些光合生理、生态性状对株荚数、株粒数、株粒重、粒茎比、主茎荚数等产量性状形成的效应。光合有效辐射截获率与株高、干物质、叶面积指数呈显著正相关，截获光合有效辐射 95% 的叶面积指数称为临界叶面积指数。

叶面积指数与密度和植株配置有关，如果行距大，要求的临界叶面积指数高，达到 95% 光截获的时间长（密度相同时）；密度大时临界叶面积指数有增加趋势，但达到 95% 的光截获的时间有缩短的趋势。研究表明，大豆冠层中光照分布情况决定于冠层不同水平叶面积密度分布特征。自然光照绝大部分被群体冠层上部截获。冠层内光照的分布主要集中于冠层上部、中部较弱，下部更弱，亚有限类型冠层上部光强分布低于无限类型，冠层中叶面积指数累加值垂直分布是决定冠层中光照分布的重要原因，但不是唯一原因，与透光性密切相关的形态指标有叶片大小、植株收敛与张开、植株高矮、结荚习性。

研究表明，假如把群体的叶层看成均匀的介质，那么群体内任何高度的水平相对光强度与该高度以上的叶面积指数有关。光强的衰减基本符合 Beer–Lambert 定律。消光方程是 $I = I_0 e^{-KF}$，式中的消光系数 K 值是单位叶面积指数引起的群体透光率减少的对数值，是群体光强在垂直方向上衰减的特征值，是表征冠层光截获的有效指标。K值越大，I 值越小，说明群体内光强衰减越严重。经过研究表明，大豆群体消光系数大，说明叶片遮光较严重，中部和下部叶片接受的光线少，这对于植株上、中、下部均能结荚的大豆来说是很不利的。因此，加强大豆株形和群体结构的研究和改良是必要的。

（二）冠层空间内的透光特性

在群体不同高度测定光强度，可以得到群体冠层内短波辐射的剖面分布图。每一高度的测定有些取自受光点，有些取自遮光点，求得平均值用 I 表示，用 I/I_0 表示对光能截获的比率，即透光率。（I_0 为冠层顶部自然光照强度）。I/I_0 随各层叶面积指数增加而减小。植株上层叶片近于上束，下层叶片近于水平方向展出，这样单位叶表面吸收的太阳辐射降低，而使较多叶片处在光补偿点以上状态，I 比较大，在各层分布均衡，不致少数叶片在光补偿点以下，可以提高群体的光合效率。在改进大豆光合作用效率中，更重要的是使阳光穿透大豆冠层，使更多的叶片受到光照。无限结荚习性大豆顶冠层叶面积过大，不利于阳光更深入地透入中、低冠层，使中、低冠层的光合生产率降低，因而不利于产量性状的形成；中冠层叶面积过大也会影响阳光透过底冠层。同时，中冠层叶片相互遮掩也会降低中、低冠层的光合速率，影响产量性状的形成，所以适当减少无限结荚习性大豆顶冠层叶面积是株型改良的关键之一。有限结荚习性大豆顶冠层光截获率大有益于产量性状的形成。

另外，在冠层内的光线中，散射光的比率较大，然而散射光对于大豆叶片的光合作用是有利的。所以，探讨高产大豆群体结构下的各层次辐射透过率及散射辐射透过率与光合速率的关系有重要意义。研究发现，散射辐射透过系数和直射辐射透过系数有着较为一致的变化趋势，即早熟大豆较晚熟大豆、低产大豆较高产大豆、冠层上部较冠层下部，两种辐射特性均表现增加的趋势。就全冠层而言，充分地截获光能对于产量形成是重要的，对于晚熟大豆，高产类型中上部冠层辐射透过系数比低产类型低7.3% ~ 16.7%；对于早熟大豆，高产类型比低产类型低 8.1% ~ 24.7%；中熟大豆位于两者之间。可见，中上部冠层辐射透过率低截获光能多，有利于同化物积累，产量提高；早熟大豆比晚熟透光特性变异大，冠层结构的变化对辐射特性的影响与产量形成关系亦更加密切。

不论熟期早晚，叶面积指数、叶倾角及叶片分布变异系数均与冠层辐射特性密切相关。即叶面积指数越大、叶倾角越小和叶片水平分布变异系数越小，直射及散射辐射透过系数越小，大豆冠层对光能的截获越多。且不论熟期早晚，高产大豆在盛荚期至鼓粒中期的冠层辐射透过率低，有利于充分截获光能。而不同熟期大豆形成的群体空间大小不同，早熟大豆形成的冠层群体较小，叶片平展有利于减小辐射透过系数，截获更多光能，晚熟大豆冠层郁蔽，在叶面积指数较大的条件下，冠层各层次叶倾角大则有利于太阳辐射透射到冠层内部，改善群体受光环境。所以熟期越早，大豆截获光能的多少对于产量形成的作用越重要，即相对于晚熟大豆来讲，早熟大豆所能截获的光能对于产量形成有着更加重要的意义。

二、冠层内的 CO_2 浓度

株间 CO_2 浓度仅为大气 CO_2 含量的69%，而一般田间 CO_2 浓度下降到大气正常含量的80%就会影响叶片的光合作用。CO_2 分压以叶丛上部空气为最高，愈接近冠层愈低，且在气孔下腔和细胞间隙空气中 CO_2 浓度（G）比外界空气中 CO_2 浓度 CO_2 低，而胞间空气不仅起着 CO_2 源的作用，也接受绿色和非绿色细胞呼吸过程所放出的 CO_2。在气体交换平衡中的"补偿点"反映着 C_i 与 C_a 相等的状态，在此情况下尽管气孔可能张开较大，但并无气体交换，在叶绿体中 CO_2 运输的终端是被接受体所固定，接受体固定 CO_2 速率影响 CO_2 浓度梯度和 CO_2 流速率，从而也影响光合生产率。可见，探讨 C_i 及其与 C_a 的差更能精确反映 CO_2 与光合速率的关系。

对于大豆冠层，不同熟期的大豆冠层 CO_2 浓度在盛荚期至鼓粒初期最低，而后逐渐升高。这可能是由于盛荚期至鼓粒初期群体叶面积最大，群体光合强度高，同化能力强所致。而随着生育期的推进，叶片衰老、脱落，光合速率下降，呼吸强度增加，使得 CO_2 浓度有所回升。早、中、晚熟大豆在生殖生长期冠层 CO_2 浓度变化幅度分别为9.3%、10.8%和10.9%，可见，生育期长，冠层较为郁蔽的中、晚熟大豆对冠层 CO_2 浓度有一定影响。不同产量类型间大豆冠层的 CO_2 浓度在盛荚期差异较为明显，早、中、晚熟高产大豆 CO_2 浓度分别比低产大豆低1.99%、2.93%和2.52%，这可能与此时高产群体光合速率高、同化的 CO_2 量大有关。其他时期 CO_2 浓度品种间差异不明显。

在对不同层次 CO_2 浓度的测定发现，上部冠层的 COa 浓度均低于中下部0.7% ~ 4.9%。这可能与下部光合速率较弱，群体同化 CO_2 量较少及近地表土壤微生物呼吸释放一定量的 CO_2 有关。不论熟期的早晚，不同产量类型间的冠层 CO_2 浓度随产量的降低呈现升高的趋势。所以，高产大豆冠层相对较低的 CO_2 浓度能够满足光合所需，CO_2 浓度并不是影响同化速率主要生态因素。

三、冠层的叶、气温差变化

作物层温度定义为作物层不同高度茎、叶表面温度的平均值。作物层温度是由土壤——植被——大气连续体内的热量和水汽流决定的。影响作物生长发育速率和叶片光合强度的是植物体温，而非气温。叶温是叶片与周围环境进行物质和能量交换的结果，白昼叶温主要依靠叶片蒸腾作用调节。不缺水植物的叶温一般都较低，植物缺水，叶片蒸腾耗热减小，叶温升高，叶气温差增大。叶、气温差的变化反映了植物和土壤的水分状况，叶、气温差是土壤——植物——大气相互影响的结果。并在一致的外界条件下，比较不同品种叶气温差（DT）的差异可作为判断其生活状态好坏指标之一。

由于叶片的蒸腾作用而使得叶温呈现低于气温的趋势，但也受辐射、风速等因素的影响。叶气温差呈双峰曲线变化，在大豆盛荚期叶气温差有所升高，此时正处于全年气温最高的月份，尽管蒸腾速率较高，但这不足以完全抵消由于高温及阳光直射而使叶片温度的升高，而后叶气温差下降，到鼓粒中期又升高，这是由于鼓粒后期由于叶片衰老，蒸腾速率的急剧降低，又使得叶气温差减小，甚至叶温明显高于气温（叶气温差为正值）。不论熟期早晚，生殖生长期内的叶气温差真实值在不同产量类型间大豆均表现为：高产＜中产＜低产，说明高产大豆群体的生活状态良好，特别是叶片能维持良好的生理状态，不至于早衰。

在大豆冠层中，虽然上部冠层叶片的蒸腾速率较高，然同时受到的太阳辐射较多，蒸腾作用不足以抵消较强的辐射而使得叶温暂时升高，所以上部冠层叶气温差为正值。随中下部辐射的减弱，滞留在叶面的水分相对较多，叶气温差变为负值。不同产量类型间，从高产到低产各个层次的叶气温差大都表现上升趋势，而且不同熟期的大豆均表现此一致的趋势，说明了高产大豆群体各层次的叶片生活状态要好于低产大豆（叶片持续期有关）。

四、冠层湿度变化

由于作物群体冠层的蒸腾作用，使得其冠层湿度不同于大气湿度。生殖生长期间大豆冠层湿度没有表现出明显差异及规律性变化，冠层结构的变化对其影响不大，由于冠层湿度受气象条件影响较大，与其他生理指标的关系也不密切。

不同大豆冠层部位的相对湿度变化一般表现为上部湿度低于下部湿度，这与上部冠层有相对较好的通风条件及良好的光照等因素有关。在不同熟期的大豆间，随熟期的延长呈现一定程度的升高趋势，平均升高 11 ~ 8%。说明形成的群体越郁蔽，整体蒸腾作用强，冠层相对湿度就表现越高。在不同产量类型间相对湿度没有表现出显著的差异。相对湿度不是影响光合特性以及产量的主要因素。

第四节　作物高产群体结构及其特征

一、高产群体形成

发挥作物的产量潜力，首先就要通过育种、栽培等方面的措施构建高产群体。这一过程的主要目的是通过提高光能利用率，获得高额的经济产量。"最终产量一定法则"揭示了在一定条件下，密度不断提高，植物体最终干物质产量接近某一定值的现象。这一法则，应用于水稻成立，而对小麦、玉米、大豆、高粱等，其总干物重是符合的，但子粒产量则不符合。在某种密度下，产量最高，超过这种密度又降低，是一种抛物线的关系，这是作物群体自动调节和反馈现象共同作用的结果。对此，我国许多学者围绕着作物产量构成因素的自动调节与人工调控开展大量的研究，主要是：①对稻、麦等分蘖作物来说，在由低产变中高产过程中，应采用大播量、大群体，以提高亩穗数为中心获得高产；②在高水肥条件下，应以攻取穗大、粒多、粒重，提高群体质量为突破，而不是扩大以苗、茎数为中心的群体结构。

在水稻高产、超高产育种方面，有学者提出了协调水稻亩穗数与穗粒重的"三优假说"，即最佳株高、最佳穗重、最适分蘖性能，通过协调三因素的关系培育超高产水稻良种。玉米高产栽培上则采取利用紧凑型高产品种，在适宜高密度的基础上，提高整齐度，增加单株生产力，取得了亩产 800 ~ 1 000 kg 高额产量。

对于大豆来说，其产量形成不同于其他作物，其产量空间分布及与叶面积分布关系密切。叶片是光合作用的主要器官。许多研究表明，叶片的同化产物在各成型叶片之间不能分享，只有在叶腋豆荚死去或满足其需要后的情况下，该叶的同化产物才向其他邻近节间的豆荚输送，大豆群体各层的粒重与叶面积的相关极显著，具有明显的叶荚对应关系。有限结荚习性大豆品种的叶与荚之间呈正相关；亚有限结荚习性大豆品种叶与荚之间在局部呈正相关；顶节位的粒叶比，以亚有限结荚习性品种为最大，无限结荚习性品种为最小，有限结荚习性品种介于上述二者之间。可见，大豆产量（荚粒）及其在植株上的分布与生育过程中叶面积及其空间分布有密切的关系。因此，探讨产量在植株或群体空间合理的分布在大豆理想型设计以及寻求产量突破途径中有重要意义。

大豆是全冠层具有生产力的作物。大豆产量分布于群体冠层中茎和分枝的大多数节上，产量空间分布是以群体为基础的包括垂直分布和水平分布。我们在连续 2 年的平行试验中发现，各熟期品种的荚数、粒数、粒重在植株的上、中、下部分布均呈现为上部＞中部＞下部的趋势，产量主要集中分布在植株的中上部，平均中上部产量占全株产量的 87.4% ~ 95.5%，而百粒重在各层次间却没有表现出明显的规律性差异。根据上、中层和主茎产量百分率把品种（系）的产量空间分布在垂直方向上分为上层型、均匀型和分枝型，共 9 种空间分布类型。为定量分析空间分布特性定义了两个描述产量分布的数量指标：

产量垂直分布指数；I_v= 上层产量 % ~ 中层产量 %（$-100\% < I_V < 100\%$）

产量水平分布指数：I_h= 主茎产量 %（$I_h \leqslant 100\%$）

研究表明，垂直分布的均匀型和水平分布的主茎型或并重型具有较高的高产品种频率和单产。从垂直分布看，均匀型品种的显著特点是结荚高度低，株高较高，结荚节数多，即这类品种具有较大的产量形成空间和库容量，因而提供了高产的可能性和潜力。另一方面，由于源库之间在空间上存在有对应关系（叶荚对应关系），均匀的产量分布一般是由于在营养生长和产量形成过程中有均匀的叶片空间分布，这有利于光能的截获和光能在全冠层的合理利用。因此，均匀型则是比较理想的产量类型。采用模糊聚类方法也把大豆荚粒在植株上的分布分为三类（上层结荚型、均匀结荚型和中层结荚型），作为荚粒物质基础（源）的叶面积越大则同层次的荚粒也越多、越大，所以，对有限型（上层型）品种应着重采取提高中层生产力的措施；无限型（中层型）品种的产量主要取决于上层和中层生产力的发挥程度；亚有限型（均匀型）则应使上中下层生产力协调发展、均匀增长，对主茎型品种产量起主导作用的是主茎粒重的高低；但分枝粒重也起一定作用；而分枝型品种的产量受主茎粒重的制约。可见，针对不同生态类型（结荚习性）的大豆确定不同的选择标准，选育多荚、密荚型品种，扩大产量形成空间，以及有效提高叶片的生理活性，延长生育后期功能叶片的寿命，可能是高产育种的重要途径。

二、理想株型与高产群体

为大幅度提高作物产量，需培育超级作物品种，如超级杂交稻。而育种学家注意到，为获得超级品种需优化作物株型。株型是植株受光态势的体现，对产量产生直接影响。在大豆高效育种初期，仅注重提高单叶光合速率，忽视理想型的建立，结果出现光合速率提高，但产量水平变化不大的现象。实现高产和超高产将依赖于理想光合生态型的建立，尤其应把着眼点从原来改善产量构成角度转移到生理功能改善。首先提高叶片光合速率，但同时必须考虑理想株型及保持群体叶面积垂直合理分布和群体叶面积指数正常扩展，形成最佳的冠层结构。大豆高产育种选择压可提高单叶的光合速度，而单叶光合速率的提高若不能与改善受光体型同时实现，那么就不能增产。从这一点来看，当前应优先利用改善株型来提高受光效率。

小麦高产优质群体指标应具有如下特点：较高的花后干物质积累量；适宜的光合叶面积（叶面积指数）及较高的转化率，即高的粒叶比；在穗数稳定的基础上，茎蘖成穗率高，穗粒数及粒重高；茎秆粗壮，基部节间短，穗下节间长；也具有较高的有效叶面积率和高效叶面积率；根系活力强，颖花根流量高。

超高产水稻群体的特征为：茎蘖苗在有效分蘖临界叶龄期达到预期穗数，茎蘖成穗率 > 80%，冠层叶片挺立，抽穗期叶面积指数 7.8 ~ 8.8，有效叶面积比例 > 95%，高效叶面积比例 75% ~ 80%，粒叶比［颖花 / 叶（cm^2）］> 0.6；全生育期光合势 > 550 m^2 ~ d/m^2，抽穗至成熟的光合势 > 230 $m^2 \cdot d/m^2$，成熟期总干重 23 ~ 28 t/hm^2，其中抽穗至成熟期积累的干物质占总干重的 35% ~ 40%，收获指数 > 0.51；抽穗期根冠比为 0.25 ~ 0.29。水稻产量 > 12 t/hm^2，颖花量 > 5 万朵 /m^2，结实率 > 80%，千粒重 26 ~ 28 g。

大豆与禾本科作物相比，营养生长和生殖生长的交错时期较长，这一特性激化了同化产物在营养器官和生殖器官之间的竞争，而不利于生殖器官的生长。具有源形成期间短，库形成期间长的生长型是最适于子粒生产的。源的形成通过主茎模型密植，有可能进一步集中在前期；库的形成通过延长开花期至鼓粒期的生长时期，有可能集中在后期。其结果，理想的生育型将是源库竞争最小者。大豆高产株型的基本条件是：①增加中下层叶群的透光量，提高整个群体的源效率；②切除分枝，使个体内的源、库单位的源、库比例均衡。满足这些条件的株型为上部收敛型模型和主茎模型。理想株型主要是指植株高效受光态势的茎叶构成，但也有人认为大豆超高产株型是多模式的。值得提出的是，不同生态区的环境条件不同，获得高产的生育模式就可能不同，即理想株型具有地域性。但无论在何种生态条件下，理想株型的冠层结构应该是在适宜的群体密度下发育形成的冠层群体能够最大限度地改善冠层微生态环境，以有效提高群体的光合生理特性，并最终使其产量潜力得以充分发挥。

第五节　栽培措施对作物群体结构及其生理特征的影响

高产优质的作物群体结构是优良基因型和适宜的栽培措施共同作用的结果，影响群体结构主要有肥料、密度、耕作栽培方式等。

一、肥料

（一）氮、磷、钾三元素

在小麦方面的研究表明，氮素是影响小麦产量和群体最活跃的因素，供给不足或过量均会影响植株的正常生长，及对其他营养元素的吸收，最终导致产量下降。一般在适量施氮的前提下，减少前期氮肥用量，加大中后期追氮比例，实施"前氮后移"的运筹法则，基肥的比例降至 40%～60%，拔节后追肥的比例增至 60%～40%，可显著改善群体质量，增加植株基部节间重量、充实度及次生根数目，提高抗倒、抗旱能力，提高分蘖成穗率，促进中后期光合生产，增强小花分化强度，提高可孕花数及可孕花率；促进物质积累和子粒灌浆，增加穗粒数和粒重。另外，小麦对磷、钾的需求量也较大，需要通过施肥予以满足。其在高产栽培条件下，应增施磷、钾肥，氮：磷：钾 =1：1：0.5～0.6 为宜。增施磷钾肥可促进根系发育，促秆壮穗大，提高抗倒、抗旱能力，促进物质转化运转，促进灌浆、增加粒重。应改磷钾肥全部基施为基肥与拔节肥 2 次施入，磷钾肥的前肥后移对群体的影响和氮肥的效应相同。

（二）其他元素

小麦拔节前施用硅肥能促进分蘖的发生与生长，提高孕穗期高效和有效叶面积率及粒叶比，促进花后群体物质生产和积累，提高地上部质量，增强抗倒能力，具有增穗、增粒作用；锰、硼、锌等微量元素是作物正常生长发育必不可少的，随着复种指数的增加及产量的提高，势必导致土壤中微量元素有效含量的不足。特别是我国的小麦主产区华北及黄淮麦区，石灰性土壤及砂僵黑土面积较大，该土壤类型中锌、锰含量偏少，硼的分布非常不均匀，也需补充。施用锰、硼、锌等微量元素可促进植株对氮磷钾的吸收，促进根系发育，增加分蘖和成穗，提高叶片的叶绿素及过氧化物酶活性，促进光合作用，提高千粒重和穗粒数，增加产量。

二、密度

密度对作物群体及产量的影响较大，多适宜密度随品种、播期、土壤、栽培管理状况而有所差异。对于小麦来说，在高产栽培条件下，适宜密度应偏低，即通过"小群体、壮个体、高积累"来获得优质高产群体。

（一）密度对群体光合生产的影响

较大的叶面积指数和较长的绿叶持续期是光合生产的重要生理基础。在密度较小时，叶面积指数增长缓慢，各生育期的叶面积偏小，漏光率高，造成光能的浪费，但播种密度小时，个体营养面积大，光照足，延缓了中下部叶片的衰老，上部功能叶具有较好的光合生产能力，干物质积累并不一定低。叶面积指数随密度的增加而有所增加，且增长速度逐渐加快，但当密度过大时，叶层分布不合理，中下部叶片多，群体光照不足，甚至下层光强度低于光补偿点。光合叶层薄，中下层叶片的呼吸消耗大于光合积累，致使叶片衰老，绿叶变黄加重，使得播量过大的群体在灌浆中期时叶面积指数迅速下降，光合积累少。一般在基本苗合理的情况下，而随着基本苗增加，叶面积指数会逐渐提高，干物重积累亦呈上升趋势。

（二）密度对群体透光特性的影响

冬小麦在不同群体密度条件下（75～195 kg/hm²）透光特性差异较大，表现为孕穗期和灌浆初期群体基部的透光率随着群体密度的增加而减小，而灌浆后期105 kg/hm²的透光率最小，75 k/hm²的最高，密度高于105 kg/hm²的群体透光率随密度增加而增加。孕穗期各群体基部透光率已接近或达到最小值，光截获率达到最大值，标志着此时是群体光环境最易恶化的时期，随密度增加群体光环境恶化加强。灌浆后期群体基部的透光率以密度195 kg/hm²上升的最为迅速，由灌浆期的1.0%增加到14.2%。表明高密度下植株之间遮光严重，生长后期植株衰老加快，叶片迅速失绿，光截获率下降，光合有效辐射低，不利高产。密度低于75 kg/hm²，小麦一生透光率都较高，漏光损失严重，光能利用率低，后期透光率上升幅度较大，净增值多为12.1%。

（三）密度对植株抗倒性的影响

小麦茎秆的机械强度、基部节间粗度、单茎鲜重、重心高、株高等这些与抗倒性有关的性状主要受密度的影响。密度较小时，植株单茎营养面积充足，茎秆生长健壮，茎节间粗度及茎壁厚度增加，茎秆机械强度增强。密度过大，总体茎蘖数多，单茎营养面积不足且因麦田植株下部通风透光不良，导致株高增加，茎基部节间变细，茎壁变薄，大维管束及小维管束数目下降，机械强度降低，植株易倒伏。

（四）密度对产量的影响

密度偏小，单位面积内保苗数不足，虽然个体得到发展，但终因单位面积穗数不足而产量较低。随着密度加大，产量也逐渐增加，然密度达到一定程度后，在一定范围内，播种量对产量的影响不明显，这是因为群体的自我调节和补偿机制。密度通过影响子粒的灌浆速度、穗粒数和粒重而影响产量。小麦播种密度小，个体健壮，分蘖成穗率高，穗粒数多，灌浆强度高，单株干物重积累较多，粒重大；播种密度大，个体弱小，灌浆强度降低，千粒重小。据研究，低密度水平下的子粒平均灌浆速度和最大灌浆速率均高于高密度群体。

三、播期

针对冬小麦,适期播种可充分利用光、热、水、气等自然资源,使冬前积累足够营养,培育壮苗,保证安全越冬是夺取冬小麦高产的一个重要环节。研究表明:在同样密度情况下,冬前茎蘖数及群体干物重积累量都随播期的提前而逐渐增加,但如果播种过早,年前生长过旺,生育进程超前,有可能越冬前拔节,耐冻性变差,如遇低温寒流及晚霜冻害,则主茎穗及低位大蘖穗冻死比例高,只能依靠高位小蘖成穗,穗小粒少,产量降低。播种过晚,大分蘖较少,且成穗率低,群体茎蘖高峰在越冬后出现,且持续时间短,群体叶面积指数较小,干物质积累量较低。根据营养器官与生殖器官的同步关系可知,播期晚,幼穗分化起步晚,分化时间短,造成穗小粒少,产量较低。可见,播期主要是通过生殖生长方面影响小麦个体素质,进而影响群体素质,突出表现为生育进程的超前或滞后。经研究认为:适宜播期应以使小麦在越冬前幼穗分化进入单棱至二棱阶段为宜,在此范围内播种,播期越早,大分蘖越多,分蘖成穗率越高。

四、土壤耕作及栽培方式

冬前深耕断根可使小麦群体根系的垂直分布下移,深层根系衰亡速度慢,为延缓衰老和增加产量提供了基础;冬前深耕还延缓旗叶的衰老,使其光合强度提高5% ~ 8%,穗数及穗粒数都有所增加。在有效分蘖临界期采取深中耕与镇压相结合的控制措施,可提高有效分蘖的整齐度,促进根系发育,提高分蘖成穗率,群体透光度增强,叶面积的指数下降速度减慢,植株抗倒伏能力增强,穗数及穗粒数增加,增产作用显著。

不同栽培方式对作物群体特性影响也较大。大垄双行的种植方式构建出了高产玉米群体冠层的微环境特性。使玉米群体冠层内中下层叶片的光量子密度(PFD)有明显增加,其中,中层增加30% ~ 40%,下层增加15% ~ 20%。中下层叶片接受的光量子密度平均增加100 ~ 160 μE/(m² · s),这可能是高产玉米群体冠层的微环境特性之一。冠层中下部的CO_2浓度可比对照平均增加20 ~ 40 μmol/mol,达到370 ~ 380μmol/mol。大垄双行种植方式构建出了高产玉米群体冠层结构的发展动态。叶面积指数的生育期变化具有"前快,中稳,后衰慢"的特点,且叶面积指数的持续期长。大垄双行的最大叶面积指数比正常种植下高0.3 ~ 0.5。大垄双行种植方式在不影响透光的情况下,增加了玉米中部(距地120 ~ 150 cm)的叶面积密度,扩大了中层叶的截光能力。大垄双行种植的玉米群体冠层内,叶片光合特性也有不同程度的改善。光合速率(Pn)稍有增加,蒸腾速率(Tr)和气孔导度(Sc)增加明显,在产量性状上,大垄双行种植的玉米与普通栽培方式相比,穗长增加,秃尖长减小,每穗粒数、百粒重和双穗率都增加,空秆率减少。

地膜覆盖栽培技术除应用于蔬菜、瓜类、棉花等经济作物外,也应用于粮食作物栽培。如易遭受低温危害的冷凉山区和下湿地区发展高光效地膜覆盖玉米,使海拔1 700 m以上的高寒地区农业发展有了很好的技术支撑体系。晚播小麦地膜覆盖栽培能增加小麦产量,在小麦返青时,膜下小麦的主茎叶龄、穗分化进程接近甚至超过适时播种小麦，且成穗率高，故晚播麦采用地膜覆盖栽培时可获优质高产群体。与露地小麦相比，地膜覆盖小麦群体具有较高的生物产量及干物质积累量，其各营养器官的物质输出率、分配率、转换率均高于露地栽培的小麦，灌浆期具有较强的生长势，灌浆速度快、时间长，收获指数较高，增产显著。

第四章 小麦高产种植技术

第一节 小麦超高产栽培技术

一、小麦超高产栽培技术

（一）超高产的品种选择

因气候条件和栽培技术的限制，很多小麦品种的产量潜力远未发掘出来，高产与大面积产量存在较大差距。

小麦要达到超高产水平，首先取决于品种的生产潜力，这是小麦生产的内因。近些年，国内黄淮冬麦区的育种专家大多认为，适合黄淮冬麦区的高产、超高产品种是多穗型品种。就成产三因素而言，穗数、粒数和千粒重对产量的直接通径系数均达到显著水平，对产量的贡献依次为穗数＞千粒重＞穗粒数。要达到超高产小麦的品种，必须具备较强的自身三要素高水平的相互协调，能够在保证足够穗数前提下，有较多的穗粒数和较高千粒重。

在选择小麦品种时，多是从小麦品种的株型着眼。小麦的株型即小麦植株地上部的形态特征，是小麦生长发育的综合表现。小麦的株型直接决定着田间小气候状况，从而影响小麦的光合作用、呼吸作用、抗倒特征和源、库、流的关系。良好的株型可以提高小麦的光能利用率，利于同化物质的运转和分配，也可一定程度减轻病虫害。超高产小麦合理株型的几个特点：①超高产品种的株高 80 ～ 90 厘米。②分蘖力中等，成穗率高。③叶片斜立或略披垂，叶形较窄，倒一叶长 20 厘米左右，倒二叶长 25 厘米左右，倒一叶基角 50° 左右，倒二叶基角 40° 左右。④基部茎节间略短于一般品种，茎壁较厚，上部倒一节间较长，茎秆弹性好。⑤穗长不小于 10 厘米，结实小穗18 ～ 20 个，小穗密度较低，灌浆速度快，籽粒大而整齐。⑥株型不能过分紧凑，植株不能太矮，叶片不可太直立，否则容易造成早衰，落黄不好，影响籽粒产量。

因植株的形态与其内在的光合生理、营养生理、根系吸收养分机制，特别是物质运转能力并不完全吻合。因此，还要通过田间试种和仪器测定才能确定一个品种的主要特性优劣，才能确定是否有较大生产潜力。

选择超高产品种，还必须十分注意品种的抗逆性，才能达到高产稳产。在黄淮海平原区，要特别注意小麦抗倒春寒的能力。

（二）小麦超高产栽培的指导思想及技术

小麦超高产栽培的主攻目标是实现高水平的产量三因素相互协调。要在实现植株田间均匀分布基础上，保证群体高效叶面积指数（LAI）前提下，适当缩小单茎上3叶面积，获取较多穗数，建成小株型大密度群体结构，实现源、流、库的高水平运转。众所周知，在小麦产量三因素中，单位面积穗数是影响产量的主要因子。总结前些年的高产资料，现有高产品种达到亩产600千克（9 000千克/公顷）之上，每亩穗数要求40万~45万。近几年多点超高产实践表明，现有的高产品种，通过优良的栽培技术，每亩穗数可达到45万~53万（675万~795万/公顷），比过去提高10%以上，仍然保持了品种遗传的每穗粒数和千粒重，实现了较高水平的三要素协调。因而，超高产小麦的成产三因素要达到每公顷穗数675万~795万（每亩45万~53万）、穗粒数36左右、千粒重45~49克。

为实现这一目标，必须培育高肥力的地力基础，充分重视有机肥料，切实搞好整地播种，形成高质量的前期群体。认真实施"前氮后移"，着力加强生育中后期肥水运筹，保持植株生育后期较强的吸肥吸水能力，延缓上部叶片衰老，尽可能提高抽穗后的干物质积累量，在成熟中后期茎鞘干物质能够有明显的再积累现象。同时，要特别注意加强病虫害综合防治，生育期全程保健，达到病虫零为害，把非正常消耗降低到最低程度。其主要技术有以下几点。

1. 培育高肥力的地力基础

回顾小麦产量上升的过程，可由中产——高产——超高产，每一个阶段实现产量的突破，都是当时相对基础肥力较高的地块。作物当季吸收的养分主要来源于土壤自身储存的养分，地力基础越高，作物当季从土壤中吸收养分所占比例越高。各地研究一致证明，高产小麦当季从土壤中吸收的养分占干物质营养元素总量的80%以上，而一般中低产田小麦当季从土壤中吸收营养元素仅占60%左右。想要在基础肥力很低的地块一步实现高产、超高产的目标是不太可能的。要实现超高产，必须选择肥力水平高的地块。培育高肥力的土壤，是实现超高产必不可少条件。

2. 高度重视施用有机肥料

有机肥料主要包括牛、猪、羊、鸡粪、沼气肥等。有机肥料对培肥地力和作物产量的提高是一致公认的。但目前由于有机肥源的减少，大面积麦田已很少施用有机肥。然而，近几年各地的高产、超高产麦田，一个共同特点几乎都是在玉米秸秆还田的同时，施用了种类不同、数量不等的优质有机肥料，新鲜牛、猪粪用量15 000~75 000千克/公顷（1 000~5 000千克/亩），或干鸡粪3 000千克/公顷（200千克/亩）以上。综合各地小麦超高产经验，必须尽可能多施有机肥料，应保证每亩用优质牛、猪粪 3 000 千克以上。

3. 合理施用化肥

（1）科学运筹氮肥

随着产量水平的提高，小麦抽穗后新同化物质的光合产物也在产量物质中所占比例逐步提高。采取相应栽培措施尽可能增加抽穗后干物质积累量，是现实超高产的主要途径。为此，必须提高抽穗前（拔节——孕穗）氮素的充足供应，以增加营养器官吸收氮素并把贮存的氮素不断向籽粒中运转，从而有利于提高顶部三叶，尤其是旗叶的氮素同化能力，增加旗叶硝酸还原酶和谷氨酰胺合成酶（GS）含量，延缓叶片衰老，保持后期较强的光合速率，促使产量形成期有较高的光合物质积累。因此，超高产小麦的氮肥施用原则是：底氮不过量，返青起身不追氮，拔节——孕穗必追氮，籽粒灌浆期酌情补氮。根据多个超高产示范田的施肥经验，氮肥施用可采用以下模式。

①全季总化肥氮 18 ~ 22 千克 / 亩，根据有机肥施用数量和质量而定。

②底氮 8 ~ 12 千克 / 亩（折合含氮 25% 左右的 N、P、K 复合肥 40 ~ 50 千克 / 亩）。

③拔节后期至药隔形成期追氮 10 千克（折合尿素约 21.7 千克 / 亩）。

④开花后根据植株生长状况，若有脱肥表征，可每亩追氮 2.5 ~ 4 千克（折合尿素约 5 千克），如植株生长旺盛，可不再追氮。

（2）因地制宜用好磷、钾、微肥，重视增施硫肥

①钾肥。随着小麦产量的提高，单位产量所吸收的钾素有明显增加，与普通产量相比较，超高产小麦（650 ~ 700 千克 / 亩）每百千克吸钾量增加 20% ~ 28%，在三要素中钾所占比例提高 12% ~ 16%。因此，超高产麦田必须重视钾肥施用。多点实验证明，超高产小麦钾肥（KO_2）适宜用量为 6 ~ 8 千克 / 亩，尤其是质地偏沙的沙壤土必须增加钾肥用量。

超高产小麦钾肥施用方法也应有所改进。要将过去钾肥全做底肥改为底钾和追钾相结合，按照底追比 7：3 的数量，在拔节孕穗期追施钾肥，也可以把钾肥和氮肥混合追施，或用 N、P、K 含量各 15% 的复合肥。实验证明，这种"前钾后移"施肥方法可提高钾肥利用率，有效增强小麦后期抗性，小麦千粒重增加 2 克以上，增产效果达 10% 以上。

②磷肥。目前各地超高产麦田都很重视磷肥，加之秸秆还田和有机肥供磷能力较强，麦田供磷可以满足小麦生育需要，一般按每亩施磷（P_2O_5）10 千克左右就可以了。为了提高磷肥利用率，促进苗期分蘖，形成冬前壮苗，不少超高产麦田采用分层施磷，即在犁地前施含磷复合肥之外，在耙地或旋耕时，再撒施一定数量（一般每亩 10 千克）的磷酸二铵，供幼苗吸收，促进根系发育，增加冬前大分蘖。

叶面喷洒磷酸二氢钾是一种常用的增产技术，有实验表明，在小麦返青、拔节、孕穗、抽穗扬花至灌浆期，连续多次喷洒磷酸二氢钾，对小麦有很好的增产效果。

③微肥。超高产麦田由于施有机肥较多，土壤中的微量元素大多可以满足小麦需要。在一些基础肥力较低，有机肥用量少，特别是沙壤土，要实现小麦超高产，仍然要注意增施多种微肥。另外，由于超高产麦田含磷较多，很影响小麦对锌元素吸收，有缺锌现象。所以，多数高产麦田一般底施硫酸锌 1.5 千克 / 亩左右。

④重视硫肥。硫（S）是蛋白质组成不可缺少的元素。近几年各地进行一些小麦施硫肥实验，证明施硫小麦一般可增产6%～12%，而且对强筋小麦品质有良好影响。据有关部门调查，豫东沙土，沙壤土有77%左右耕地缺硫（有效硫含量标准为21毫克/千克）。因此，超高产麦田应当增施硫肥，可以每亩施硫黄粉3～4千克（45～60千克/公顷）。

4. 深耕细耙，精细整地，优化播种基础，保证苗全苗匀

苗全苗匀是小麦群体在田间的有序、规则分布。实验表明，提高植株分布均匀度，是提高光能利用率的一项不可忽视的措施，是提高麦田群体质量的基础。缺苗断垄，植株在田间分布不均匀已成为小麦高产的一个重要限制因子。河南省各地的高产、超高产田块的一个共同特点就是基本达到了苗全苗匀，很少有缺苗断垄，基本实现"精准"栽培模式。

要实现苗全苗匀，除了有优良种子和良好播种技术外，最重要的是深耕细耙，提高整地质量。为使耕层深厚，所有超高产麦田都要采用大拖拉机深耕25～28厘米，充分混匀还田秸秆和有机肥料，然后用圆盘耙或钉齿耙顺耙斜耙后又旋耕2遍，达到土碎地平、上虚下实、利于播种。

重视播期播量和行距配置，根据多年多点实验和调查结果，超高产麦田必须把整地放在第一位，不能因抢播期而马虎整地。具体播种日期南北部有一定差异，但基本上都在10月中旬为宜，豫北抢墒到10月上旬，但不适合过早。

关于播种量，一直是一个争论较大的问题。据多年多点实验，目前比较统一的作法是：正常播期每亩播量10千克，保证有20万基本苗。播量最大不能超12.5千克/亩（187.5千克/公顷）。关于行距配置，近些年各地进行了不少实验，其结论一致表明，小麦行距以15～22厘米为好，其中超高产麦田行距大多采用15～18厘米。

5. 超高产麦田的灌水

麦田灌水是一个十分复杂的问题，由于当年降水多少、不同土壤的保水性能的差异，高产麦田很难有一个固定的灌水模式。根据各地研究，超高产麦田要在底墒水充足的基础上，生育前期（拔节之前）不要求过高的土壤水分，多数专家认为土壤含水量控制在田间持水量的65%左右。但必须加强拔节至开花期供水，此期土壤含水量应保持在75%～80%，尤其是拔节期（雌雄蕊分化末期）充足的土壤水分，可显著增加根量（2.5倍）；增加旗叶光合产物对籽粒的最大贡献率，提高花后群体的生长率。在黄淮海平原区，正常年份，在底墒充足基础上，实行拔节期（拔节——孕穗）和开花后8天前后浇水两次可以满足高产小麦对水分的需求。对于越冬水，需要根据当年冬前降水和底墒状况而确定是否进行冬灌。对于土质特别黏重的麦田，可根据土壤墒情增加灌水次数，如黏土地可在播种后浇一次蒙头水，保证出苗。对豫东平原，由于春季倒春寒频率高，一定要注意寒潮来临之前要及时灌水。

6. 加强超高产麦田病虫害防治，全程保健，实现病虫零为害

由于超高产麦田肥水充足，群体较大，株间湿度较大，光照不足，有利于多种病菌和害虫的滋生蔓延，所以超高产麦田比一般麦田的病虫为害更重。因此，必须加强病虫害的及时防治，尤其应搞好病虫测报和综合防治，确保小麦全生育期基本不受病虫为害。

高产麦田防治病虫应着重抓好4个关键时期：①切实搞好土壤处理，目前药物用辛硫磷拌干土在犁地前撒施。②采用种子包衣或药剂拌种。目前多数包衣以防治地下害虫药物为主，对某些病害发生较严重地块，如全蚀病要用全蚀净拌种。③返青起身期重点防治纹枯病和红蜘蛛、蚜虫等。此期喷洒三唑酮或井冈霉素可同时掺混杀虫药剂，消灭虫害。在纹枯病严重的地块和品种，应当在第一次喷药后隔7天再喷1次。④抽穗扬花期是小麦多种病虫害防治的关键时间，目前主要采用混合药物同时防治白粉、锈病、赤霉病、叶枯病和蚜虫等。主要药物有三唑酮（或特谱唑）、多菌灵、抗蚜威等，按用药量要求混合成药液在抽齐穗至扬花30%左右及时喷洒。尤其遇阴天湿度大，赤霉病易发生，必须掌握用药时期，及时防治，不能错过日期。为了增加小麦生育后期营养，也可以在药液中加入磷酸二氢钾。

进入灌浆之后，蚜虫会多次发生，危害很大。因此，要密切关注田间蚜虫发生情况，及时喷药，多次喷药，不能疏忽大意。

7. 重视中耕锄草及灾害预防

超高产麦田的田间管理与一般中高产麦田基本相同，除了上述的追肥、浇水、防治病虫外，还应当搞好中耕锄草，目前这是麦田管理中的一个薄弱环节。高产麦田由于肥水充足，杂草也长势繁茂，农民多采用除草剂消灭杂草，人工中耕锄草愈来愈少。作者认为超高产麦田应当采用人工中耕锄草，特别是浇水之后必须中耕，打破表土板结，增温保墒，改善土壤物理性状。最好在冬前和返青拔节期进行两次中耕。

超高产麦田防治倒伏是重要环节。防治倒伏是一项综合技术，要选择抗倒性强的品种，掌握好播量播期，控制好底肥用量。若以上几项未能完全达到要求，必须采取相应的抗倒措施，较常见的技术有两项：①药剂处理。在冬前、返青起身期喷洒多效唑（15%多效唑粉剂每亩90～110克兑水30～50千克），可降低株高2～7厘米。②冬前镇压。对有旺长趋势麦田于小麦5～6叶期进行镇压，有良好效果。

为提高小麦粒重，市场上有多种植物生长调节剂用于小麦灌浆期叶面喷洒。经有关单位不同年份实验，各种生长调节剂在不同年份的效果很不一致，灌浆期气候条件不好的年份，调节剂增粒重效果较好；气候条件较好年份，调节剂效果不明显，各地可根据具体情况灵活运用这一辅助增产技术。

二、小麦650千克/亩超高产栽培技术规程

本规程适用于650千克/亩以上的高产栽培。

（一）基本要求

1. 地块

地势平坦，土层深厚肥沃，保水保肥性好，灌排方便。

2. 土壤

土壤耕层 0 ~ 20 厘米，有机质含量 ≥ 12 克 / 千克，全氮（N）含量 ≥ 1.1 克 / 千克，速效磷（P_2O_5）含量 ≥ 15 毫克 / 千克，速效钾（K/O）含量 ≥ 130 毫克 / 千克。

（二）群个体性状指标

1. 壮苗指标

（1）越冬期指标：越冬期主茎叶龄 6 叶 1 心，单株分蘖 4 ~ 5 个，单株次生根 8 ~ 10 条。

（2）返青期指标：返青期主茎叶龄 7 叶 1 心，单株分蘖 5 个以上，次生根 10 条以上。

（3）拔节期指标：拔节期主茎叶龄 9 叶 1 心，植株生长健壮，无病虫。

2. 群体动态指标

每亩基本苗 18 万 ~ 20 万株，越冬期群体 70 万 ~ 80 万株，春季最高群体不可超过 100 万株，成穗数 45 万 ~ 50 万穗。

3. 产量结构指标

每亩成穗数 45 万 ~ 50 万穗，穗粒数 34 ~ 37 粒，千粒重 45 ~ 48 克。

（三）播前准备

1. 种子选择与处理

（1）种子选择：选用具有 650 千克 / 亩以上产量潜力的品种，种子质量要符合 GB 4404.1-2008/XG1-2020 的要求，籽粒饱满均匀、发芽率高。

（2）种子处理：纹枯病、条锈病等病害重发区用 2% 戊唑醇可湿性粉剂拌剂 10 ~ 15 克、3% 苯醚甲环唑悬浮种衣剂 20 ~ 30 毫升或 2.5% 咯菌腈种衣剂 10 ~ 20 毫升加水 0.8 ~ 1 千克拌麦种 10 千克；小麦全蚀病重发区用 12.5% 硅噻菌胺悬浮剂种衣剂 20 毫升加水 0.8 ~ 1 千克拌麦种 10 千克，拌种后堆闷 6 ~ 12 小时，晾干后播种；小麦黄矮病和丛矮病发生区用 70% 吡虫啉湿拌种剂 10 ~ 15 克加水 0.8 ~ 1 千克拌麦种 10 千克。

2. 施肥与整地

（1）底肥：每亩底肥使用量为纯氮（N）8 ~ 12 千克，磷（P_2O_5）8 ~ 10 千克，钾（氧化钾）4 ~ 6 千克。新鲜牛、猪粪用量 15 000 ~ 75 000 千克 / 公顷（1 000 ~ 5 000 千克 / 亩），或干鸡粪 3 000 千克 / 公顷（200 千克 / 亩）以上。

（2）底墒：播前耕层土壤适宜相对含水量为 70% ~ 80%，墒情不足时，应灌水造墒，足墒播种。

（3）土壤处理：地下害虫和吸浆虫严重发生地块，每亩可用 3% 辛硫磷颗粒 3 千克拌细土 25 千克，耕地前均匀撒施于地面，随犁地翻入土中。

（4）深耕耙地：在前茬作物收获后及早粉碎秸秆，秸秆粉碎长度 ≤ 5 厘米。深耕深度 25 厘米以上、深松深度 30 厘米以上、旋耕（2 遍）深度 12 ~ 15 厘米，做到不漏耕。深耕、深松或旋耕后耙磨 2 ~ 3 遍，耙实耙透，上虚下实，无明暗坷垃。

（四）播种

1．播量

早茬口每亩播量为 10 ～ 12 千克。10 月 20 日后每推迟播种 3 天播种量每亩应增加 0.5 千克，但每亩播量最多不应超过 20 千克。

3．播种方法

采用 20 厘米等行距或宽窄行播种，播种深度 3 ～ 5 厘米，播后镇压。保证出苗整齐，苗全苗匀。

（五）田间管理

1．出苗期——越冬期管理

（1）查苗补种：出苗之后对缺苗断垄超过 10 厘米的地方，用浸种至露白后的种子及早补种；或在小麦 3 叶期至 4 叶期时带土移栽。移栽时覆土深度为上不压心、下不露白。补苗后压实土壤再浇水。

（2）灌溉：秸秆还田、旋耕播种、土壤暄虚不实或缺墒的麦田应进行冬灌。冬灌时间一般在日平均气温 3℃ 以上时进行。

（3）中耕和除草：降水或浇水后土壤出现板结时要适时中耕，破除板结，灭除杂草，促根、蘖健壮生长。对群体偏大、生长过旺的麦田，可采取深中耕断根或镇压措施，控旺转壮，保苗安全越冬。在小麦 4 片叶时喷药进行化学除草。

2．返青期——抽穗期管理

（1）追肥、浇水：返青期群体每亩超过 100 万头的旺长麦田，采取深耘断根，推迟追肥至拔节后期，每亩追施尿素 10 千克；这对于播量大、个体弱的假旺苗，在起身初期每亩施尿素 10 千克。返青期群体 80 万头左右的壮苗麦田，在拔节——孕穗期每亩追施尿素 12 千克。返青期群体在 70 万头以下的麦田应及早结合浇水每亩追施尿素 12 ～ 15 千克。

（2）预防晚霜冻害：拔节后若遇突然的寒流天气，寒流前应采取浇水预防霜冻。寒流过后，及时检查幼穗受冻情况，发现茎蘖受冻死亡的麦田要及时追肥浇水，一般每亩追施尿素 5 ～ 10 千克，促其尽快恢复生长。

3．抽穗期——成熟期管理

（1）灌水：后期干旱时，应在扬花后 7 天选择无风天气浇灌浆水，花后 15 天不再浇灌浆水，不浇麦黄水。

（2）叶面喷肥：抽穗至灌浆前中期每亩用尿素 0.5 ～ 1 千克和磷酸二氢钾 0.15 ～ 0.2 千克加水 50 千克进行叶面喷洒。

（六）病虫草害防治

1．主要病、虫害的防治

抽穗扬花期可用多种杀菌剂、杀虫剂混合喷施，并做到一喷多防。

表 4-1　小麦生育期主要病虫害防治

主要病虫害	防治时间	防治方法
蝼蛄、蛴螬、金针虫	播种前和苗后 4 叶期前	用 50% 辛硫磷乳油按种子量的 0.1% 拌种或每亩用 3% 辛硫磷颗粒剂 3 千克混拌 25 千克细土，耕地时均匀撒施
小麦孢囊线虫病	播种前和苗后 4 叶期前	每亩用 5% 线敌颗粒剂 3.5 千克在小麦苗期顺垄撒施，结合浇水，控制其为害
小麦纹枯病	返青期	每亩用 20% 三唑酮乳油 50 毫升加水 50 千克喷雾，间隔 7 ～ 10 天用 12.5% 烯唑醇可湿性粉剂 20 克加水 30 千克喷雾防治第二次
小麦赤霉病	扬花初期	在此期若天气预报有降水时，每亩及时喷施 40% 多菌灵 100 克 +20% 三唑酮 50 毫升加水 30 千克喷雾
蚜虫、红蜘蛛	苗后整个生育时期	当百穗蚜量达 500 头时，每亩用 10% 吡虫啉可湿粉剂 20 ～ 25 克 +4.5% 高效氯氰菊酯乳油 20 毫升加水 50 千克喷雾；防治麦红蜘蛛每亩用 1.8% 阿维菌素 10 毫升加水 50 千克喷雾。收获前 15-20 天停止用药，以免造成药物残留

2. 化学除草

每亩用 75% 苯磺隆干悬剂 1 克 +6.9% 精恶唑禾草灵浓乳剂 40 毫升或块草酸 10 毫升 +10% 苯磺隆可湿性粉剂 10 毫升加水 50 千克均匀喷洒。防治时间宜选择在 11 月中旬至 12 月上旬，小麦 4 叶期，杂草 2 叶 1 心至 3 叶期时进行。如果冬前未喷施除草剂，应在返青期进行，拔节之后不再使用化学除草。

（七）收获

完熟初期采用联合收割机收获，防止机械混杂。

第二节　小麦覆盖简耕高效生产技术与机理

一、覆盖简耕简化高效栽培技术及操作规程

（一）概述

小麦简耕覆盖高产高效技术多以保水保土、培肥地力、节能高效、持续高产的简化栽培为主攻目标，以农艺与农机相结合为手段，采取机械化作业、秸秆粉碎覆盖还田、小麦免耕直播施肥为一体的简化栽培配套技术，最终达到简化农作程序、提高水肥等资源的利用效率、保护农田生态环境、提高粮食持续高产能力、降低生产成本、促进

农民增收的目的。

通过以机械化玉米秸秆粉碎覆盖还田、小麦免耕直播为主要内容的小麦简化栽培措施的技术集成和创新示范，初步建立小麦简化高效栽培技术体系。示范区小麦产量比实施前提高 5% ~ 10%，水肥利用效率提高 5% ~ 10%，节本增效合计 1 200 ~ 1 500 元 / 公顷（80 ~ 100 元 / 亩）。

（二）技术要点

1. 技术核心

（1）玉米秸秆趁青机械粉碎覆盖还田：玉米收获时随联合收割机携带粉碎装置直接将玉米秸秆粉碎，或收获后趁青用秸秆粉碎机将玉米秸秆全量粉碎并覆盖于地表，要求秸秆细碎、覆盖均匀，等到适播期时用免耕播种机开展免耕播种。

（2）小麦免耕播种施肥一次性机械化作业完成：小麦选用免耕播种机，一次性完成破茬、开沟、施肥、播种、覆土和镇压作业。

2. 技术关键及流程

（1）播种质量是关键：由于地表不平整、秸秆覆盖量过多或是覆盖物分布不均等原因，会导致免耕播种时播深不一致，种子分布不均匀，甚至出现缺苗断垄等问题。要改进播种机性能，提高适应能力，播种前要检查地表状况，确定适宜的墒情和播种量。

（2）农机农艺要配套：目前小麦免耕播种机类型较多，应根据不同区域、不同土质、不同产量水平确定合理的种植模式，从农艺角度选择与之配套的免耕播种机，避免由于农机农艺不配套对小麦出苗和后期群体形成造成不利影响。

（3）关键技术流程：该模式的技术关键是做好秸秆覆盖还田条件下的整地播种和农机农艺的良好协作。

3. 技术体系

（1）秸秆覆盖与耕作方式：小麦收获时随联合收割机携带粉碎装置直接将小麦秸秆粉碎并均匀覆盖于地表，玉米免耕播种（贴茬），秸秆长度 ≤ 5 厘米。

玉米收获时随联合收割机携带粉碎装置直接将玉米秸秆粉碎，或收获后趁青用秸秆粉碎机将玉米秸秆全量粉碎并覆盖于地表，要求秸秆细碎、覆盖均匀，秸秆长度 ≤ 5 厘米，等到适播期时用免耕播种机进行免耕播种。

采取轮耕制，小麦播种采用免耕播种，每 2 年或 3 年小麦播种前采取翻耕（深度 25 ~ 30 厘米）或深松（深度 30 ~ 40 厘米）方式整地后进行播种。

（2）播种：小麦选用免耕播种机，一次性完成破茬、开沟、施肥、播种、覆土和镇压作业。采用宽窄行或宽幅方式播种，宽窄行配置为宽行 24 ~ 28 厘米、窄行 12 厘米；宽幅播种配置为行距 28 厘米，播幅 12 厘米。

玉米选用贴茬免耕播种机，一次性完成破茬、开沟、播种、施肥、覆土、轧实作业。采用宽窄行或等行距种植，行距配置要与当前玉米收获主机型要求相配套，一般宽窄行配置为宽行 70 ~ 80 厘米，窄行为 40 ~ 50 厘米；等行距种植的行距为 60 厘米。株距以保证亩成株数确定。

小麦播种深 3 ~ 5 厘米。玉米播种深度 4 ~ 6 厘米。

冬小麦适宜播期半冬性品种 10 月 10 日至 10 月 20 日,弱春性品种 10 月 18 ~ 25 日。夏玉米要在麦收后抢时播种,6 月 10 日之前播种结束为宜。

冬小麦适宜播种量为 10 ~ 12.5 千克/亩,根据播种前(地表情况)土壤墒情和播期,适当增减,以保证基本苗数量。夏玉米适宜播种量为 2 ~ 3 千克/亩,根据品种特性、土壤肥力及气候特点酌情增减。

(3)品种选择与种子处理:小麦宜选用分蘖力强、成穗率高、抗病性强、丰产性好、适应性广的品种。玉米宜选用抗旱性较好的高产稳产、耐密型品种。

播前要精选种子,去除病粒、霉粒、烂粒等,并选晴天晒种 1 ~ 2 天。使用含有安全高效的杀菌剂和杀虫剂的包衣剂进行包衣。应根据区域病虫害发生特点和规律,重点针对纹枯病、条锈病、根腐病和地下害虫选择对路的种衣剂和拌种剂,按照推荐剂量安全使用,进行种子包衣或拌种。

(4)施肥与灌水:采用冬小麦~夏玉米周年统筹施肥模式,按照 NY/T 496 ~ 2010 规定根据产量目标测土配方施肥。小麦季底肥∶追肥为 6∶4,用磷钾肥和部分氮素化肥或小麦专用肥做底肥,免耕播种时底肥随种一次性进行,翻耕时先撒入或机施后翻耕;追肥在小麦拔节中期(第二节间开始伸长时)进行。玉米季用磷肥和部分氮素化肥或玉米专用肥做种肥,随种进行,肥和种水平距离 10 ~ 15 厘米。大喇叭口期(第 12 展叶)追施余下的氮素化肥。可提倡使用符合 GB/T 29401-2020 规定的氮肥缓控释肥料,生育期间可不再追肥。

施肥量折合纯养分含量为:小麦产量 400 千克/亩左右田块亩施纯氮(N)10 ~ 12 千克,磷肥(P_2O_5)5 ~ 7 千克,钾肥(氧化钾)4 ~ 6 千克;产量 500 千克/亩以上高产田块亩施纯氮(N)12 ~ 16 千克,磷肥(P_2O_5)8 ~ 10 千克,钾肥(氧化钾)5 ~ 8 千克。玉米产量 400 千克/亩左右田块,亩施纯氮(N)8 ~ 10 千克,磷肥(P_2O_5)1 ~ 2 千克;产量 500 千克/亩以上高产田块,亩施纯氮(N)10 ~ 12 千克,磷肥(P_2O_5)2 ~ 3 千克。

正常降水年份可不灌水,如果小麦返青拔节期,玉米播种期或大喇叭期遇到耕层(0 ~ 20 厘米)土壤相对含水量≤50% 时,按照 GB 5084-2021 规定补充灌水 1 次即可。

(5)病虫草害防治:小麦田在返青期根据麦田杂草情况进行杂草防治。玉米出苗后 3 ~ 5 叶时,用喷雾方式防除田间杂草。

适时对小麦、玉米苗期和中后期病虫害进行防治。小麦返青拔节期注意及时防治纹枯病、红蜘蛛等病虫害;抽穗扬花期重点防治赤霉病、吸浆虫等病虫害;灌浆期综合用药防治白粉病、锈病、叶枯病、蚜虫、黏虫等病虫害。玉米田苗期防治黏虫、蓟马、二点委夜蛾、灰飞虱的为害;中期防治叶斑类病害和钻蛀类虫害的发生和为害;灌浆期防治红蜘蛛、锈病和纹枯病。

(6)适时收获:小麦在完熟期适时机械收获。如果收获期有降水过程,应适时抢收,防止穗发芽,天晴时及时晾晒,防止籽粒霉变。玉米在籽粒乳线消失时收获,机械化收获可适当推迟。

二、覆盖简耕简化高效栽培技术机理与相关参数

（一）技术创新的理论基础和区域适应性

20 世纪 70 年代以来，以高度集中、高度专业化、高度劳动生产率为特征的现代农业形式产生了许多诸如植被迅速减少、水土流失加剧、土地肥力下降、沙化和盐碱化严重、生态环境遭到严重破坏、粮食产量下降等问题，使农业发展面临困境。我国华北平原农田土壤耕层变浅、养分不均衡，东北平原土壤有机质加速下降、耕层变薄、土壤功能退化等。因此，免耕和秸秆覆盖相结合的保护性耕作技术，正被日益广泛地应用于农业生产，并逐渐成为相关领域的研究热点，耕地保护性利用和资源高效利用成为全球关注和研究的重点，保护性耕作已经成为国际农业技术发展的重要趋势。近年来，联合国粮农组织又提出了保护性农业的概念，即在保护环境、提高环境质量的前提下，以保护性耕作为主体，有效地对可利用的土壤、水分及生物资源进行综合管理，实现农业的可持续发展。因此，如何从我国国情出发，开展耕地保护性利用和自然资源、农田废弃物资源的高效循环利用，加快保护性耕作技术的发展，这对于保护生态环境、发展现代可持续农业具有重大的现实意义。

保护性耕作起源于美国，目前已经成为国际农业技术发展的重要趋势，以保护性耕作为核心的土壤保护和可持续利用研究是国际上近 50 年来的热点问题。保护性耕作技术通过减少耕作、增加地表覆盖度，实现土壤的"少动土""少裸露"，达到"适度湿润"和"适度粗糙"等状态，对于改善土壤环境具有多种独特的生态经济作用。同时，合理、适宜的保护性耕作措施可以提高作物产量。在我国，保护性耕作技术泛指保土保水的耕作措施，其目的是减少农田土壤侵蚀，保护农田生态环境的综合技术体系，从而保护土地的可持续生产力。

循环农业是按照循环经济理念，通过农业生态经济系统设计和管理，实现物质、能量、资源的多层次和多级化的循环利用，达到农业系统的自然资源利用效率最大化、购买性资源投入最低化、可再生资源高效循环化、有害生物和污染物可控制化的产业目标。在生产方式方面，循环农业摒弃了常规农业一味追求高投入、高产出、高消耗、高排放的生产方式，注重建立资源利用高效率、外部投入最低化、污染排放最少化的生产目标。

总之，结合我国农业生产实际，构建自然资源和农田废弃物高效循环利用的技术体系，对于保护生态环境、发展现代可持续农业具有重大的现实意义。

（二）技术机理

1. 土壤生态效应

（1）改善了土壤结构：容重是土壤的重要物理性质，是衡量土壤紧实程度的一个指标。深松对容重有所影响，玉米收获、小麦播种前，深松 / 覆盖、深松 / 不覆盖均较不深松 / 不覆盖、不深松 / 覆盖容重低，其中秸秆覆盖还田对 0 ~ 10 厘米的容重影响较大，不深松处理容重明显较高，说明深松可显著降低耕层土壤容重。可从小麦收获、

玉米播种期来看，玉米秸秆覆盖还田的 0 ~ 10 厘米土壤容重下降明显，下层土壤容重则没有明显变化；深松则明显降低了 0 ~ 40 厘米土壤容重。

各处理土壤容重随土层深度增加而增加，差异主要表现在 0 ~ 10 厘米和 10 ~ 20 厘米范围内，即对作物生长影响较大的耕层范围内。因此，对覆盖简耕技术，应隔年深松或 2 ~ 3 年深翻，调整耕层的水、肥、气、热，打破犁底层，改善土壤结构。

（2）明显提高了土壤有机质和养分含量：试验表明，覆盖简耕对提高土壤有机质、速效氮、速效钾、速效磷有明显作用，通过多年的土壤养分测定，有机质由原来的 1.17% 提高到 1.64%，年均增加 0.07 个百分点；速效氮由 82.5 毫克 / 千克提高到 86.9 毫克 / 千克，年均增加 0.63 毫克 / 千克；速效钾由 108.0 毫克 / 千克提高到 139.3 毫克 / 千克，年均增加 4.5 毫克 / 千克；速效磷由 22.6 毫克 / 千克提高到 26 毫克 / 千克，年均增加 0.5 毫克 / 千克。

在目前普遍施用有机肥不太现实的情况下，秸秆还田是豫中南雨养农业区实现小麦持续高产的土壤培肥有效技术措施。

（3）秸秆覆盖小麦全生育期蓄水保墒效果明显，提高了水分利用效率：在豫中南雨养农业区，玉米收获后到小麦播种有一段较长空闲时间，如西平县和方城县有 25 ~ 30 天。玉米收获一般在 9 月中旬，小麦播种正常年份在 10 月中旬。从实验结果（表 8 ~ 5）可以看出，播种前，秸秆还田覆盖处理深松 / 覆盖与不深松 / 覆盖耕层贮水量高于其他不覆盖处理 1.5 ~ 2 个百分点，且表层水分较好。处理深松 / 不覆盖、不深松 / 不覆盖和对照土壤贮水量基本相同，可见玉米收获后进行秸秆还田可以起到明显的保墒作用，为小麦提供了良好的播种基础；在返青期各处理水分差异较小，但仍以深松 / 覆盖和不深松 / 覆盖耕层贮水量略高；收获期以对照（CK）土壤含水量最低，深松 / 覆盖和不深松 / 覆盖耕层贮水量仍略高于其他不覆盖处理。

研究表明，深松播种玉米 + 免耕播种小麦（3 年 1 翻）处理小麦水分利用效率最高，较深松播种玉米 + 免耕播种小麦处理增加 8.4%，比传统耕作增加 10%，可能是夏季深松有效蓄积了降水，秋季免耕减少了土壤水分的散失，再加上 3 年 1 翻耕减少了对土壤的扰动，降低了土壤水分的流失。说明深松 + 免耕（3 年 1 翻）处理有着较高的土壤保水供水能力，也更利于作物吸收，利于提高水分利用效率，这与土壤含水量的结果一致。

2. 作物生理效应

（1）根系建成

小麦越冬期、返青期和灌浆期 0 ~ 10 厘米根系干物质密度对照（CK）为最低，返青期和灌浆期 10 ~ 20 厘米根系干物质密度以对照最高。

（2）群体构建和干物质运转

覆盖简耕模式下，小麦局部少耕宽窄行播种，其群体变化与常规模式相比，最高群体和亩成穗数略低于常规种植。常规模式平均最高群体和平均亩成穗数分别为 107.3 万和 47.3 万，4 个免耕模式平均最高群体和平均亩成穗数分别为 97.8 万和 44.9 万。从越冬期和拔节期个体发育来看，叶龄、分蘖以及根系等指标相对差异较小。

从营养器官花前贮藏同化物运转量与运转率看，传统翻耕处理和覆盖 / 深松 + 覆

盖 / 免耕模式的运转量最大，分别比最低的不覆盖 / 不深松 + 覆盖 / 旋耕模式高 9.2%、7.9%，达到显著水平。覆盖 / 不深松 + 不覆盖 / 免耕和覆盖 / 深松 + 不覆盖 / 免耕模式运转率最高，分别比传统翻耕模式高 22.0%、19.1%，比覆盖 / 深松 + 覆盖 / 免耕模式高 21.2%、18.3%，达到极显著水平。

玉米季深松和小麦季秸秆覆盖免耕播种可以有效地蓄水保墒、增进土壤肥力和养分供给能力，营养器官干物质积累量和运转量较大但运转率相对较低；覆盖 / 不深松 + 不覆盖 / 免耕和覆盖 / 深松 + 不覆盖 / 免耕模式向籽粒运转过程花前贮藏同化物的作用更大。

玉米季深松和小麦季秸秆覆盖简耕播种可以有效地蓄水保墒、增进土壤肥力和养分供给能力，花后营养器官同化物向籽粒的运转量大，对籽粒产量的贡献率也高，而覆盖 / 不深松 + 不覆盖 / 免耕和覆盖 / 深松 + 不覆盖 / 小免耕模式花后营养器官同化物向籽粒的运转能力不够，对籽粒产量的贡献率也较低，影响到最后产量提高。

（3）产量及三要素

秸秆覆盖还田和免耕播种技术往往在实施前几年表现出减产效应，但随着实施时间的延长，两季秸秆还田 + 深松 + 免耕配套组合逐渐表现出了增产效应，这些增产的优势来自耕层土壤水分优势以及容重的可协调性。同时秸秆覆盖和免耕技术在生态效应以及节本方面也有一定的优势，尤其在当前提出农田生态可持续发展和农村经营方式转变的今天，该技术将表现较好的增产增效作用。

深松播种玉米 + 免耕播种小麦（3 年一翻），处理小麦产量最高。其中，较深松播种玉米 + 免耕播种小麦处理增加 2.8%，比传统耕作增加 6.5%。这是因为深松播种玉米 + 免耕播种小麦（3 年一翻）处理有利于提高水分利用效率和增加土壤的含水量，为后期产量的提高提供了充分的条件。

小麦覆盖简耕简化栽培技术比农民常规模式产量均有提高，提高幅度从前两年的 3% ~ 5% 到近两年的 8% ~ 10%，主要优势表现在穗粒数与千粒重两个方面。

3. 农田生态系统服务价值

生态系统服务的研究近年来成为生态学研究领域的一大热点，用生态系统服务的概念来重新审视人与自然的关系、重新认识生态系统（特别是与人类密切相关的农业生态系统），对于人类的生存与生活是至关重要的。本书利用农田生态系统服务功能价值估算的方法，结合环境经济学和生态经济学方法，将不同耕作模式进行货币归一化价值估算，以期更直观地比较各种模式的生态系统服务价值，从农田生态系统层面上评价不同模式的可持续性利用价值，为筛选该区域最优化的可持续粮食生产模式提供理论依据和技术参考。

（1）不同耕作模式农田生态系统服务价值估算方法

①农产品服务功能价值：选取冬小麦——夏玉米一个生产周期，利用市场价值法，以农产品的净增价值表示该模式提供的农产品服务价值。计算公式为：

$$农产品服务价值 = 经济产量 \times 市场价格 - 生产成本$$
$$生产成本 = 生产资料（种子 + 化肥 + 农药）投入 + 机械投入 + 劳动力成本$$

②积累有机质服务功能价值：采用土壤有机质持留法对农田生态系统保持的有机

质物质量进行量化，而后运用机会成本法将农田系统土壤有机质持留量价值化，从而评价农田生态系统保持土壤肥力、积累有机质的价值。价值计算公式为：

$$V = S \cdot T \cdot \rho \cdot OM \cdot P$$

式中：S——单位作物种植面积（公顷）；

T——表层土壤厚度（20 厘米）；

ρ——土壤容重（克/厘米^3）；

OM——土壤有机质含量（克/千克）；

P——有机质价格（元/吨），根据薪材转换成有机质的比例为 2：1 和薪材的机会成本价格为 51.3 元/吨来换算。

③维持养分循环功能价值：利用土壤中 N、P、K 的累积量，然后运用影子价格法（化肥平均价格为 2 549 元/吨）计算农田生态系统维持营养物质循环的价值。计算公式为：

$$Y_f = \sum S \times C_i \times P_i (i = N、P\quad K)$$

式中：Y_f——耕层土壤养分循环与贮存价值；

S——层土壤重量（吨/年）；

C_i——土壤中氮、磷、钾的纯含量；

P_i——氮、磷、钾的肥料市场价格。

$$S = 15 \times 666.7 \times p \times d$$

式中：ρ——土壤容重（克/厘米^3）；

d——层厚度（米）。

④涵养水分循环功能价值：结合实验数据，运用影子工程法定量评价农田生态系统涵养水分的功能价值。计算公式为：

$$S = W \cdot C$$

式中：s 农田涵养水分价值（克/公顷）；

W——单位面积农田蓄水量（吨/公顷）；

C——水库蓄水成本（0.67 元/吨）。

⑤调节大气功能价值：吸收 CO_2 和释放 O_2 数量的计算方法参考刘巽浩的净光合产物输出法。绿色植物通过光合作用从空气中吸收 CO_2 减去呼吸作用呼出的 CO_2，得出净光合产物，即净初级生产率（NPP），包括经济产量（籽粒）和秸秆（包括根系等）。根据光合作用原理，生态系统每生产 1 克植物干物质能固定 1.63 克 CO_2，据此推算出生态系统固定 CO_2 的量，然后再换算成纯碳量；同样，生态系统每生产 1 克植物干物质能释放 1.20 克 O_2，可以据此推算生态系统释放 O_2 的量。

（2）不同耕作模式农田生态系统服务价值比较

综合农田生态系统服务总价值，从大到小的顺序依次是覆盖/深松+覆盖/免耕>不覆盖/不深松+覆盖/免耕>覆盖/不深松+不覆盖/免耕>不覆盖/不深松+不还田/翻耕>不覆盖/深松+不覆盖/免耕>不覆盖/不深松+还田/旋耕。以两季秸秆覆盖还田免耕播种结合玉米季深松蓄水保墒效果最优，农田生态系统各项服务价值都最高，总价值也最高，达到 49 326.13 元 / 公顷；其次是传统耕作模式为 45 345.19 元 / 公顷；玉米季小麦秸秆不还田、不深松结合小麦季秸秆粉碎还田旋耕播种的耕作模式为最低，只有 41 439.86 元 / 公顷。两季秸秆覆盖还田 + 深松 + 免耕播种模式生态服务功能总价值分别比其他模式依次高 8.78%、9.67%、13.46%、13.57%、19.03%，以此来均达显著或极显著水平。说明两季秸秆粉碎覆盖还田、小麦免耕播种，结合玉米深松播种，具有较好的培肥地力、养分积累与循环、涵养水分与调节大气功能与价值以及较高的农产品服务价值，农田生态系统服务总价值也最高。就农田生态系统服务价值来讲，该模式适合豫南雨养农业区的区域生态气候特点和生产实际，实现了夏秋两季秸秆的循环利用，起到了节本环保、增产增效的作用。

研究表明，合理的耕作措施对增加作物产量、节约生产成本和调节大气功能价值方面有较大的正效应，同时也不可忽视其他价值功能，尤其是对于地力较为薄弱的豫南雨养农业区，土壤养分含量的提高对作物的生长发育和农田生态系统持续发展具有重要的促进作用。

4. 节本增效明显

应用覆盖简耕模式，省去了耕地、耙地两次作业，用专用机械一次完成施肥、播种作业，节约两次作业费用和浇水费用 30 ~ 40 元 / 亩，同时也节省了移除秸秆和撒肥、浇水等的人工费用。

5. 社会效应显著

我国"三农"问题的核心是增加农民收入，而农业高成本是制约我国农产品竞争力和农民增收的重要因素。传统耕作需要翻耕、耙捞、播种、施肥、中耕除草、秸秆运出等十几道工序，作业繁多、用工量大、能耗高。简化栽培技术，实施少（免）耕，工序比传统耕作减少一半以上，效率高、用工少、能耗低，显著降低生产成本，可实现节本简化、高产高效的目标。

第三节　小麦垄作节水高效栽培技术与机理

一、小麦垄作节水高效栽培技术及操作规程

（一）技术创新

1. 改大水漫灌

为沟灌传统平作的地面灌水方式为大水漫灌，不仅浪费水资源，降低水分利用效率，而且造成土壤板结，影响小麦根系乃至整个植株的生长发育。垄作栽培改变了地面灌水方式，即由传统平作的大水漫灌改为小水沟内渗灌，由此不仅可使水分利用效率提高 30% ~ 40%，而且消除了根际土壤的板结现象，为小麦根系的健康生长及土壤微生物的活动创造了良好条件。

2. 革新追肥方式

传统平作的追肥方式多为浇水前撒施于地表，而垄作栽培为沟内集中条施，即改传统平作的施肥一大片为沟内集中施肥，会使施肥深度相对增加 15～17 厘米，肥料利用率提高 10%～15%。

3. 探索新的种植方式

我国乃至世界小麦主要以传统平作为主，即将小麦种植于平整的畦面；而垄作栽培则将土壤表面由传统平作的平面型改为波浪形，扩大土壤表面积 40% 左右，从而增加了光的截获量，光能利用率可提高 10% 之上。

4. 提高小麦的抗逆能力

小麦垄作栽培的地表特征及种植方式有利于田间的通风透光，从而降低了田间湿度，大大改善了小麦冠层的小气候条件，不仅抑制了小麦纹枯病和小麦白粉病的发生，减轻了小麦常见病害，而且促进了小麦茎秆的健康生长，增强了小麦的抗倒伏能力。

5. 充分发挥边行优势

采用垄作 4 行非等量播种技术，充分发挥边行优势，改善通风透光条件；改善田间小气候，增加了植株抗逆性，有利于更好地优化小麦群体与个体的关系，最大限度地发挥小麦的边行优势，达到群体适宜，个体健壮，穗足、穗大、粒重之目的，一般会增产 10%～15%。

6. 改善小麦群体田间配置

与传统平作相比，垄作栽培更便于田间管理，小麦垄作为麦套作物创造了相对优越的生长条件，减少了对化学除草剂的依赖，大大减轻了农业化学污染及由此引起的未知生态后果的危险性，有利于环保，而且可降低生产成本 30%。

通过配套安全、节本、高效标准化生产技术体系的推广，提高水分利用率，节约灌溉用水，减少灌水次数，提高化肥利用率，减少对环境的污染，节约水资源，这对实现农业的可持续发展具有重要意义。

（二）操作规程

1. 适应范围

本规程规定了农机农艺相结合的节水高效的新型栽培技术——小麦节水高效垄作栽培技术，以黄淮海地区的小麦增产为例。

2. 垄作栽培关键技术及操作规程

（1）行距配置

适合黄淮海地区的小麦增产起垄栽培技术，其技术特征是在垄上种植 4 行小麦，垄高 15～20 厘米并可调，行距分别为 19 厘米、16 厘米、19 厘米，边行小麦到垄的边缘距离为 5 厘米。采用宽窄行种植小麦利于下茬作物播种，并且根据品种特性不同，可以调节行距的大小。小麦收获后直接在垄上种植玉米，玉米采用宽窄行种植，根据品种生育期长短，可以间作套种到小麦宽行内，能充分利用光热资源。

使用此栽培模式将原本平平一片的土壤用机械起垄开沟,在垄上种 4 行小麦。扩大了土壤表面积,增加了光的截获量,提高了小麦光合作用的能力。同时,小麦垄作栽培也改变灌溉方式,由原来的大水漫灌改为沟内小水渗灌,为小麦节水创造有利条件。

(2)垄上行间非等量播种技术

即在每垄种植 4 行小麦的模式下,重新分配边行与中间行的播种量,增加每垄两个边行的播量,减少两个中间行的播种量,在充分发挥垄作栽培边行优势的同时,协调中间行小麦的生长发育。其技术特征是根据不同的品种特性,选择合适行距配置的基础上,在保持内行小麦播量稍微减少的基础上,将边行播量加大到正常播量的 1.3 倍。一般生产上因品种不同,小麦播量为 8 ~ 11 千克 / 亩,采用该技术后,内行播量调为 7 ~ 8 千克 / 亩,边行播量则加大到 9 ~ 10 千克 / 亩。

通过对该技术的改进,在充分发挥垄作栽培边行优势的同时,利于田间的通风透光,改善了小麦冠层的小气候条件,降低了田间湿度,协调中间行小麦的生长发育。使小麦在生长发育后期避免产生郁蔽,同时提高 CO_2、光能等资源的利用率,解决了小麦垄作栽培模式中存在的群体结构和个体发育问题。

(3)研发了与该技术相配套的播种机具,实现了农机、农艺有机结合

垄作栽培技术实施过程的关键是要有相应的垄作机械相配套,从产量、水肥利用以及农民的栽培习惯等角度进行考虑,经过对垄上种植 3 行、4 行、6 行小麦的垄作播种机的筛选,研制定型了适合于河南土壤条件和栽培习惯的 4 行起垄播种机 2B-4 型高效多用起垄播种机,实现了起土、成垄、施肥、播种一次完成。

①农艺方面采取的主要措施:品种的筛选→整地技术要求→行距的合理配置→播种质量的提高→行间非等量技术的应用→下茬作物的选择→栽培模式的优化。

②农机方面采取的主要措施:播种机械的轻巧瘦身→精量排种器的应用→ 800 毫米播种盘的替代→条播改为 6 ~ 8 厘米宽幅带播→起垄成型板的调整→镇压轮的改进→下茬作物播种铧的简便更换及行距配置等。

(4)集成了一套小麦节水高效起垄栽培技术体系,并形成了有效的技术推广模式

通过对起垄栽培技术节本增效效应的系统研究,集成了小麦起垄节本简化增产增效栽培技术;通过研制与垄作技术相配套的 2B-4 型垄作机械,完成配套农机的筛选与定型,进而实现了农机农艺的有机结合。

(三)推广前景

垄作栽培在小麦、玉米、大豆、水稻等作物上已经取得了较为广泛的推广应用,并获得不同程度的增产效果。这是因为垄作栽培有利于扩大土壤表面积,改善了根际土壤的通气性,有利于田间的通风透光,改善了玉米冠层的小气候条件,加厚了适宜作物生长的熟土层,土壤不易板结,提高了土壤温度,更有效地协调了土、水、肥、气、热、光、温等关系。

小麦垄作栽培技术实现了起土、成垄、施肥、播种于一体的作业,是一项高效、节本栽培新技术,可以最大限度地发挥品种的产量潜力,降低生产过程中的各项投入,同时减轻、缓解作物生产对环境、土壤的破坏作用,实现作物生产可持续发展,适宜

在我国旱作农业区推广使用。

二、小麦垄作节水高效栽培关键技术机理

（一）垄作栽培对土壤物理性状的影响

土壤容重是衡量土壤松紧状况的重要标志之一，是土壤质地、结构、孔隙等物理性状的综合反映。垄作栽培较传统平作可以有效地改善小麦根际土壤的物理性状，降低土壤容重，增加土壤总孔隙度。说明垄作条件下，土壤透气性增强，有利于小麦根系生长发育和土壤微生物的活动，由此增强植株中下层根的吸收能力，为延缓植株衰老，延长绿叶功能期，打下坚实的基础。

（二）垄作栽培对土壤地温的影响

春季垄作比传统平作耕层温度提高 0.4 ～ 5.0℃，垄作与传统平作 0 ～ 20 厘米土层的土壤温度变化趋势基本一致，总体上呈现出随土层深度的增加温度最高值出现时间依次后移的规律性；温度变幅垄作＞传统平作，说明垄作栽培小麦苗期根系受温度的影响程度要大于传统平作栽培。随气温的回升，春季垄作耕层土壤的温度回升要快于传统平作，从而利于提高分蘖成穗率，具有增穗数、促穗大的双重作用。

（三）对不同生育时期地温动态变化的影响

垄作与传统平作两种不同栽培方式地温变化趋势基本一致，表层地温变化幅度大于深层地温变化幅度。3 月 12 日以前，气温较低时垄作 0 厘米、5 厘米、10 厘米、20 厘米各层次土壤温度，均低于传统平作；而在气温较高时，则呈相反趋势，明显高于传统平作。各土层地温变幅大小与春季地温日变化呈相同的规律，即 0 厘米＞ 5 厘米＞ 10 厘米＞ 20 厘米，且垄作＞传统平作。地表最高温度高于传统平作 0.2 ～ 5.0℃，而地表最低温度则低于传统平作 0.1 ～ 2.9℃，地表土壤温差垄作高于传统平作 2.0 ～ 6.7℃，温差增大有利于干物质积累。

（四）对旗叶光合特性的影响

1. 旗叶净光合速率的变化

各时期垄作处理下垄上两边行小麦旗叶净光合速率明显高于传统平作，且垄作处理下边行和中间行小麦旗叶净光合速率在开花后均呈上升趋势，花后 10 天达到高峰，然后开始下降。而传统平作处理小麦旗叶净光合速率则表现为开花期最大，花后一直呈下降趋势，说明垄作处理较传统平作可使小麦保持较长的光合速率高值持续期。

2. 旗叶气孔导度的变化

垄作处理小麦旗叶气孔导度在开花期和花后 10 天均低于传统平作处理，这可能与垄作栽培小麦耕层（0 ～ 20 厘米）部分根系所处土壤水分含量低而造成的部分干旱胁迫有关。花后 20 天旗叶气孔导度则表现为垄作处理明显高于传统平作，这可能与此时期垄作栽培小麦旗叶叶绿素含量高于传统栽培，进而维持较高生理活性有关。

3. 旗叶叶片蒸腾速率和水分利用效率的变化

由于小麦叶片气孔导度下降，水分由叶片向外排放的阻力增大，这导致蒸腾速率降低。各时期不同处理之间旗叶叶片蒸腾速率的变化与旗叶气孔导度变化有相应的关系，均表现为开花期和花后10天，垄作处理低于传统平作，花后20天则高于传统平作。但总体变化趋势有所不同，传统平作和垄作处理中间行旗叶蒸腾速率在花后均呈逐渐下降趋势，垄作处理边行小麦旗叶蒸腾速率表现因品种不同有所差异。

4. 光合参数间的相关性分析

光合参数间相关分析结果表明，旗叶净光合速率与气孔导度和水分利用效率呈显著正相关，相关系数分别为 $r=0.405^*$ 和 $r=0.701^{**}$，气孔导度与叶片蒸腾速率呈极显著正相关，相关系数为 $r=0.688^{**}$，叶片蒸腾速率与旗叶净光合速率呈极显著正相关，而与叶片水分利用效率呈显著负相关，相关系数分别为 $r=0.701^{**}$ 和 $r=-0.485^*$。

以上结果表明，气孔开度的大小与旗叶净光合速率和叶片蒸腾速率提高密切相关，水分利用效率的提高则是小麦旗叶光合速率提高和蒸腾速率下降共同作用结果。

（五）垄作栽培对小麦生长发育的影响

1. 对小麦根系的影响

垄作栽培处理下，可以有效提高小麦次生根数目，增加小麦根系干物质积累量。进入灌浆后，植株根系衰老，根系数目减少。但垄作栽培措施下，小麦次生根数目在成熟期又略有回升。说明采用垄作栽培措施可以提高小麦的发根能力，增强小麦发根潜能，延缓植株衰亡的变化过程，使灌浆期延长，从而达到增产目的。

2. 对小麦基部干物质积累量的影响

研究结果证明，小麦植株抗倒伏指数与基部第一节间与第二节间茎秆长度及干物质积累量有密切关系。实验结果证明，垄作栽培较传统平作栽培可以有效缩短小麦植株第一、二节间长度，增加基部节间单位长度干物质积累量，从而增加茎秆强度，增强小麦植株抗倒伏能力，为小麦高产打下良好基础。

3. 对小麦干物质积累运转的影响

小麦籽粒形成过程中，源（叶）同化物的生成、转化及向库（籽粒）中的分配累积能力是制约产量的重要因素，一般认为小麦籽粒产量的大部分来自花后光合产物的积累。实验结果表明，小麦起垄栽培在一定程度上提高了花前营养器官干物质积累量及成熟期植株光合产物总同化量，显著提高小麦花后干物质转运量及对籽粒的贡献率，而降低了花后同化物质对籽粒的贡献率，说明小麦垄作较传统平作可以有效促进花前营养器官干物质的贮藏及其向籽粒的再运转，提高籽粒产量。

4. 对旗叶叶绿素含量的影响

小麦整个生育时期垄作栽培旗叶叶绿素含量始终略高于传统平作，且开花后旗叶叶绿素的降解速率表现为：传统平作＞垄作。说明垄作栽培有利于延缓小麦衰老，延长小麦灌浆时间，提高小麦产量。

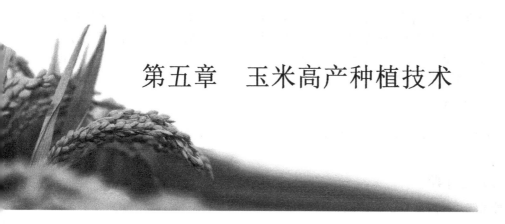

第五章　玉米高产种植技术

第一节　玉米的生长发育

一、玉米的一生

从播种到新的种子成熟，叫做玉米的一生。它经过种子萌动发芽、出苗、拔节、孕穗、抽雄开花、吐丝、受精、灌浆、新的种子成熟等若干个生育阶段与生育时期，才能完成其生活周期。

二、玉米的生育期

玉米从播种到成熟的天数，称为生育期。玉米生育期长短与品种、播期和温度等因素有关。玉米品种一般分为早熟种、中熟种和晚熟种3种类型。70～85天成熟的，称为早熟种；85～95天成熟的，称为中熟种；96天以上成熟的，称为晚熟种。播期早的生育期长，播期晚的生育期短，温度高的地区生育期短，温度低的地区生育期长。

三、玉米的生育时期

在玉米的一生中，由于自身量变和质变的结果及环境变化的影响，不论外部形态特征还是内部生理特性，均发生不同的阶段性变化，以某一新器官出现为特征，使植株形态发生特征性变化的日期，称为生育时期。玉米的生育时期一般分为出苗期、三叶期、拔节期、小喇叭口期、大喇叭口期、抽雄期、开花期、吐丝期、籽粒形成期、乳熟期、蜡熟期和完熟期。

掌握玉米的生育时期在生产实践中有着重要的意义。制订玉米的田间管理措施，一般应以不同的生育时期为依据，因为生育时期不同，其玉米的生育特点也不同，所以田间管理措施也不能一样。玉米生长发育过程中，个体生育状况的好坏，群体动态的发展是否合理，应当采取什么措施进行控制和促进等，这些都必须在玉米不同的生育时期，进行实地调查和分析后来确定。只有这样，才能使玉米向着我们需要的方向生长。所以，认识、掌握不同生育时期的标准，可从外部形态上准确的区分不同生育时期，在玉米生产上有重要意义。

（一）苗期

播种后幼苗第一片叶出土，苗高 2 厘米为出苗标准，全田幼苗达 50% 以上时记载为苗期。

（二）三叶期

植株第三片叶露出叶心 3 厘米。

（三）拔节期

当植株基部茎节开始伸长（靠近地面用手能摸到茎节），近地面节间伸长 2 ~ 3 厘米为拔节，全田 50% 以上植株达此标准记载为拔节期。以雄穗生长锥进入伸长期为拔节期的主要标志。以叶片数为 20 的玉米品种为例，植株有 6 ~ 7 片展开叶则为拔节期，叶龄指数 30 左右。

（四）小喇叭口期

雌穗进入伸长期，雄穗进入小花分化期，叶龄指数 46 左右。

（五）大喇叭口期

雌穗进入小花分化期、雄穗进入四分体期，叶龄指数 60 左右，雄穗主轴中上部小穗长度达 0.8 厘米左右，"棒三叶"（果穗叶及上下两片叶）大部分伸出而未展开，心叶丛生，上平中空，状如喇叭口状。玉米大喇叭口期，是营养生长与生殖生长并进阶段，这时玉米有 12 ~ 13 展开叶，上部几片大叶突出，好像一个大喇叭，此时植株已形成 60%，雄穗已开始进行小花分化，是玉米穗粒数形成的关键时期，这时如果肥水充足有利于玉米穗粒数的增加，是玉米施肥的关键时期。施肥量约占施肥总量的60%，主要以氮肥为主，补施一定数量的钾肥也很重要。这时如果供肥不足，势必造成植株大、果穗小而产量不高。

（六）抽雄期

指玉米抽穗期中雄穗的抽出，植株雄穗尖端露出顶叶 3 ~ 5 厘米的时候，这个时期叫玉米抽雄期。玉米抽穗期，标志着玉米由营养生长（根和茎、叶等的生长）转向生殖生长（开花、结果）。也就是营养生长和生殖生长旺盛的并进阶段。这是决定玉米产量最关键时期。也是玉米一生中生长发育最快，对养分、水分、温度、光照要求最多的时期，因此是使用灌溉、穗肥追肥关键时期。

（七）开花期

全田 50% 以上植株雄穗开始开花散粉。

（八）吐丝期

植株雌穗花丝露出苞叶 2 厘米左右，称之为吐丝。全田 50% 以上的植株吐丝，称为吐丝期。正常情况下，吐丝期与雄穗开花散粉期同时或吐丝晚 1 ～ 2 天。

（九）籽粒形成期

植株果穗中部籽粒体积基本建成，胚乳呈清浆状，亦称灌浆期，这一时期可适当施加点氮肥，如尿素，可增加产量，但切记，在抽丝期之前不可偏施氮肥，以免花期不遇，造成绝收现象。植株雄穗尖端露出顶叶 3 ～ 5 厘米为抽雄，全田 50% 以上植株达此标准记载为抽雄期。营养生长基本结束，且植株高度不再增加。

（十）乳熟期

植株果穗中部籽粒干重迅速增加并基本建成，胚乳呈乳状后到糊状。

（十一）蜡熟期

植株果穗中部籽粒干重接近最大值，胚乳呈蜡状，用指甲可以划破。这一时期对商品超甜玉米来讲，是产量最高、品质最好的时期，一般能维持 2 ～ 3 天。

（十二）完熟期

植株籽粒干硬，籽粒基部出现黑色层，乳线消失，并呈现出品种固有的颜色和光泽。一般大田或试验田，以全田 50% 以上植株进入该生育时期为标志。许多农民误以为这个时期采收产量最高，其实这个时期采收，会出现产量下降、皮厚渣多、品质差等现象。

四、玉米生育阶段

在玉米的一生中，按形态特征、生育特点和生理特性，可分为 3 个不同的生育阶段，每个阶段有包括不同的生育时期。这些不同的阶段与时期既有各自的特点，且又有密切的联系。

（一）苗期阶段

玉米苗期是指播种至拔节的一段时间，包括种子萌发、出苗及幼苗生长的过程，主要是长根、长叶和茎节分化的营养生长阶段。本阶段的生育特点是：根系发育较快，但地上部茎、叶量的增长比较缓慢，以根系生长为主，是培育壮苗的主要时期。为此，田间管理的中心任务就是促进根系发育、培育壮苗，达到苗早、苗足、苗齐、苗壮的"四苗"要求，为玉米丰产打好基础。该阶段又分以下两个时期。

1. 播种——三叶期

一粒有生命的种子埋入土中，当外界的温度在 8℃以上，水分含量 60% 左右和通气条件较适宜时，一般经过 6 天即可出苗。长到三叶期，种子贮藏的营养耗尽，称为"离乳期"，这是玉米苗期的第一阶段。这个阶段土壤水分是影响出苗的主要因素，所以浇足底墒水对玉米产量起决定性的作用。另外，种子播种深度直接影响到出苗的快慢，出苗早的幼苗一般比出苗晚的要健壮，据试验，播深每增加 2.5 厘米，出苗期平均延迟一天，因此幼苗就弱。

2. 三叶期——拔节

三叶期是玉米一生中的第一个转折点，玉米从自养生活转向异养生活。从三叶期到拔节，由于植株根系和叶片不发达，吸收和制造的营养物质有限，幼苗生长缓慢，主要是进行根、叶的生长和茎节的分化。玉米苗期怕涝不怕旱，涝害轻则影响生长，重则造成死苗，轻度的干旱，有利于根系的发育与下扎。

（二）穗期阶段

玉米穗期是指从拔节到抽雄的这段时间。拔节是玉米一生的第二个转折点，这个阶段的生长发育特点是：玉米根、茎、叶等营养器官旺盛生长，同时，雌雄穗等生殖器官强烈分化与形成。这一时期是玉米一生中生长发育最旺盛的阶段，是决定果穗大小、穗粒数多少的关键时期，也是田间管理最关键的时期。为此，这一阶段田间管理的中心任务，就是促进中上部叶片增大，茎秆墩实的丰产长相，以此来达到穗多、穗大的目的。

（三）花粒期阶段

玉米从抽雄至成熟这一段时间，称为花粒期。玉米抽雄、散粉时，所有叶片均已展开，植株已经定长，植株进入以开花、受精、结实为主的生殖生长阶段，是籽粒大小、籽粒重量的决定时期。这个阶段的生育特点：就是基本停止营养体的增长，而进入以生殖生长为中心的阶段，出现了玉米一生的第三个转折点。为此，这一阶段田间管理的中心任务，就是保护叶片不损伤、不早衰，争取粒多、粒重，达到丰产。

第二节　玉米病虫草害综合防治技术

一、玉米虫害

（一）小地老虎

地老虎又名土蚕，地蚕。属鳞翅目、夜蛾科，经历卵，幼虫，蛹，成虫。小地老虎属广布性种类，能为害百余种植物，也是对农、林木幼苗危害很大的地下害虫。轻则造成缺苗断垄，重则毁种重播。

1. 生活习性

年发生代数随各地气候不同而异，愈往南年发生代数愈多；在豫北地区不能越冬，越冬代成虫从南方迁入，一年发生 3 代，无论年发生代数多少，在生产上造成严重为害的均为第 1 代幼虫。成虫多在 15 时至 22 时羽化，白天潜伏于杂物及缝隙等处，黄昏后开始飞翔、觅食，3 ~ 4 天后交配、产卵。卵散产于低矮叶密的杂草和幼苗之上，少数产于枯叶、土缝中，近地面处落卵最多，每雌产卵 800 ~ 1 000 粒、多达 2 000 粒；卵期约 5 天左右，幼虫 6 龄、个别 7 ~ 8 龄，幼虫期在各地相差很大，但到第 1 代为 30 ~ 40 天。幼虫老熟后在深约 5 厘米土室中化蛹，蛹期 9 ~ 19 天。

成虫的活动性和温度有关，在春季夜间气温达 8℃以上时即有成虫出现，但 10℃以上时数量较多、活动愈强；具有远距离南北迁飞习性，春季由低纬度向高纬度，由低海拔向高海拔迁飞，秋季则沿着相反方向飞回南方；微风有助于其扩散，风力在四级以上时很少活动；对普通灯光趋性不强、对黑光灯极为敏感，有强烈的趋化性，特别喜欢酸、甜、酒味和泡桐叶。

幼虫的为害习性表现为，1 ~ 2 龄幼虫昼夜均可群集于幼苗顶心嫩叶处取食危害；3 龄后分散，幼虫行动敏捷，有假死习性，对光线极为敏感，受到惊扰即卷缩成团，白天潜伏于表土的干湿层之间，夜晚出土从地面将幼苗植株咬断拖入土穴或咬食未出土的种子，幼苗主茎硬化后改食嫩叶和叶片及生长点，食物不足或寻找越冬场所时，有迁移现象。

小地老虎适宜生存温度为 15 ~ 25℃，高温不利于发生与此。同时凡地势低湿，雨量充沛的地方，发生较多；但降水过多，湿度过大，不利于幼虫发育，初龄幼虫淹水后很易死亡；成虫产卵盛期土壤含水量在 15% ~ 20% 的地区危害较重。砂壤土、黏壤上发生重，砂质土发生为害轻。已知天敌有知更鸟、鸦雀、蟾蜍、鼬鼠、步行虫、寄生蝇、寄生蜂及细菌、真菌等。

2. 为害症状

小地老虎是一种多食性害虫，主要以幼虫为害幼苗。幼虫能将幼苗近地面的茎部咬断，使整株死亡，造成缺苗断垄。同时还对农、林木幼苗危害很大，轻则造成缺苗断垄，重则毁种重播。

3. 防治方法

小地老虎的防治应根据各地为害时期，因地制宜。可采取以农业防治和药剂防治相结合的综合防治措施。

农业防治：

（1）除草灭虫。杂草是地老虎产卵的场所，也是幼虫向作物转移为害的桥梁，因此在初龄幼虫期铲除杂草，可消灭部分虫、卵。

（2）诱杀成虫。用糖、醋、酒诱杀液或甘薯、胡萝卜等发酵液诱杀成虫。

（3）诱捕幼虫。用泡桐叶或莴苣叶诱捕幼虫，于每日清晨到田间捕捉；对高龄幼虫也可在清晨到田间检查，如果发现有断苗，拨开附近的土块，进行捕杀。

化学防治：对不同龄期的幼虫，应采用不同的施药方法。

（1）幼虫 3 龄前。当每平米有虫（卵）1 头（粒）或百株有虫 2 ~ 3 头时。每亩可选用 50% 辛硫磷乳油 30 毫升、2.5% 溴氧菊酯乳油或 40% 氯氰菊酯乳油 15 ~ 20 毫升、90% 晶体敌百虫 30 克，对水 30 千克喷雾。喷粉或撒毒土进行防治；用 2.5% 溴氰菊酯乳油 90 ~ 100 毫升、50% 辛硫磷乳油或 40% 甲基异柳磷乳油 500 毫升加水适量，喷拌细土 50 千克配成毒土，每亩 20 ~ 25 千克顺垄撒施于幼苗根际附近。

（2）3龄后。田间出现断苗时，可选用90%晶体敌百虫500克或50%辛硫磷乳油500毫升，加水2.5～5千克，喷在50千克碾碎炒香的棉籽饼、豆饼或麦麸上，于傍晚在受害作物田间每隔一定距离撒一小堆，或在作物根际附近围施，每亩用55千克。毒草可用90%晶体敌百虫500克，拌砸碎的鲜草75～100千克，每亩用15～20千克。可用毒饵或毒草诱杀。

（3）毒饵或毒草。一般虫龄较大是可采用毒饵诱杀。

（二）二点委夜蛾

二点委夜蛾，属鳞翅目夜蛾科，是我国夏玉米区近几年开始侵害玉米田的新发生的害虫，由于其侵害部位以及形态上的相近，许多农民往往误认为是地老虎为害。该害虫随着幼虫龄期的增长，害虫食量将不断加大，发生范围也会进一步扩大，如不能及时控制，将会严重威胁玉米生产。因此，需加强对二点委夜蛾发生动态的监测，做好虫情预报或警报，指导农民适时防治，以减轻其为害损失。

1. 生活习性

麦糠麦秸覆盖面积大比没有麦秸麦糠覆盖的严重，播种时间晚比播种时间早的严重，田间湿度大比湿度小的严重。二点委夜蛾喜阴暗潮湿畏惧强光，一般在玉米根部或者湿润的土缝中生存，遇到声音或药液喷淋后呈"C"形之后假死，高麦茬、厚麦糠为二点委夜蛾大发生提供了主要的生存环境，二点委夜蛾比较厚的外皮使药剂难以渗透是防治的主要难点，世代重叠发生是增加防治次数的主要原因。

2. 为害症状

二点委夜蛾主要以幼虫躲在玉米幼苗周围的碎麦秸下或在2～5厘米的表土层危害玉米苗，一般一株有虫1～2头，多的达10～20头。在玉米幼苗3～5叶期的地块，幼虫主要咬食玉米茎基部，形成3～4毫米圆形或椭圆形孔洞，切断营养输送，造成地上部玉米心叶萎蔫枯死。玉米苗较大（8～10叶期）的地块幼虫主要咬断玉米根部，包括气生根和主根，造成玉米倒伏，严重者枯死。为害株率一般在1%～5%，严重地块达15%～20%。由于该虫潜伏在玉米田的碎麦秸下为害玉米根茎部，一般喷雾难以奏效。

3. 防治方法

在防治时应该掌握的重点方法，防治工作中要掌握早防早控，当发现田间有个别植株发生倾斜时要立即开始防治。

（1）农业措施

及时清除玉米苗基部麦秸、杂草等覆盖物，消除其发生的有利环境条件。一定要把覆盖在玉米垄中的麦糠、麦秸全部清除到远离植株的玉米大行间并裸露出地面，便于药剂能直接接触到二点委夜蛾。对倒伏的大苗，在积极进行除虫的同时，不要毁苗，而应培土扶苗，力争促使今后的气生根健壮，恢复之前正常生长。

（2）化学防治

主要方法有喷雾、毒饵、毒土、灌药等。

①撒毒饵。亩用克螟丹 150 克加水 1 千克拌麦麸 4～5 千克，顺玉米垄撒施。亩用 4～5 千克炒香的麦麸或粉碎后炒香的棉籽饼，与对少量水的 90% 晶体敌百虫或 48% 毒死蜱乳油 500 克拌成毒饵，于早晨或傍晚顺垄撒在玉米苗边。如果虫龄较大，可适当加大药量。

②毒土。亩用 80% 敌敌畏乳油 300～500 毫升拌 25 千克细土，于早晨顺垄撒在玉米苗边，防效较好。

③灌药。随水灌药，亩用 50% 辛硫磷乳油 48% 毒死蜱乳油 1 千克，在浇地时灌入田中。还可用 2.5% 高效氯氟氰菊酯 20 毫升，对水 30 千克，将喷头拧下，逐株顺茎滴药液，或用直喷头喷根茎部，适当加入敌敌畏乳油会提高效果。药液量要大，保证渗到玉米根围 30 厘米左右的害虫藏匿的地方。

④喷雾。喷雾的效果仅仅次于田间大水浇灌灭虫，显著高于对根部喷药的方式。可使用 4% 高氯甲维盐 20～30 毫升对水 30 千克喷雾。施药要点：水量充足。一般每亩地用水量为 30 千克（两桶水），全田喷施，对玉米幼苗、田块表面展开全田喷施，着重喷施。喷施农药时，要对准玉米的茎基部及周围着重喷施。同时也可消灭灰飞虱、蓟马、瑞典秆蝇等传播病毒的传毒害虫，有效预防病毒病（粗缩病、矮花叶病），一喷多治，可起到事半功倍的效果。

（3）注意事项

①喷施烟嘧磺隆除草剂的田块，用药前后 7 天应避免使用有机磷类农药，以免产生药害。

②使用氨基甲酸酯类农药的，用药前后的 7 天不能使用硝磺草酮类除草剂，以免产生药害。

③玉米对辛硫磷敏感，浓度稍高容易烧叶，症状是叶子上有白色斑块。施用辛硫磷过量可致叶片局部或大部分变白，致叶片干枯似冻害状。

④高温情况下，玉米对敌敌畏、灭多威也表现敏感，叶片容易产生白斑。

（三）灰飞虱

灰飞虱属于同翅目飞虱科灰飞虱属，以长江中下游和华北地区发生较多。寄主主要是各种草坪禾草及水稻、麦类、玉米、稗等禾本科植物，所以对农业为害很大。

1. 生活习性

1 年发生 4～5 代，越冬若虫于 4 月中旬至 5 月中旬羽化，迁向草坪产卵繁殖，第 1 代若虫于 5 月中旬至 6 月大量孵化，5 月下旬至 6 月中旬羽化，第 2 代若虫于 6 月中旬至 7 月中旬孵化，并于 6 月下旬至 7 月下旬羽化为成虫，第 3 代于 7 月至 8 月上中旬羽化，第 4 代若虫在 8 月中旬至 11 月孵化，9 月上旬至 10 月上旬羽化，有部分则以 3、4 龄若虫进入越冬状态，第 5 代若虫在 10 月上旬至 11 月下旬孵化，并进入越冬期，全年以 9 月初的第 4 代若虫密度最大，大部分地区多以第 3、4 龄和少量第 5 龄若虫在田边、沟边杂草中越冬。灰飞虱属于温带地区的害虫，耐低温能力较强，对高温适应性较差，其生长发育的适宜温度在 28℃ 左右，冬季低温对其越冬若虫影响不大，当气温超过 2℃ 无风天晴时，又能爬至寄主茎叶部取食继续发育，在田间喜通透性良好的环境，栖息于植物植株的部位较高，并常向田边移动集中，因此，田边虫量多，成虫翅型变化较稳定，越冬代以短翅型居多，其余各代以长翅型居多，雄虫除越冬外，其余各代几乎均为长翅型成虫。成虫喜在生长嫩绿、高大茂密的地块产卵。雌虫产卵量一般数十粒，越冬代最多，可达 500 粒左右，每个卵块的卵粒数，由 1 ~ 2 粒至 10 余粒，大多为 5 ~ 6 粒，能传播黑条矮缩病、条纹叶枯病、小麦丛矮病、玉米粗短病及条纹矮缩病等多种病毒病。

长翅型成虫有趋光性，但较褐飞虱弱。成虫寿命在适温范围内随气温升高而缩短，一般短翅型雌虫寿命长，长翅型较短。雌虫：羽化后有一段产卵前期，而其长短取决于温度高低，温度低时长，温度高时短，但温度超过 29℃时反而延长，发生代一般为 4 ~ 8 天。灰飞虱对玉米的主要为害是传播玉米粗缩病病毒，玉米一旦染病，几乎无法控制，轻者减产 30% 以上，严重的绝收，由此玉米粗缩病又称为玉米的癌症。

2. 为害症状

灰飞虱成、若虫均以口器刺吸玉米汁液为害，一般群集于玉米丛中上部叶片，近年发现部分玉米穗部受害亦较严重，虫口大时，玉米株汁液大量丧失而枯黄，同时因大量蜜露洒落附近叶片或穗子上而滋生霉菌，但较少出现类似褐飞虱和白背飞虱的"虱烧""冒穿"等症状。灰飞虱是传播条纹叶枯病等多种玉米病毒病的媒介，所造成的危害常大于直接吸食危害，被害株表现为相应的病害特征。

玉米出苗后被灰飞虱为害后即可感病，到 5 ~ 6 叶期才开始出现明显症状：新生叶片不易抽出且变小，可作为早期诊断的依据。在心叶基部的中脉两侧最初出现透明的虚线斑点，以后逐渐扩展到全叶，并在叶背的中脉上产生长短不一的蜡白色突起。病株叶的特征是色浓绿、宽、短、硬、脆，叶背的叶脉隆起。病株节间明显缩短，严重矮化，叶片密集丛生，成对生状，病株似君子兰植株，农民朋友通常称作"万年青"。病株根少而短，长度不足健株的 1/2，易拔出。

3. 防治方法

（1）农业防治

选用抗（耐）虫品种，进行科学肥水管理，创造不利于灰飞虱孳生繁殖的生态条件。

（2）生物防治

灰飞虱各虫期寄生性和捕食性天敌种类较多，除寄生蜂、黑肩绿盲蝽、瓢虫等外，还有蜘蛛、线虫、菌类对白背虱的发生有很大的抑制作用。保护利用好天敌，对控制灰飞虱的发生为害能起到明显的效果。

（3）化学防治

根据灰飞虱发生情况，采取重点防治主害代低龄若虫高峰期的防治对策，如果成虫迁入量特别大而集中的年份和地区，采取防治迁入高峰成虫和主害代低龄若虫高峰期相结合的对策。同时，灰飞虱可近距离扩散和远距离随高空气流迁飞，应进行统一防治，统一时间，联防联治，使灰飞虱无处可逃。

①消灭杂草。用百草枯（克芜踪）、草甘麟（农达）等除草剂杀灭杂草，破坏灰飞虱的栖息环境，降低虫量。

②拌种。用 60% 高巧悬浮种衣剂 8 ~ 12 克或 25% 吡虫啉悬浮剂 40 克，对少量水，对 2 千克玉米种子进行包衣。

③喷雾防治。用 10% 吡虫啉 20 克或 3% 啶虫脒 15 ~ 20 克，混用 4.5% 高效氯氰 20 ~ 30 毫升等菊酯类农药，对水 30 千克喷雾，也可选用扑虱灵、灭多威、锐劲特农药喷雾，隔 3 ~ 4 天 1 次，连喷 2 ~ 3 次。应注意喷洒田边和地内杂草，而不要仅仅喷洒玉米植株。

（四）蓟马

蓟马是玉米苗期害虫，主要有玉米黄蓟马、禾蓟马、稻管蓟马，个体小（0.9 ~ 1.3 毫米），会飞善跳。

1. 生活习性

蓟马在玉米上发生 2 代，行孤雌生殖，主要是成虫取食玉米造成为害。盛发为害期在 6 月中旬前后，该时正值麦收季节易被忽视而造成严重损害。黄蓟马主要是苗期为害重，在玉米上以苗期和心时期发生数量较大，过此时期数量渐趋下降。

在春季，黄蓟马先在麦类等作物上繁殖为害，其后逐渐向春玉米上转移，由于麦类面积较大，因此春玉米和中茬玉米的虫源主要是来自麦类。一般在 5 月底至 6 月初，在麦类、春玉米上有一个若虫高峰，6 月中旬在麦类、春玉米、中茬玉米上又有一个成虫高峰，6 月下旬还有一个若虫高峰，7 月上旬在春玉米、中茬玉米与夏玉米上又出现一个成虫高峰。因此，这几次高峰的出现，在防治上要根据虫情及时采取措施。

蓟马较喜干燥条件，在低洼窝风而干旱的玉米地发生多，在小麦植株矮小稀疏地块中的套种玉米常受害重。一年中 5 ~ 7 月的降雨对蓟马发生程度影响较大，干旱少雨有利于发生，降雨对其发生和为害有直接的抑制作用。一般来说，在玉米上的发生数量，依次为春玉米＞中茬玉米＞夏玉米，中茬套种玉米上的单株虫量虽较春玉米少，但受害较重，在缺水肥条件下受害就更重。

2. 为害症状

蓟马主要为害玉米叶片，以成虫、若虫群集锉吸寄主汁液进行为害。成虫行动迟缓，多在时反面为害，受害后玉米叶片在边缘上出现断续的银灰色小斑条，并伴有虫粪污点，叶正面相对应的部分呈现黄色条斑，严重的会造成叶片干枯，甚至毁种。蓟马主要在玉米心叶内危害，同时会释放出黏液，致使心叶不能展开，随着玉米的生长，玉米心叶形成"鞭状"，如不及时采取措施，就会造成减产，甚至绝收。成虫在取食处的叶肉中产卵，对光透视可见针尖大小的白点。为害多集中在自下而上第 2 至第 4 或第 2 至第 6 叶上，即使新叶长出后也很少转向新叶为害。

3. 防治方法

（1）农业防治

①中耕除草。结合小麦中耕除草，冬春尽量清除田间地边杂草，减少越冬虫口基数。

②选用抗耐虫品种。马齿型品种会比硬粒型品种耐虫抗害。

③加强田间管理。加强田间管理，促进植株本身生长势，改善田间生态条件，减

轻为害。

④拔除虫苗。在间苗定苗时，注意拔除有虫苗，并带出田外沤肥，可有效减轻蓟马为害。

⑤适时灌水施肥。适时灌水施肥，以此来促进玉米苗早发快长，度过苗期，减轻为害，同时也改变了玉米地小气候，增加湿度，不利于蓟马的发生。

⑥叶面施肥。因玉米受蓟马为害后苗弱，防治时可加入喷施宝、磷酸二氢钾叶面肥混合使用，以促进玉米生长。

（2）药物防治

化学药剂防治是控制玉米蓟马的有效措施。

①种衣剂拌种。用60%吡虫啉悬浮种衣剂拌种，防效可达90%以上，提高出苗率7%左右。

②喷雾防治。当玉米田间蓟马虫株率达到40%～80%，百株虫量达300～800头，应及时进行喷施药剂进行防治，可使用10%吡虫啉可湿性粉剂15克或22%毒死蜱吡虫啉乳油12毫升、啶虫脒20毫升，对水30千克喷雾防治。

③注意事项。因蓟马主要集中在玉米心叶内危害，所以用药时要注意药剂应喷进玉米心叶内；经田间和室内药效试验证明菊酯类药剂对蓟马无效，甚至有时可能对蓟马有引诱作用，因此，应避免应用菊酯类农药。

（3）人工防治

对于已形成"鞭状"的畸形玉米苗，可拧断其顶端，或用锥子从鞭状叶基部扎入，从中间豁开，让心叶恢复正常生长。

（五）黏虫

玉米黏虫属鳞翅目，夜蛾科，又名行军虫、剃枝虫、五色虫。而国内除新疆未见报道外，其他各省区均有分布。

1. 生活习性

玉米黏虫为杂食性暴食害虫。为害最严重。我国各地均有不同程度的发生和为害。1～2龄幼虫多隐藏在作物心叶或叶鞘中，昼夜取食，但食量很小，啃食叶肉残留表皮，造成半透明的小条斑。5～6龄幼虫为暴食阶段，蚕食叶片，啃食穗轴。

发生规律乱虫无滞育现象，只要条件适宜，可连续繁育。世代数和发生期因地区、气候而异。黏虫喜温暖高湿的条件，在1代黏虫迁入期的5月下旬至6月时，降水过程较多，土壤及空气湿度大，气象条件非常利于夏玉米田块黏虫的发生为害，2代黏虫就会大发生。高温、低湿不利于黏虫的生长发育。黏虫是一种远距离迁飞性害虫，自江淮流域迁飞而来，不能在豫北越冬，因此具有偶发性和爆发性特点。

2. 为害症状

玉米黏虫以幼虫暴食玉米叶片，严重发生时，短期内吃光叶片，造成减产甚至绝收。玉米黏虫食性很杂，尤其喜食禾本科植物。为害症状主要以幼虫咬食叶片，形成缺刻。1～2龄幼虫取食叶片造成孔洞，3龄以上幼虫为害叶片后呈现不规则的缺刻，暴食时，可吃光叶片。大发生时将玉米叶片吃光，只剩叶脉，造成严重减产，甚至绝收。当一块田玉米被吃光，幼虫常成群列纵队迁到另一块田为害，故又名"行军虫"。一般地势低、玉米植株高矮不齐、杂草丛生的田块受害重。

3. 防治方法

（1）对成虫防治

利用黏虫成虫趋光、趋化性，采用糖醋液、性诱捕器、杀虫灯等无公害防治技术诱杀成虫，以减少成虫产卵量，降低田间虫的口密度。

（2）幼虫的防治

冬小麦收割时，为防止幼虫向秋田迁移为害，在邻近麦田的玉米田周围以 2.5% 敌百虫粉，撒成 4 寸（1 寸 ≈ 3.33 厘米）宽药带进行封锁；当玉米田虫口密度达到 30 头 / 百株时，要立即用化学药剂防治，可用 50% 辛硫磷乳油 50 ~ 75 毫升或 40% 毒死蜱（乐斯本）乳油 50 ~ 75 毫升、20% 杀灭菊酯乳油 10 ~ 25 毫升、5% 灭扫利 20 ~ 30 毫升，对水 30 千克喷雾防治。用 20% 灭幼脲 3 号悬浮剂 20 ~ 30 毫升对水 30 千克，进行生物防治，不杀伤天敌，对农作物安全，不污染环境。

（六）红蜘蛛

玉米红蜘蛛学名玉米叶螨，主要有截形叶螨、二斑叶螨和朱砂叶螨三种。在玉米红蜘蛛发生期，为害严重的玉米田螨株率可达 70% ~ 100%，单株螨量几百至千头，重者上万头，玉米植株大片枯死，空穗率达 40%，即便结实者，籽粒秕瘦，给玉米生产造成了严重的损失。

1. 生活习性

玉米红蜘蛛主要为害玉米、棉花、谷子、豆类、花生、瓜类、向日葵、茄子、苦菜、狗尾草、马唐等作物和杂草，以雌成螨在背风向阳的作物、枯枝、杂草附近的土缝根际中群集越冬。春季，2 ~ 3 月随着气温的回升，当杂草萌芽时，越冬成螨开始活动。

4 月当平均气温达 7℃时开始产卵，当平均气温达 10℃以上时，卵开始孵化。先在田间地头枯草、苦苦菜等杂草上取食，6 月初玉米出苗后，靠爬行，风吹和随水漂流等方式陆续转移到玉米上繁殖为害。此时受害株多由田边、渠边向田内扩展。田间呈明显点片发生。以后随着气温的升高，繁殖加快，于 6 月中旬至 7 月上旬，出现第一个为害高峰。7 月中旬至 8 月上旬，由于夏季高温的影响，如果气温在 30℃以上，玉米叶螨受到明显抑制，8 月中旬至 9 月上旬，玉米叶螨将出现第二个高峰。如果气候适宜，即可形成猖獗为害，9 月中旬至下旬，随着气温下降和玉米叶片老化，开始转向杂草、玉米根际下叶鞘内，进入越冬期。玉米叶螨每头雌成螨一天可产卵 6 ~ 8 粒，卵散产。一生约产卵百余粒。每年可发生 10 ~ 15 代，因此，繁殖速度很高，一旦遇到适宜的气候条件，短期内即可形成猖獗为害。玉米叶螨最适宜的繁衍增殖条件是气温 22 ~ 28℃，相对湿度 25% ~ 55%。大暴雨对玉米红蜘蛛的发生极为不利，尤其在立秋前后，如出现日降雨量在 50 毫升以上的大暴雨将对玉米红蜘蛛产生明显的抑制。

2. 为害症状

玉米红蜘蛛的成虫、幼虫，若虫以刺吸式口器为害玉米，可在玉米的背面吐丝结网并吸食叶汁，受害叶片最初呈现白色斑点，影响光合作用，之后随着红蜘蛛的繁殖数量增多呈淡绿色，为害重的叶片发白，严重时整个叶片变白干枯，籽粒秋瘦，造成减产，对玉米生产造成严重影响。玉米红蜘蛛不仅为害玉米，还为害豆类、海椒、红苕等，是一种食性杂、体态小、繁殖快的昆虫。受红蜘蛛为害的玉米生长缓慢，结实率降低，籽粒不饱满，有的农户称它为油腻，玉米红蜘蛛为害严重的地块减产幅度达30%～50%。

3. 防治方法

（1）农业防治

①清除秸秆和杂草。在秋季玉米收获后，及时彻底清除田间秸秆与田间、地埂及渠边杂草，以减少玉米红蜘蛛的食料和繁殖场所，降低虫源基数，防止其转入田间。

②机械杀伤。加强深耕冬灌，以机械的方法杀死残留虫源。

③轮作倒茬。实行轮作倒茬，但避免与豆类、花生等作物间作，阻止其相互转移为害。

④加强田间管理。采取前茬深翻土地、中耕深松、增施粪肥等措施，将螨虫翻入深层土中，增强土壤通透性能，提高土壤的蓄水能力，可减轻为害。

⑤合理密植。合理密植，增强制种田通风透光性。

（2）化学防治

对红蜘蛛的化学防治，应掌握两个关键适期，一是每年4月中下旬，红蜘蛛开始从越冬田边杂草上向田内迁移，这时虫比较集中，抗性也差，是化学防治的最佳时间，可以集中对田边杂草和埂边附近玉米进行化学防治。二是8月下旬至9月下旬，是玉米红蜘蛛发生发展速度最快，为害最重的关键时间，此时如田间虫口密度达到指标，应定期进行化学药剂控制，以防止为害。

①灌根。玉米灌水前每亩用3%甲拌灵颗粒剂30～45千克，在距玉米植株10～15厘米处沟施或穴施，深度10厘米左右，施后灌水。

②顶端施药。方法是用40%乐果150毫升对水30千克，装入喷雾器中，喷头用双层纱布包住，开关开小，轻轻打气，使药液呈滴状，会在玉米生长点或上部叶片上每株滴10～20滴。

③实行重点防治。在玉米拔节后，对玉米红蜘蛛已达到防治指标的田块，宜采用毒沙熏杀，实行重点防治。方法是每亩用25%敌敌畏乳油250克，对水6～8千克，喷拌到50千克细砂上于傍晚撒入玉米行间。

④药剂喷防。用40%三氯杀螨醇乳油15～20毫升或20%螨死净可湿性粉剂15克、15%哒螨灵乳油15毫升、1.8%阿维菌素20毫升、5%尼索朗乳油20毫升，对水30千克，对准玉米叶片背面喷雾，发生严重的隔7～10天再防治1次，可达到理想的防治效果。

（3）注意事项

一是施药期间注意人、畜安全，遇烈热强光天气应在17时后到傍晚施药。二是喷过除草剂的喷雾器必须彻底清洗干净后再喷雾杀虫防病的药剂。三是对药时不用枯井水和混水，先倒点水再倒药，最后可加到所需水量，喷雾周到。

（七）蚜虫

蚜虫是繁殖最快的昆虫。蚜虫俗称腻虫或蜜虫等，其隶属于半翅目。蚜虫主要分布在北半球温带地区和亚热带地区，热带地区分布很少。

1. 生活习性

一般以无翅胎生雌蚜在小麦苗及禾本科杂草的心叶里越冬。4月底5月初向小麦、春玉米等迁移。玉米抽雄前，一直群集于心叶里繁殖为害，抽雄后扩散至雄穗、雌穗上繁殖为害，扬花期是玉米蚜繁殖为害的最有利时期，故防治适期应在玉米抽雄前。适温高湿，即旬平均气温23℃左右，相对湿度85%以上，玉米正值抽雄扬花期时，最适于玉米蚜的增殖为害，而暴风雨对玉米蚜有较大控制作用。杂草较重发生的田块，玉米蚜也偏重发生。

2. 为害症状

成蚜或若蚜群集于植物叶背面、嫩茎、生长点和花上，用针状刺吸口器吸食植物组织的汁液，引致叶片变黄或发红，使细胞受到破坏，生长失去平衡，叶片向背面卷曲皱缩，心叶生长受阻，严重时植株停止生长，甚至会出现全株萎蔫枯死。玉米蚜多群集在心叶，为害叶片时分泌大量水分和蜜露，产生黑色霉状物。在紧凑型玉米上主要为害雄花和上层1～5叶，下部叶受害轻，刺吸玉米的汁液，同时分泌的蜜露滴落在下部叶片上，常使叶面生霉变黑，或致叶片变黄枯死，使叶片生理机能受到障碍，影响光合作用，减少干物质的积累，降低粒重，并传播病毒病造成减产。玉米斯的寄主还有玉米、高粱、小麦、狗尾草等。

3. 防治方法

（1）农业防治

及时清除田间地头杂草，消灭玉米弱的滋生基地。

（2）化学防治

在玉米抽穗初期调查，当百株玉米蚜量达2 000头，有蚜株率50%以上时，应进行药剂防治。

①心叶期兼治。在玉米心叶期，结合防治玉米螟，每亩用3%辛硫磷颗粒剂1.5～2千克或3%呋喃丹颗粒剂1.5千克撒于心叶，既可防治玉米螟，也可兼治玉米蚊虫。也可用10%氯氰菊酯或2.5%辉丰菊酯，每亩30～40毫升对水30千克进行喷雾防治，既防治玉米蜡虫，也可防治玉米螟。

②抽雄期喷雾防治。抽雄期是防治玉米蚜虫的关键时期，在玉米抽雄初期，用3%啶虫脒或10%吡虫啉30克、10%高效氯氰菊酯乳油15毫升、2.5%三氟氯氰菊酯15毫升、50%抗蚜威可湿性粉剂15毫升等，对水30千克喷雾。还可使用毒沙土防治，每亩用40%乐果乳油50毫升，对水500千克稀释后，拌15千克细沙±，然后把拌匀的毒杀土均匀地撒在植株心叶上，每株1克，则可兼防兼治玉米螟为害。

二、玉米病害

近年来，夏播玉米随着紧凑型玉米品种的大面积推广，苗期田间高温、高湿，再加上灰飞虱、蚜虫等昆虫迁入玉米田为害，玉米各种病害发生严重，在一定程度上阻碍了玉米生产的发展，在播种前或苗后及早发现和防除会大大减轻病害的发生和为害。

夏玉米病害主要有青枯病、粗缩病、矮花叶病、纹枯病等，一定要积极做好防治，为中后期生长打下良好基础。

（一）粗缩病

1. 为害症状

玉米整个生育期都可感染发病，以苗期受害最重，5～6片叶即可显症，开始在心叶基部及中脉两侧产生透明的油浸状褪绿虚线条点，逐渐扩及整个叶片。病苗浓绿，叶片僵直，宽短而厚，心叶无法正常展开，病株生长迟缓、矮化叶片背部叶脉上产生蜡白色隆起条纹，用手触摸有明显的粗糙感植株叶片宽短僵直，叶色浓绿，节间粗短，顶叶簇生状如君子兰。叶背、叶鞘及苞叶的叶脉上具有粗细不一的蜡白色条状突起，有明显的粗糙感。至9～10叶期，病株矮化现象更为明显，上部节间短缩粗肿，顶部叶片簇生，病株高度不到健株一半，多数不能抽穗结实，个别雄穗虽能抽出，但分枝极少，没有花粉。果穗畸形，花丝极少，植株严重矮化，雄穗退化，雌穗畸形，严重时不能结实。

2. 发病规律

主要由灰飞虱传毒引起，以及杂草多发病重。粗缩病毒在冬小麦及其他杂草寄主越冬。也可在传毒昆虫体内越冬。翌年玉米出土后，借传毒昆虫将病毒传染到玉米苗上，辗转传播为害。玉米5叶以前易感病，10叶期以后抗性增强，即便受侵染发病也轻。玉米出苗至5叶期如果与传毒昆虫迁飞高峰相遇，发病严重，所以玉米播期和发病轻重关系密切。田间管理粗放、耕作粗放的免耕田、杂草多，灰飞虱多和干旱时发病重。

3. 防治方法

在玉米粗缩病的防治上，要坚持以农业防治为主、化学防治为辅综合防治方针，其核心是控制毒源、减少虫源、避开危害。

（1）农业防治

①加强监测和预报。在病害常发地区有重点地定点、定期调查小麦、田间杂草和玉米的粗缩病病株率和严重度，同时调查灰飞虱发生密度和带毒率，对玉米粗缩病发生趋势做出及时准确的预测预报，指导防治。

②选用抗性较好的品种。要根据本地条件，选用抗性相对较好的品种，同时要注意合理布局，避免单一抗源品种的大面积种植。

③调整播期。根据玉米粗缩病的发生规律，应调整播期，使玉米对病害最为敏感的生育时期避开灰飞虱成虫盛发期，降低发病率。麦田套种玉米适当推迟，一般在麦收前3～5天，尽量缩短小麦、玉米共生期，并做到适当晚播。夏玉米麦后直播则能

有效地预防粗缩病的发生。

④清除麦茬与杂草。路边、田间杂草不仅是来年农田杂草的种源基地，而且是玉米粗缩病传毒介体灰飞虱的越冬越夏寄主。对麦田残存的杂草与麦茬，可先人工锄草后再喷药，除草效果可达95%左右。清除杂草能使苗期玉米不与杂草共生，降低灰飞虱的活动空间，不利于灰飞虱的传毒。

⑤加强田间管理。结合定苗，拔除田间病株，集中深埋或烧毁，减少粗缩病侵染源。合理施肥、浇水，加强田间管理，以此来促进玉米生长，缩短感病期，减少传毒机会，并增强玉米抗耐病能力。

（2）化学防治

①药剂拌种。用内吸杀虫剂对玉米种子进行包衣和拌种，可以有效防治苗期灰飞虱，减轻粗缩病的传播。播种时，采用种量2%的种衣剂拌种，可有效的防止灰飞虱的为害，同时有利于培养壮苗，提高玉米抗病力。

②喷药杀虫。在玉米出苗前后，用5%的乙酰甲胺磷乳剂30毫升对水30千克，喷雾防治1～2次效果更好。根据灰飞虱虫情预测情况及时用25%扑虱灵50克/亩，在玉米5叶期左右，每隔5天喷1次，连喷2～3次，同时用40%病毒A60克或5.5%植病灵40克，对水30千克喷洒防治病毒病。

③化学除草。播种后选用芽前土壤处理剂如40%乙莠水胶悬剂，50%杜阿合剂等，每亩550～575毫升，对水30千克进行土壤封密处理。对于个别封密除草剂效果差的地块，可在玉米行间和地头定向喷灭生性除草剂20%克无踪，每亩550毫升，对水30千克，要注意不要喷到玉米植株上，会减少灰飞虱的活动空间。

（二）矮花叶病

1. 为害症状

玉米整个生育期均可感染。幼苗染病后最初在幼苗心叶基部细胞间出现椭圆形褪绿小点，然后逐渐沿叶脉发展成虚线，断续排列成条点花叶状，向叶尖扩展，不受粗脉的限制，叶脉叶肉逐渐失绿变黄，而两侧叶脉仍保持绿色，发展成黄绿相间的条纹症状，然后作不规则的扩大，与健部相间形成花叶症状。后期病叶叶片褪绿，叶尖的叶缘变红紫而干枯。病部继续扩大，叶片上形成许多大、小不同的圆形绿斑，变黄、棕、紫或干枯，变脆，易折。重病株的黄叶、叶鞘、雄花有时出现褪绿斑，植株矮小，不能抽穗、退抽穗或不结实。

2. 发病规律

该病毒主要在雀麦、牛鞭草等寄主上越冬，也是该病重要初侵染源，带毒种子发芽出苗后也可成为发病中心。传毒主要靠玉米蚜、棉蚜、麦长管蚜等蚜虫的扩散而传播，均以非持久性方式传毒，其中玉米蚜是主要传毒蚜虫，吸毒后即传毒，但丧失活力也较快；病株汁液摩擦也可传毒；染病的玉米种子也有一定传毒率。玉米矮花叶病毒除侵染玉米外，还可侵染马唐、虎尾草、白茅、画眉草、狗尾草、稗、雀麦、牛鞭草、苏丹草等。

病毒通过蚜虫侵入玉米植株后，潜育期随气温升高而缩短。则该病发生程度与蚜量关系密切。生产上有大面积种植的感病玉米品种和对蚜虫活动有利的气候条件，即5～6月凉爽、降雨不多，蚜虫迁飞到玉米田吸食传毒，大量繁殖后辗转为害，易造成该病流行。在抗病品种尚缺乏情况下，遇玉米苗期气候适宜，介体蚜虫大量繁殖，病毒病即迅速传播。

3. 防治方法

（1）选用抗病品种

因地制宜，合理选用抗病杂交种或品种。

（2）拔除病株

在田间尽早识别并拔除病株，这是防治该病关键措施。

（3）适期播种

适期播种可错开蚜虫为害高峰期，减轻发病。

（4）中耕锄草

及时中耕锄草，可减少传毒寄主，减轻发病。

（5）化学防治

在传毒蚜虫迁入玉米田的始期和盛期，及时用50%氧化乐果乳油40毫升或50%抗蚜威可湿性粉剂10克、10%吡虫啉可湿性粉剂15克，对水30千克喷洒植株，可以有效切断玉米矮花叶病苗的传播途径。特别是在3叶、5叶、7叶时各防治1次效果更好。

（三）镰刀菌苗枯病

1. 为害症状

麦茬直播夏玉米，苗期与雨季相吻合，易引起玉米苗枯病发生。近几年发生危害呈上升趋势逐渐加重，特别是在降雨频繁、雨量大，夏玉米苗枯病发生较多，且发病更严重。从种子萌芽到3～5叶期的幼苗多发，病原菌在种子萌动期便可侵入，先在种子根和根尖处变褐，后扩展中胚轴，导致根系发育不良或根毛减少，次生根少或无，初生根老化，皮层坏死，根系变黑褐色，并在茎的第一节间形成坏死斑，引起茎部水浸状腐烂，可使茎基部间整齐断裂（注：这是与纹枯病的区别），叶鞘也变褐撕裂。夏玉米从出苗至三叶期开始表现症状，先造成玉米幼苗基部1～2叶发黄，叶尖和叶（缘）边干枯，由基部叶片逐渐向上部发展，进而引起心叶卷曲，病苗发育迟缓，生长衰弱，严重的植株外周叶片干枯，心叶青枯萎蔫，造成全株叶片黄枯或青枯，植株死亡。

2. 发病规律

引起苗枯的病原主要是串珠镰刀菌。地势低洼，土壤贫瘠，黏土地、盐碱地发病重，播种过深也易发病。土壤积水的田块，苗期会形成芽涝现象，幼苗不能正常生长发育，使根系发育不良引发苗枯病。小麦、玉米是全国的主要轮作方式，近几年小麦根病发生严重，导致串珠镰刀菌、禾谷镰刀菌和玉米丝禾菌等病原菌积累，也加重玉米苗枯病的发生程度。

3. 防治方法

（1）选用优质、抗病品种

选用优质、抗病品种，且选用粒大饱满、发芽势强的玉米种子。

（2）种子处理

播种前先将种子翻晒 1 ~ 2 天。药剂浸种应用 40% 克霉灵 50 毫升或是 70% 甲基托布津 60 克，对水 30 千克搅匀，浸 40 分钟，晾干后播种；也可用 2.5% 咯菌腈悬浮种衣剂 10 克或者 25% 戊唑醇 2 克，加水 100 毫升，拌种 5 千克，同时预防丝黑穗病。

（3）合理施肥，加强管理

种肥或者苗期到拔节期追肥，一定要增施磷钾肥，以培育壮苗，尤其注意补充磷、钾肥。促进根系生长，使植株生长旺盛，以提高抗病能力。

（4）药剂防治

在苗枯病发病初期及时用药。可用 70% 甲基硫菌灵 40 毫升，或者 20% 三唑酮 30 克，或者恶霉灵 10 毫升，对水 30 千克对根基部喷雾，连喷 2 次（每次用药间隔 5 ~ 7 天）喷药的同时可加入喷施天丰素、磷酸二氢钾等高效营养调节剂，以便促苗早发，以增强植株抗逆、抗病力，可有效防治和控制苗枯病。

（四）纹枯病

1. 为害症状

从苗期到穗期均可发生，主要为害叶鞘，也可为害茎秆，严重时引起果穗受害。发病初期多在植株底部 1 ~ 2 茎节叶鞘上开始发病，产生暗绿色水渍状病斑，椭圆形至不规则形，后连片扩展融合成不规则形或云纹状大病斑。病斑中部灰褐色，边缘深褐色，由下向上蔓延扩展。病斑向上可扩展到果穗，穗苞叶染病也产生同样的云纹状斑。果穗染病后秃顶，籽粒细扁或变褐腐烂。严重时根茎基部组织变为灰白色，次生根黄褐色或腐烂。多雨、高湿持续时间长时，病部长出稠密的白色菌丝体，菌丝也进一步聚集成多个菌丝团，形成小菌核。

2. 发病规律

播种过密、施氮过多、湿度大、连阴雨多易发病。主要发病期在玉米性器官形成至灌浆充实期。苗期和生长后期发病较轻。病菌以菌丝和菌核在病残体或在土壤中越冬。翌春条件适宜，菌核萌发产生菌丝侵入寄主，后病部产生气生菌丝，在病组织附近不断扩展。菌丝体侵入玉米表皮组织时产生侵入结构。再侵染是通过与邻株接触进行的，所以该病是短距离传染病害。

3. 防治方法

（1）清除病原

及时深翻消除病残体及菌核。发病初期摘除病叶，并用药剂涂抹叶鞘等发病部位。

（2）栽培防治

选用抗（耐）病的品种或杂交种；实行轮作，合理密植，注意开沟排水，降低田间湿度，并结合中耕消灭田间杂草。

（3）药剂防治

发病初期用 1% 井冈霉素 75 克或 50% 甲基硫菌灵可湿性粉剂 60 克、50% 多菌灵可湿性粉剂 50 克、50% 苯菌灵可湿性粉剂 20 克、50% 退菌特可湿性粉剂 30 ~ 40 克，对水 30 千克喷雾；也可用 40% 菌核净可湿性粉剂 30 克或 50% 速克灵可湿性粉剂 15 ~ 30 克，对水 30 千克喷雾。喷药重点为玉米基部，以便保护叶鞘。

特别提醒：三唑酮、烯唑醇这两种"三唑类杀菌剂"对玉米幼苗有明显的抑制作用，建议避免采用为好。

（五）全蚀病

1. 为害症状

该病是玉米根部土传病害，苗期和成株期都可发病，但主要是以苗期侵染为主（如果苗期防治不及时，则往往在灌浆乳熟期大发生，损失严重）。苗期虽根部发病，但由于玉米的次生根不断再生，地上部症状不明显，只是表现为相对苗黄苗弱、生长较慢，间苗时可见种子根上出现长椭圆形栗褐色病斑，抽穗灌浆期地上部开始显症，初期叶尖、叶缘变黄，逐渐向叶基和中脉扩展，后叶片自下而上变为黄褐色枯死。严重时茎秆松软，根系呈栗褐色腐烂，须根和根毛明显减少，易折断倒伏。7、8 月土壤湿度大根系易腐烂，病株早衰 20 多天。影响灌浆，千粒重下降，也严重威胁玉米生产。

2. 发病规律

该菌是较严格的土壤寄居菌，只能在病根茬组织内于土壤中越冬。染病根茬上的病菌在土壤中至少可存活 3 年，染病根茬是主要初侵染源。病菌从苗期种子根系侵入，后病菌向次生根蔓延，致根皮变色坏死或腐烂，为害整个生育期。在上茬小麦发病较重以及有机质含量少、使用钾肥不足的地块，发生较重。高温、高湿利于该病的流行大发生。该菌在根系上活动受土壤湿度影响，5、6 月病菌扩展不快，7 ~ 8 月气温升高雨量增加，病情迅速扩展。沙壤土发病重于壤土，洼地重于平地。施用有机肥多的发病轻。7 ~ 9 月高温多雨发病重。品种间感病程度差异明显。收获后菌丝在根组织内继续扩展，致根皮变黑发亮，并向根基延伸，呈黑脚或黑膏药状，剥开茎基，表皮内侧有小黑点，即病菌子囊壳。

3. 防治方法

主要靠综合防治。

（1）选用抗病品种

选用适合当地的抗病品种。

（2）科学施肥

提倡施用酵素菌沤制的堆肥或增施有机肥，改良土壤。每亩施入充分腐熟的有机肥 2 500 千克，并合理追施氮、磷、钾速效肥。

（3）消灭菌源

收获后及时翻耕灭茬，发病地区或田块的根茬应及时烧毁，减少菌源。

（4）轮作

与豆类、薯类、棉花、花生等非禾本科作物实施大面积轮作。

（5）适期播种

适期播种，提高播种质量。

（6）药剂防治

每亩穴施 3% 三唑酮或三唑醇复方颗粒剂 1.5 千克。此外可用含多菌灵、呋喃丹的玉米种衣剂 1 ：50 包衣，对该病也有一定防效，且对幼苗有刺激生长作用。

（7）其他

其他防治措施同镰刀菌苗枯病防治办法。

（六）青枯病

1. 为害症状

玉米青枯病一般在玉米灌浆期开始发病，乳熟末期至蜡熟期为显症高峰。发病初期，植株的叶片突起，出现青灰色干枯，似霜害；根系和茎基部呈现出水渍状腐烂。进一步发展为叶片逐渐变黄，根和茎基逐渐变褐色，髓部维管束变色，茎基部中空并软化，致使整株倒伏。发病轻的也使果穗下垂，粒重下降。首先根系发病，局部产生淡褐色水渍状病斑，逐渐扩展到整个根系，呈褐色腐烂状，最后根变空心，根毛稀少，植株易拔起；病株叶片自上而下呈水渍状，很快变成青灰色枯死，然后逐渐变黄；果穗下垂，穗柄柔韧，不易掰下；籽粒干瘪，无光泽，千粒重下降。

青枯病是由多种病原菌单独或复合侵染造成根系和茎基腐烂的一类病害的总称。茎基腐病的症状主要是由腐霉菌和镰刀菌引起的青枯和黄枯两种类型。

（1）茎部症状

开始在茎基节间产生纵向扩展的不规则状褐色病斑，随后缢缩，变软或变硬，后期茎内部空松。剖茎检视，组织腐烂，维管束呈丝状游离，可见白色或粉红色菌丝，茎秆腐烂自茎基第一节开始向上扩展，可达第二、三节，甚至第四节，极易倒折。

（2）叶片症状

主要有青枯、黄枯和青黄枯 3 种类型，以前两种为主。青枯型也称急性型，发病后叶片自下而上迅速枯死，呈灰绿色，水烫状或霜打状，该类型主要发生在感病品种上和条件适合时。黄枯型也称慢性型，发病后叶片自下而上逐渐黄枯，该症状类型主要发生在抗病品种上或环境条件不适合时。青枯、黄枯、茎基腐症状都是根部受害引起。在整个生育期中病菌可陆续侵染植株根系造成根腐，致使根腐烂变短，根表皮松脱，髓部变为空腔，须根和根毛减少，使地上部供水不足，并出现青枯或黄枯症状。

2. 发病规律

玉米青枯病是为害玉米根和茎基部的一类重要土传真菌病害。青枯病一旦发生，全株很快枯死，一般只需 5 ~ 8 天，快的只需 2 ~ 3 天。目前已成为当前玉米生产上的一大病害。

青枯病发病的轻重与玉米的品种、生育期、种植密度、田间排灌、气候条件等有关。一般发生在玉米乳熟期前后，尤其是种植密度大，天气炎热，又会遇大雨，田间有积水时发病重。最常见的是雨后天晴，太阳暴晒时发生。茎基腐病发生后期，果穗苞叶青干，呈松散状，穗柄柔韧，果穗下垂，不易掰离，穗轴柔软，籽粒干瘦，脱粒困难。夏玉米则发生于9月上中旬，一般玉米散粉期至乳熟初期遇大雨，雨后暴晴发病重，久雨乍晴，气温回升快，青枯症状出现较多。在夏玉米生季前期干旱，中期多雨、后期温度偏高年份发病较重。一般早播和早熟品种发病重，适期晚播或种植中晚熟品种可延缓和减轻发病。一般平地发病轻，洼地发病重。土壤肥沃、有机质丰富、排灌条件良好、玉米生长健壮的发病轻；而砂土地、土质脊薄、排灌条件差、玉米生长弱的发病重。

（1）雨量

玉米茎腐病多发生在气候潮湿的条件下，玉米青枯病发生就严重，因为此时降雨造成了病原菌孢子萌发及侵入的条件，导致玉米抗性弱的乳熟阶段植株大量发病。

（2）植株生育阶段

玉米幼苗及生长前期很少发生茎枯病，这是由于植株在这一生长阶段对病菌有较强抗性，但到灌浆、乳熟期植株抗性下降，遇到较好的发病条件，就大量发病。

（3）连作的玉米地发病重

在连作的条件下，土壤中积累了大量病原菌，易使植株受侵染。

3. 防治方法

目前国内尚未培育鉴定出高度抗病品种的情况下，加强栽培防病能减轻病害。如及时中耕及摘除下部叶片，使土壤湿度低，通风透光好。合理密植，不宜高度密植，造成植株郁闭。前期增施磷、钾肥，以提高植株抗性。在条件许可下，提倡轮作，以减少土壤中的病原菌，如玉米与棉花的轮作或套种等，都会减轻病害。

（1）合理轮作

重病地块与大豆、红薯、花生等作物轮作，减少重茬。

（2）选用抗病品种

种植抗病品种，是一项最经济有效的防治措施。如郑单958等。

（3）及时消除病残体，并集中烧毁

收获后深翻土壤，也可减少和控制侵染源。

（4）中耕、培土

玉米生长后期结合中耕、培土，增强根系吸收能力和通透性，及时排出田间积水。

（5）种子处理

种衣剂包衣，因为种衣剂中含有杀菌成分及微量元素，一般用量为种子量的1/50～1/40。

（6）增施肥料

每亩施用优质农家肥3 000～4 000千克，纯氮13～15千克，硫酸钾8～10千克，加强营养以提高植株的抗病力。

（7）药剂防治

用25%瑞毒霉粉剂50克或用58%瑞毒锰锌粉剂50克，兑水30千克，在喇叭口期喷雾预防。发现零星病株可用甲霜灵250克或多菌灵200克兑水100千克灌根，每株灌药液 500 毫升。

（七）大斑病

玉米大斑病又称条斑病、煤纹病、枯叶病、叶斑病等。属真菌界，子囊菌门，座囊菌纲，格孢菌亚纲，格孢菌目（腔菌目），格孢菌科，毛球腔菌属真菌。

1. 为害病症

玉米大斑病主要为害玉米的叶片、叶鞘和苞叶，叶片发病初期先出现褐色半透明水渍状青灰色斑点，然后沿叶脉向两端扩展，形成边缘暗褐色、中央淡褐色或青灰色，长 5 ~ 10 厘米，宽 1 厘米左右的长棱形大斑，有的病斑更大，或几个病斑连接成大型不规则形枯斑，后期病斑常纵裂。发病严重时，病斑融合成大片，至叶片变黄枯死。潮湿时病斑上有大量灰黑色霉层。下部叶片先发病。在单基因的抗病品种上表现为褪绿病斑，病斑较小，与叶脉平行，色泽黄绿或淡褐色，周围暗褐色。有些表现为坏死斑。不产生孢子或极少产生孢子。

2. 发病规律

田间地表和玉米秸垛内残留的病叶组织中的菌丝体及附着的分生孢子均可越冬，成为翌年发病的初侵染来源，而埋在地下 10 厘米深的病叶上的菌丝体越冬后全部死亡。种子也能带少量病菌。玉米生长季节，越冬菌源产生孢子，随雨水飞溅或气流传播到玉米叶片上，适宜温、湿度条件下萌发入侵。感病品种上，病菌侵入后迅速扩展，在潮湿的气候条件下，经 10 ~ 14 天，即可引起局部萎蔫，组织坏死，进而形成枯死病斑，同时在病斑上可产生分生孢子，借气流传播进行多次再侵染，造成病害流行。

3. 防治方法

玉米大斑病的防治应以种植抗病品种为主，而加强农业防治，辅以必要的药剂防治。

（1）选种抗病品种

根据当地优势小种选择抗病品种，注意防止其他小种的变化和扩散，选用不同抗性品种及兼抗品种。

（2）加强农业防治

适期早播，避开病害发生高峰；施足基肥，增施磷钾肥；合理密植，合理灌水，做好中耕除草培土工作，摘除底部 2 ~ 3 片叶，降低田间相对湿度，使植株健壮，提高抗病力；玉米收获后，清洁田园，将秸秆集中处理，经高温发酵用作堆肥；实行轮作。

（3）药剂防治

一般于病情扩展前防治，即可在玉米抽雄前后，当田间病株率达 70% 以上、病叶率 20% 左右时，开始喷药。可用 50% 多菌灵可湿性粉剂、50% 敌菌灵可湿性粉或 90% 代森锰锌 60 克，对水 30 千克，或用 40% 克瘟散乳油 60 毫升对水 30 千克，喷雾。隔 7 ~ 10 天喷药 1 次，共防治 2 ~ 3 次。

（八）玉米小斑病

又称玉米斑点病。由半知菌亚门丝孢纲丝孢目长蠕孢菌侵染所引起的一种真菌病害。为我国玉米产区重要病害之一，在黄河与长江流域的温暖潮湿地区发生普遍而严重。

1. 为害症状

玉米小斑病从苗期到成熟期均整个生育期可发生，但以玉米抽雄、灌浆期发生较多、病重。常和大斑病同时出现或混合侵染，因主要发生在叶部，故统称叶斑病。此病除为害叶片、苞叶和叶鞘外，对雌穗和茎秆的致病力也比大斑病强，可造成果穗腐烂和茎秆断折。其发病时间，比大斑病稍早。在叶片上发病，病斑比大斑病小得多，但病斑数量多。发病初期，在叶片上出现半透明水渍状褐色小斑点，之后扩大为（5～16）毫米×（2～4）毫米大小的黄褐色或红褐色椭圆形病斑，边缘赤褐色，轮廓清楚，上有二、三层同心轮纹。病斑进一步发展时，内部略褪色，边缘颜色较深，椭圆形、圆形或长圆形，大小（5～10）毫米×（3～4）毫米，后渐变为暗褐色病斑密集时常互相连接成片，形成较大型枯斑。天气潮湿时，有时在病斑上生出暗黑色霉状物（分生孢子盘），但一般不易见到。多从植株下部叶片先发病，向上蔓延、扩展。叶片被为害后，使叶绿组织常受损，影响光合机能，由此导致减产。

2. 发病规律

主要以休眠菌丝体在病残体上（病叶为主）越冬（分生孢子也可越冬，但存活率低），玉米小斑病的初侵染菌源主要是上年收获后遗落在田间或玉米秸秆堆中的病残株，其次是带病种子，从外地引种时，有可能引入致病力强的小种而造成损失。玉米生长季节内，当温度为23～25℃和适宜的湿度时，越冬菌源产生分生孢子，借风雨、气流传播，孢子1小时即能萌发侵染玉米，在叶面有水膜条件下萌发侵入寄主。遇到26～29℃这样的适宜温度、湿度条件，经5～7天即可重新产生新的分生孢子进行再侵染，这样经过多次反复再侵染造成病害流行。在田间，最初在植株下部叶片发病，向周围植株传播扩散（水平扩展），病株率达一定数量后，向植株上部叶片扩展（垂直扩展）。

玉米孕穗、抽穗期降水多、湿度高，会容易造成小斑病的流行。低洼地、过于密植阴蔽地；连作田发病较重。

3. 防治方法

（1）选种抗病品种

因地制宜选种抗病杂交种或品种。

（2）加强农业防治

清洁田园，深翻土地，控制菌源；摘除下部老叶、病叶，减少再侵染菌源；降低田间湿度；增施磷、钾肥，加强田间管理，增强植株抗病力。

（3）药剂防治

在玉米抽穗前后，病情扩展前开始喷药。喷药时先摘除底部病叶，用75%百菌清可湿性粉剂40克或70%甲基硫菌灵可湿性粉剂50克、25%苯菌灵乳油40毫升、50%多菌灵可湿性粉剂50克等，对水30千克喷雾，且间隔7～10天1次，连防2～3次。

第三节　测土配方施肥

一、测土配方施肥的概念及意义

（一）测土配方施肥的概念

测土配方施肥是以土壤测试和肥料田间试验为基础，而根据作物需肥规律、土壤供肥性能和肥料效应，在合理施用有机肥料的基础上，提出氮、磷、钾及中、微量元素等肥料的施用数量、施肥时期和施用方法。测土配方施肥技术的核心是调节和解决作物需肥与土壤供肥之间的矛盾。同时有针对性地补充作物所需的营养元素，作物缺什么元素就补充什么元素，需要多少补多少，实现各种养分平衡供应，满足作物的需要；达到提高肥料利用率和减少用量，提高作物产量，改善农产品品质，节省劳力，节支增收的目的。

测土配方施肥是一项长期的、基础的工作，是直接关系到农作物稳定增产、农民收入稳步增加、生态环境不断改善的一项日常性工作，其是由一系列理论、方法、推广模式等组成的体系。

（二）测土配方施肥的意义

1. 提高作物产量，保证粮食生产安全

通过土壤养分测定，根据作物需要，正确确定施用肥料的种类和用量，才能不断改善土壤营养状况，使作物获得持续稳定的增产，从而保证粮食生产安全。

2. 降低农业生产成本，增加农民收入

肥料在农业生产资料的投入中约占50%，但是施入土壤的化学肥料大部分不能被作物吸收，未被作物吸收利用的肥料，在土壤中发生挥发、淋溶，被土壤固定。因此提高肥料利用率，减少肥料的浪费，对提高农业生产的效益至关重要。

3. 节约资源，保证农业可持续发展

采用测土配方施肥技术，提高肥料的利用率是构建节约型社会的具体体现。据测算，如果氮肥利用率提高10%，则可以节约2.5亿立方米的天然气或节约375万吨的原煤。在能源和资源极其紧缺的时代，进行测土配方施肥具有非常重要现实意义。

4. 减少污染，保护农业生态环境

不合理的施肥会造成肥料的大量浪费，浪费的肥料必然进入环境中，造成大量原料和能源的浪费，破坏生态环境，如氮、磷的大量流失可造成大体的富养分化。所以，使施入土壤中的化学肥料尽可能多的被作物吸收，尽可能减少在环境中滞留，对保护农业生态环境也是有益的。

（三）测土配方施肥的基本原理

为了充分发挥肥料的最大增产效益，施肥必须与选用良种、肥水管理、种植密度、耕作制度和气候变化等影响肥效的诸因素相结合，形成一套完整的施肥技术体系。

1. 养分归还律

作物产量的形成有 40% ~ 80% 养分从土壤中吸收，然土壤并不是取之不尽、用之不竭的"养分库"，我们必须通过施肥来保证土壤有足够的养分来保持土壤养分的输出与输入间的平衡。只有依靠施肥，才能把被作物吸收的养分"归还"土壤，确保土壤肥力，供应下一季作物的养分利用。

2. 最小养分律

作物生长发育需要吸收各种养分，但严重影响作物生长，限制作物产量的是土壤中含量最小的养分因素，也就是最缺的养分。如果忽视最小养分，即使继续增加其他养分，作物产量也难以再提高。只有增加最小养分的量，产量方能相应提高。

3. 同等重要、不可代替律

对农作物来讲，不论大量元素还是微量元素，都是同样重要缺一不可的，即使缺少某一种微量元素，尽管它的需要量很少，仍会影响某种生理功能而导致减产。如玉米缺锌导致植株矮小而出现花苗病。微量元素与大量元素同等重要，不能因为需要量少而忽略。同时各营养元素在作物体内功效不同，相互之间是不能互相代替的。如缺磷不能用氮代替，缺钾不能用磷代替，缺什么元素就要补什么元素。

4. 报酬递减律

当施肥量超过适量时，单位施肥量的增产呈递减趋势，且超过一定量就不再增产，甚至会造成减产。

二、玉米需肥特点

（一）不同生长时期玉米对养分的需求特点

每个生长时期玉米需要养分比例不同。玉米从出苗到拔节，吸收氮素 2.50%、有效磷 1.12%、有效钾 3.00%；从拔节到开花，吸收氮素 51.15%、有效磷 63.81%、有效钾 97.00%；从开花到成熟，吸收氮素 46.35%、有效磷 35.07%、不需要有效钾。

玉米磷素营养临界期在三叶期，一般是种子营养转向土壤营养时期；玉米氮素临界期则比磷稍后，通常在营养生长转向生殖生长的时期。临界期对养分需求并不大，但养分要全面，比例要适宜。这个时期营养元素过多过少或者不平衡，对玉米生长发育都将产生明显不良影响，而且以后无论怎样补充缺乏的营养元素都无济于事。

玉米最大效率期在大喇叭口期。这是玉米养分吸收最快最大的时期。这期间玉米需要养分的绝对数量和相对数量都最大，吸收速度也是最快，肥料的作用最大，此时肥料施用量适宜，玉米增产效果最明显。

（二）玉米整个生育期内对养分的需求量

玉米生长需要从土壤中吸收多种矿质营养元素，其中，氮素最多，钾次之，磷居第三位。一般每生产100千克籽粒需从土壤中吸收纯氮2.5千克、五氧化二磷1.2千克、氧化钾2.0千克。氮磷钾比例为1 ：0.48 ：0.8。

三、玉米施肥量

（一）根据目标产量计算需肥量

目标产量就是当年种植玉米要定多少产量，它是由耕地的土壤肥力高低情况来确定的。另外，也可以根据地块前3年玉米的平均产量，再提高10% ~ 15%作为玉米的目标产量。例如，某地块为较高肥力土壤，当年计划玉米产量达到600千克，玉米整个生育期所需要的氮、磷、钾养分量分别为15.0千克、7.2千克与12.0千克。

（二）计算土壤养分供应量

测定土壤中含有多少速效养分，然后计算出1亩地中含有多少养分。1亩地（表土按20厘米算）共有15万千克土，如果土壤碱解氮的测定值为120毫克/千克，有效磷含量测定值为40毫克/千克，速效钾含量测定值为90毫克/千克，则1亩地土壤有效碱解氮的总量为15万千克×120毫克/千克=18千克，有效磷总量为6千克，速效钾总量为13.5千克。

（三）确定玉米施肥量

有了玉米全生育期所需要的养分量和土壤养分供应量以及肥料利用率就可以计算玉米的施肥量了。再把纯养分量转换成肥料的实物量，就可以用来指导施肥了。由于土壤多种因素影响土壤养分的有效性，土壤中所有的有效养分并不能全部被玉米吸收利用，需要乘上一个土壤养分校正系数。碱解氮的校正系数在0.3 ~ 0.7，有效磷校正系数在0.4 ~ 0.5，速效钾的校正系数在0.50 ~ 0.85。氮磷钾化肥利用率为氮30% ~ 35%，磷10% ~ 20%，钾40% ~ 50%。例如，亩产600千克玉米，所需纯氮量为[18×（0.3 ~ 0.7）]÷0.30=（18 ~ 42）千克；磷肥用量为[6×（0.4 ~ 0.5)]4÷0.2=（12 ~ 15）千克，考虑到磷肥后效明显，所以磷肥可以减半施用，即施10千克；钾肥用量为[13.5×（0.50 ~ 0.85）]÷0.50=（13.5 ~ 22.95）千克。若施用磷酸二铵、尿素和氯化钾，则每亩应施磷酸二铵24 ~ 30千克，尿素28 ~ 35千克，氯化钾22 ~ 38.25千克。

四、种肥同播

目前，夏玉米播种基本已经实现机械化，但施肥还比较传统，劳动力投入较大。有的农民图省事，直接将肥料撒到地表，肥料淋失、挥发严重。所以说"施肥一大片，不如施肥一条线；施肥一条线，不如施肥一个蛋。"即肥料用到地里比表面撒施好。

夏玉米种肥同播是指玉米种子和化肥同时播入田间一种操作模式，"种肥同播"技术是在玉米播种时，按有效距离，将种子、化肥一起播进地里，提高施肥精准度，实现了农机农艺结合，同时又省工省时省力，这种"良种＋良肥＋良法"的生产方式，能大大提高耕作效率，是配方肥科学施用的有效形式。

（一）玉米"种肥同播"的优点

1. 省工、省时、节约成本

小麦收割后，用专业的种肥同播机器一次性施入底肥的同时播下种子，肥效充足，保证了较高产量。"种肥同播"原来是播种、施肥2次操作，现在是把播种和施肥结合在一起，不用人力，简化了栽培方式；由此节约了大量劳动时间，实现种地与外出务工两不误，收入双提高。

2. 提高肥料利用率，增产增收

"种肥同播"在节约大量成本费的同时，还减少肥料养分的流失，扩大效益。追肥时传统的撒施方式造成肥料养分的大量流失、挥发，使肥料利用率很低。

而肥料施进土壤，有效地减少了肥料地表流失和挥发，因为肥料在土壤微生物菌的作用下转化成作物生长需要的营养，能提高肥料利用率10%～20%，在相同施肥量的情况下，肥料吸收的越多，利用率越高，使肥料养分得到充分利用，增产增收。例如，作物根系主要以质流方式获取氮素，但土壤水运动的距离大多不超过3～4厘米，对根系有效的氮素，须在根系附近3～4厘米处；磷、钾主要以扩散的方式向根系供应养分。吸收养分的新根毛平均寿命为5天，最活跃根部分生区的活性保持期为7～14天。

3. 苗齐苗壮

由于传统的机播方式比较粗放，加上田间肥效跟不上，容易造成缺苗及植株生长参差不齐现象，"种肥同播"出苗整齐，肥效供应及时，大小一致，植株生长良好。"种肥同播"还解决了农民不舍去除壮苗的心理问题，减少了多苗争肥现象，使充足的养分有效供应在一棵苗上，形成壮苗，保证了苗期养分的足量供应，有利于形成苗情整齐健壮。同时"种肥同播"技术，可以做到合理密植，解决了传统的耕作模式株、行距把握不好形成的密度不合理现象，可以使田间通风透光性良好，充分发挥玉米品种的稳产、丰产性，有效提高产量。

（二）玉米"种肥同播"应注意的问题

1. 适合做种肥的化肥

碳酸氢铵（有挥发性和腐蚀性，易熏伤种子和幼苗）、过磷酸钙（含有游离态的硫酸和磷酸，对种子发芽和幼苗生长会造成伤害）、尿素（生成少量的缩二脲，含量若超过2%对种子和幼苗就会产生毒害）、氯化钾（含有氯离子）、硝酸铵、硝酸钾（含的硝酸根离子，对种子发芽有毒害作用）、未腐熟的农家肥（在发酵过程中释放大量热能，易烧根，释放氨气灼伤幼苗），这些均不适宜做种肥。

种肥要选用含氮、磷、钾三元素的复合肥，最好为缓控释肥，玉米生长需要多少养分释放多少，还可以减少烧种和烧苗。

2. 分区施用

化肥集中施于根部，会使根区土壤溶液盐浓度过大，土壤溶液渗透压增高，阻碍土壤水分向根内渗透，使作物缺水而受到伤害。直接施于根部的化肥，尤其是氮肥，即使浓度达不到"烧死"作物的程度，也会引起根系对养分的过度吸收，茎叶旺长，容易导致病害、倒伏等，造成作物减产。所以要保持肥料和种子左右间隔5厘米以上，肥料在种子下方5厘米以上，最好达到10厘米。

3. 肥料用量要适宜

如果玉米播种后不能及时浇水，种肥播量一般不超过25千克/亩，可在出苗后5～7片叶时，再穴施10～15千克/亩。如果能及时浇水，而且保证种肥间隔5厘米以上时，播量可以达到30～40千克/亩。

4. 浇蒙头水

播后1～2天浇蒙头水，一定不能超过3天，注意土壤墒情，减少烧种、烧苗。

5. 增施氮肥

如果前茬是小麦，而且是秸秆还田地块，一般每亩还田200～300千克干秸秆，要额外增施5千克尿素或者12.5千克碳铵，并保持土壤水分20%左右，有利于秸秆腐烂和幼苗生长，防止秸秆腐烂时，微生物和幼苗争水争肥，还可减少玉米黄苗。

五、玉米缺素症状及防治措施

（一）缺氮

1. 缺氮症状

氮素对玉米生长发育的影响很大，比其他任何元素都多。玉米在生长初期氮素不足时，植株生长缓慢，幼苗瘦弱，叶片呈黄绿色，植株矮小；旺盛生长期时，生长加快，对氮肥的需求量也迅速增加。此时容易缺氮，氮素不足时，植株株型细瘦、呈淡绿色，然后变成黄色。氮是可移动元素，所以叶片发黄从植株下部的老叶片开始，首先叶尖发黄，逐渐沿中脉扩展呈楔形，叶片中部较边缘部分先褪绿变黄，叶脉略带红色。当整个叶片都褪绿变黄后，叶鞘将变成红色，不久整个叶片变成黄褐色而枯死。中度缺氮情况下，植株中部叶片呈淡绿色，上部细嫩叶片仍呈绿色。如果玉米生长后期仍不能吸收到足够的氮，其抽穗期将延迟，雌穗不能正常发育，结果引起植株的早衰及小穗、籽粒不饱满，导致严重减产。

2. 防治方法

（1）追施氮肥
平均每亩施纯氮10～20千克。

（2）叶面喷肥

苗早期缺氮不易发现，只有幼苗呈浅黄色时，才能发现，这时可采用侧施肥的办法解决，也可根外追肥，可用尿素 300 ~ 400 克，兑水 30 千克叶面喷雾。

（二）缺磷

1. 缺磷症状

播种过早或遇低温高湿或干旱田块、早期根受虫害和药害、土壤板结影响根系生长等易诱发缺磷。玉米在整个生长发育过程中，有两个时期最容易缺磷。第一个时期是幼苗期：玉米从发芽至三叶期前，如果此期磷素不足，幼苗生长缓慢矮缩，根系发育差，下部叶片便开始出现暗绿而带紫色，此后从边缘开始出现紫红色，紫色是因玉米植株体内糖代谢受阻，叶中积累糖分较多，促进花色素苷的形成，使植株带紫色；极端缺磷时，叶边缘从叶尖开始变成暗褐色，此后生长更加缓慢。第二个时期是开花期：玉米开花期植株内部的磷开始从叶片和茎内向籽粒中转移，如果此时缺磷，糖代谢与蛋白质合成受阻，果穗分化发育不良，雌蕊花丝延迟抽出，植株受精不完全，往往就会出现秃顶、缺粒与粒行不整齐，籽粒顶部发育不饱满，病株果穗发生畸形，小而弯曲。

2. 防治方法

前茬小麦施足磷酸二铵等高磷肥料，一肥两用。前茬施用磷肥不足的地块，播种时每亩施入 7.5 ~ 10 千克的磷酸二铵，既促进玉米高产，又经济实用。苗期易缺磷的地块，可用磷酸二铵等水溶性磷肥作种肥，每亩施磷酸二铵 4 ~ 6 千克（折合五氧化二磷 2 ~ 3 千克），在播种前条施于播种沟内，种子不能与肥料接触。玉米营养生长期间，发现缺磷症状后可每亩用磷酸二氢钾 200 克或过磷酸钙、重过磷酸钙、磷酸二铵 300 ~ 600 克，对水 30 千克进行叶面喷施，来交替喷施 1 ~ 2 次，或者在植株旁边开沟追施磷肥。

（三）缺钾

1. 缺钾症状

玉米是在生产中需钾量较大，对钾肥反应敏感的作物，由于田间状况的复杂，症状轻时易被忽视，症状重时也可能被误诊为干旱问题。在幼苗期，当土壤供钾强度不够时，不仅幼苗生长速度减缓，而且玉米叶片的面积变小，叶色会呈现暗绿或蓝绿色；进入快速生长阶段后，缺钾时，首先在老叶出现失绿和坏死，逐渐严重时随着老叶成熟缺钾症状又会向中部叶片发展，从成熟叶片的叶尖和边缘褪绿，先是斑点状，后又连成片。当缺钾程度继续加重，在叶尖和叶缘有坏死斑点，叶缘干枯，成烧焦状，农民称为"焦边"，这是典型的缺钾症状，植株茎秆的变化是节间变短，果穗发育不良，顶端特别尖细，秃顶严重，籽粒淀粉含量减少，千粒重降低，茎秆变细而软，易倒伏。

2. 防治方法

（1）前茬施钾肥

前茬小麦施足钾肥，做到一肥两用。

（2）配方施肥

控制不合理的氮肥用量，调节氮、磷、钾比例。

（3）追肥

当发现了农田玉米有缺钾症状，最简便的办法是追施钾肥，苗期缺钾可在施足有机肥的情况下，可在苗期亩追 13 ~ 17 千克氯化钾；拔节期缺钾，每亩追施 10 ~ 15 千克氯化钾；在玉米大喇叭口期或以后，株高定型，开始吐丝，此时缺钾，每亩酌情施 4 ~ 8 千克氯化钾。施用方法可采用穴施或条施覆土，结合浇水。

（4）排水

湿度过大是缺钾症的诱因，因此大雨过后注意排水。

（5）叶面施肥

玉米营养期间缺钾时，可用磷酸二氢钾 300 ~ 600 克，对水 30 千克，叶面喷施溶液，也可追施玉米专用肥料。

（四）缺锌

玉米是对锌较敏感的作物之一，由于氮、磷肥的大量施用，会使玉米缺锌的问题越来越严重，影响了玉米的正常生长。

1. 缺锌症状

玉米缺锌，出苗后十天左右就有叶片失绿现象，心叶先出现淡色条纹，沿中脉两侧出现"白"带，即"白芽"病。3 ~ 6 片叶时更为明显，新生幼叶脉间失绿，呈淡黄色或黄白色，叶片基部发白，俗称"白苗"病。以后可以观察到先在老龄叶片出现细小的白色斑点，脉间失绿条纹，并迅速扩展形成局部的白色区，在主脉和叶缘之间形成较宽的黄色至黄白色带状失绿区，严重时叶肉坏死，呈半透明的"白绸"状。新生幼叶呈淡黄玉色；拔节后，病叶中肋两侧出现黄白条斑，严重时呈宽而白的斑块，病叶遇风容易撕裂。病株节间缩短，矮化，有时出现叶枕错位现象；抽雄、吐丝延迟，有的不能抽穗，有的可以抽穗但果穗发育不良，结实少，秃尖缺粒。

2. 防治方法

（1）增施农肥

农肥含有大量的有机态锌，而且有效性好，肥效期长。

（2）科学施用锌肥

一般每亩用 1 ~ 2 千克，于播种前作基肥施入土中，一般会施在种子下方或旁边，或用硫酸锌与酸性氮肥混合施用。值得注意的是锌肥不能和磷肥混合使用。

（3）浸（拌）种

用硫酸锌 5 ~ 10 克，对水 200 克，对 2 千克种子浸种，或用 4 ~ 12 克硫酸锌对水 200 克，拌 2 千克种子。

（4）根外喷肥

幼苗期用硫酸锌 5 ~ 10 克，对水 30 千克喷洒叶面，后期用 30 ~ 50 硫酸锌，对水 30 千克喷洒叶面；也可与尿素或酸性农药混合喷施，但无法与石硫合剂等碱性农药混用。

（五）缺硼

1. 缺硼症状

前期缺硼，植株矮小，幼苗展开困难，新叶狭长，叶片簇生，呈白色透明的条纹状，叶组织遭到破坏，上部叶片叶脉间出现坏死斑点，呈现白色半透明的宽条纹状，脉间组织变薄，很易破裂，甚至枯死；根系不发达，根部变粗、变脆；开花期缺硼，生长点受抑制，雄穗不易抽出，雄花退化变小，以至萎缩；雌穗也不能正常发育，果穗退化、畸形，果穗籽粒行列弯曲不齐，结实率低，顶端籽粒空瘪，籽粒基部常有带状褐疤，甚至会形成空秆，穗顶部变黑。

2. 防治方法

前期缺硼时，先要用少量温热水将 60 克硼砂化解，然后再加清水 30 千克稀释后及时喷洒叶面，连续喷洒 2～3 次，间隔 10 天左右喷 1 次；针对缺硼严重的地块，可每亩用 500 克硼砂追肥；遇旱及时浇水。

（六）缺锰

1. 缺锰症状

玉米缺锰素，幼叶的脉间组织逐渐变黄，但叶脉及其附近部分仍保持绿色，因而从叶尖到基部沿叶脉间出现与叶脉平行的黄、绿相间的条纹，开始呈缺绿色斑点，随着植株生长而逐渐汇合成带，后斑点穿孔而干枯，叶片弯曲、下披；根系较小而细，长而白；严重时，叶片会出现黑褐色斑点，并逐渐扩展到整个叶片；籽粒不饱满、排列不齐。

2. 防治办法

（1）追施

结合浇水，每亩追施硫酸锰 1 千克，以条施最为经济。

（2）叶面喷施

用 60 克硫酸锰对水 30 千克配成溶液，在苗期、拔节期各喷 1～2 次，隔 5～7 天 1 次，连喷 2 次。

（3）种子处理

每 1 千克种子用 10 克硫酸锰拌种或用硫酸锰 2～6 克，对水 2 千克，浸种。

（七）缺铁

1. 缺铁症状

铁是叶绿素的组成部分。缺铁时上部嫩叶叶脉间失绿，黄化，呈条纹状花叶，心叶症状重，中部叶片叶脉间失绿，呈清晰的条纹状，叶脉为绿色，但下部叶片保持绿色或略显棕色，以后逐渐向中、下部发展；严重时，新叶变成白绿色，或整个心叶不出或失绿发白，失绿部分色泽均一，一般则不出现坏死斑点；植株生长不良，矮缩，生育延迟，有的甚至不能抽穗。

2. 防治方法

（1）以施有机肥为宜

每亩用混入 5 ～ 6 千克硫酸亚铁的有机肥 1 000 ～ 1 500 千克作基肥，以减少与土壤接触，提高铁肥有效性。

（2）叶面喷肥

生长期出现缺铁症状时，用 90 ～ 150 克硫酸亚铁，兑水 30 千克制成溶液，喷洒植株叶面，连喷 2 ～ 3 次，或追施玉米专用肥。

（3）种子处理

用 1 克硫酸亚铁，对水 5 千克制成溶液，浸种。

（八）缺铜

1. 缺铜症状

玉米缺铜不太常见，但在有机质含量过高或碱性较强的土壤中，有时也会发生。玉米缺铜时，生长受阻，植株矮小丛生，叶失绿变成灰色，上部叶片或嫩叶发黄、叶尖卷缩、失绿或坏死，叶边不齐，叶片卷曲、反转，叶脉间失绿一直发展到基部；幼叶易萎蔫，老叶易在叶舌处弯曲或折断；果穗发育不正常，果穗很小。严重缺乏时，植株矮小丛生，叶脉间失绿一直发展到基部，叶尖严重失绿或坏死，果穗较小。

2. 防治方法

（1）增施有机肥料

对于贫瘠的酸性土壤上发生的铜营养缺乏症，应增施有机肥料，提高土壤的供铜能力，并且控制氮肥用量。

（2）追施铜肥

对严重缺铜的田块，可采用 1.5 千克硫酸铜撒施或条施，做底肥，或追施玉米专用肥。

（3）拌种

用 0.2 克七水硫酸铜对水 200 克拌种。

（4）叶面施肥

生长期出现缺铜，可用七水硫酸铜 30 ～ 45 克，对水 30 千克，均匀喷洒于叶片表面，在苗期、拔节期各喷 1 次。

（九）缺镁

1. 缺镁症状

玉米缺镁时，下位叶（老叶）先是叶尖前端脉间失绿，逐渐向叶基部扩展，叶脉仍绿，呈现黄绿色玉米缺铁，新叶黄白化，继而呈黄绿相间的条纹花叶相间的条纹，有时局部也会出现念珠状绿斑，叶尖及其前端叶缘呈现紫红色，严重时叶尖干枯，脉间失绿部分出现褐色斑点或条斑，幼叶黄白色。

玉米缺镁生长后期不同层次的叶片呈不同的叶色，上层叶片绿中带黄，中层叶片黄绿相间条纹明显，下层老叶叶脉间残绿前端两边缘紫红。

2. 防治方法

（1）增施有机肥料

改善土壤环境，增施有机肥，每亩施用 300 ~ 500 千克为宜。适量施用磷肥与硝态氮肥，有利于发挥镁肥的效果。

（2）平衡施肥

选择适当的镁肥种类，酸性土壤宜选用碳酸镁或氧化镁，中性与碱性的土壤宜选用硫酸镁。

（3）追肥

缺镁农田可施钙镁磷肥 50 千克或硫酸镁（含镁肥 8.9%）3 ~ 5 千克作基肥。

（4）叶面施肥

采用土壤诊断施肥技术，确认玉米缺镁后，可用硫酸镁 300 ~ 500 克对水 30 千克，叶面喷施 2 ~ 3 次，每次相间 7 ~ 10 天，可以较好地消除缺镁症状。

（5）控制氮肥用量

氮肥，尤其是铵态氮肥施用，其不仅抑制作物对镁的吸收，同时由于稀释效应，易引导缺镁症的发生。

（十）缺钙

1. 缺钙症状

钙是植物生长发育所必需的 16 种元素之一，钙在植物体内的含量为 0.1% ~ 5%。北方石灰性土壤呈中性或偏碱性，一般不会出现土壤缺钙的现象，出现玉米缺钙症状的主要原因在于植株的根系对钙的吸收受阻，缺钙能引起植物细胞黏质化。发病初期，植株生长矮小，首先是根尖和根毛细胞黏质化，致使细胞分裂能力减弱和细胞伸长生长变慢，生长点和幼根即停止生长，呈黑胶黏状；其次是新叶叶缘出现白色斑纹和锯齿状不规则横向开裂，叶尖分泌透明胶质，致使叶片扭曲，相邻幼叶的叶尖相互粘连在一起，使得新叶抽出困难，不能正常伸展，卷筒状下弯呈"牛尾状"，严重时老叶尖端也出现棕色焦枯；而后茎基部膨大并有产生侧枝的趋势，发病植株的根系幼根畸形，根尖坏死，和正常植物的根系相比根系量小，新根极少，老根发褐，整个根系明显变小。

2. 防治方法

（1）加强田间管理

推广玉米秸秆还田技术，配方平衡施肥，增施土杂肥等有机肥，控制化肥的使用量，特别是氮肥的使用量。

（2）喷洒氯化钙溶液

我们豫北地区土壤一般不会缺钙，如果玉米发生生理性缺钙症状，可用氯化钙喷施 100 ~ 150 克对水 30 千克，喷洒叶面，连喷 2 ~ 3 次，可喷施其他含钙的多元素叶面肥。

（3）及时灌溉

在 7 ～ 8 月，玉米生长旺盛时期，出现高温干旱时，应及时灌溉。

（十一）缺硫

1. 缺硫症状

硫是蛋白质、氨基酸、维生素和酶等的组成元素，玉米缺硫之时，植株矮小、茎细而僵直，与缺氮相似，典型症状是幼叶失绿。苗期缺硫时，新叶先黄化，叶片叶脉间发黄，植株发僵，中后期上部新叶失绿黄化，脉间组织失绿更为明显，随后由叶缘开始逐渐转为淡红色至浅紫红色，同时茎基部也呈现紫红色；缺硫时新叶呈均一的黄色，有时叶尖、叶基部保持浅绿色，老叶基部发红；生育期延迟，结实率，低籽粒不饱满，成熟延迟。

玉米缺硫的症状与缺氮症状相似，但缺氮是在老叶上首先表现症状，而缺硫却是首先在嫩叶上表现症状，因为硫在玉米体内是不易移动的。

2. 防治方法

（1）配方施肥

采用配方施肥技术，对玉米按量补施所缺肥素。

（2）施含硫的肥料

硫酸钾、硫酸锌、硫酸锰、硫酸铜、硫酸亚铁等肥料均含有硫，由此可施用这些含硫的肥料或复合肥，不用单独施用硫。

（3）叶面喷肥

玉米生长期出现缺硫症状，可用 150 克硫酸钾、硫酸亚铁等硫酸盐，对水 30 千克，叶面喷雾。

（十二）缺钼

1. 缺钼症状

作物缺钼的一般症状是叶片发生失绿现象，失绿部位在叶脉间的组织，形成黄绿或橘红色的叶斑，继而叶缘卷曲、凋萎甚至坏死。叶片向上弯曲和枯萎。成熟的叶片有的尖端有灰色，蓝色皱褶或坏死斑点，叶柄和叶脉干枯。缺钼症状首先表现在老叶，继而在新叶上出现。有时生长点死亡，花的发育受抑制，籽实不饱满。

玉米一般不易缺钼，若土壤严重缺钼时，植株茎软弱。首先在老叶叶脉间叶色失绿变淡、发黄，叶片易出现黄斑状斑点，叶尖易焦枯，新叶在相当长的时间内仍表现正常；籽粒皱缩，成熟延迟；根系生长受到抑制，造成大面积植株死亡。

2. 防治方法

可用 1.5 克钼酸铵，对水 5 千克，对 2 千克玉米种子浸种或每千克种子用 2 ～ 4 克钼酸铵对少量水拌种；玉米生长期间缺钼可用 15 克钼酸铵对 30 千克水，对植株叶面喷洒。

第四节 玉米"一增四改"生产技术

"一增四改"即合理增加玉米种植密度、改种耐密型品种、改套种为平播（直播）、改粗放用肥为配方施肥、改人工种植为机械化作业。"一增四改"技术是农业农村部玉米专家指导组在调查分析我国玉米生产现状和国际玉米增产基本经验的基础上，根据我国近年玉米最新科研成果集成的综合玉米增产技术体系。让全国实施"一增四改"技术以来，取得了显著的增产效果。

一、"一增四改"技术增产效果

"一增四改"技术的全面应用不仅可以大幅度提高玉米产量，且可以促进我国玉米生产的现代化。通过改种耐密型品种，不仅可以使每亩的种植密度提高 500 ~ 1 000 株，且可以提高玉米的抗倒伏能力、耐阴雨寡照能力和施肥响应能力，更适于简化栽培和机械作业。通过测土配方施肥每亩可以提高玉米产量 50 千克左右，并可提高肥料利用率。改套种为直播有利于机械化作业，有利于提高种植密度，有利于控制粗缩病的危害，增产效果显著。机械化作业不仅可减轻繁重的体力劳动，提高生产效率，且可提高播种、施肥、收获等田间作业质量。

二、"一增四改"技术要点

（一）"一增"

"一增"即根据品种特性和生产条件，因地制宜合理增加玉米种植密度，将现有耐密品种的种植密度增加 500 ~ 1 000 株/亩，使其达到 4 200 ~ 4 700 株/亩。

增加密度应注意的问题如下。

1. 因地制宜，合理密植

在土壤肥力和灌溉条件较好的地块，应优先推广。合理密植，一般在目前密度基础上每亩增加 500 株，可显著提高玉米亩产 50 千克。玉米高产实践表明，在目前的密度水平上，每亩适当增加密度 500 株左右，并通过增施肥料等相应配套措施，每亩可提高玉米产量 50 千克左右。对一些稀植的高秆大穗型品种来说，适当增加密度也能起到增产的作用。

2. 行距调整

在增加密度同时，将促进行距的调整。在株行距配置方式上，总的趋势是缩小行距，以实现密植增产。如现在行距一般为 60 ~ 70 厘米。人工播种地块大部分为 50 ~ 60 厘米。还可以采取大小垄和宽窄行种植，利于通风透光、田间作业和水肥集中施用等，这在一定的生产条件下也是一项有效增产技术。

3. 留苗要足

在定苗留苗环节按照品种适宜密度定苗，比所要的最终亩穗数要多出 10% 左右的苗数。

4. 提高群体整齐度

通过提高种子质量、播种质量防治病、虫、草害等来提高群体整齐度和质量。

5. 科学的肥、水管理

种植耐密型品种就需要相应地增施肥料和平衡配方施肥。同时促进了农民施肥投入的增加，如果没有肥、水的供给保障，很难发挥耐密型品种的增产潜力。同时特别强调通过施肥机械的改进研制和推广，实现化肥深施和长效缓释专用肥应用，提高肥料利用率。

（二）"四改"

1. 改种耐密型高产品种

耐密型品种不完全等同于紧凑型品种，些紧凑型品种不耐密植。应该说耐密植品种是紧凑型玉米的进一步发展。耐密型品种除了株型紧凑、叶片上冲外，还应具备小雄穗、坚茎秆、开叶距、低穗位和发达的根系等耐密植的形态特征。不但可以耐高密度（一般可以耐每亩 5 000 株以上的密度），密植而不倒，果穗全（全有穗、无空秆）、匀（大小均匀一致）、饱（灌浆饱满、无秃尖），而且还具有较强的抗倒伏能力、耐阴雨寡照能力、较大的密度适应范围和较好的施肥响应能力。例如，当每亩种植 3 000 株时，也有较高的产量水平，而当密植到 5 000 ~ 6 000 株时，也不易发生倒伏，且有更高的产量水平，适应轻简栽培、机械播种和机械收获等。

2. 改套种为平播（直播）

平播有利于机械化作业，减少粗缩病等病虫害的发生，可大幅度提高密度、单位面积穗数和产量，结合平播，应适当延退玉米收获的时间。

（1）套播的弊端

当前我们还有相当一部分农户采取玉米与小麦套种的模式，这制约了产量的提高。玉米套种限制了密度的增加，降低了群体的整齐度，特别是共生期间由于小麦的遮光、争水、争肥，病虫害严重，田间操作困难，影响玉米苗期生长和限制产量进一步提高。

（2）平播的好处

改套种为平播，有利于机械化作业，可以大幅度提高密度、亩穗数和产量。一般来说，平播是小麦收割后不经过整地，在麦茬田直接免耕播种玉米，通常称为玉米铁茬免耕播种。该技术有以下特点。

①免耕地块，蓄水保墒能力强。由于地面前茬作物留有残茬秸秆覆盖，土壤的水、肥、气、热可自行调节控制，旱时土壤不裂缝，雨后不存水，肥料不流失，苗势生长好，可提高产量。

②节省了耕作时间。免耕直播省去了耕地作业，节省了耕作时间，播种期比常规全面翻播提前 1 ~ 2 天。若遇阴雨天，免耕更会体现出争取农时增产效应。

③作物根系与土壤固结能力强。玉米免耕栽培，表层根量多，且主根发达，加之原有土体结构未被破坏，作物根系与土壤固结能力强。

④提高土壤肥力。麦茬残留秸秆还田增加了土壤有机质含量，提高了土壤肥力。

⑤节约成本，增加效益。夏玉米直播便于施肥、用药，容易掌握播种深度，可提高播种质量，苗子出得齐、匀、壮。还可简化栽培程序，省工、省力、省时，不损害小麦。

3. 改粗放用肥为配方施肥

玉米粗放施肥成本高，养分流失严重。配方施肥要按照玉米养分需要和目标产量，结合当地土壤养分含量，合理搭配肥料种类和比例，结合施肥机械的改进，逐步实现化肥深施和长效缓释专用肥的应用，可大幅度提高肥料利用率。

4. 改人工种植为机械化作业

推广玉米机械播种，减轻劳动强度，提高播种质量，简化作业环节，加快夏玉米免耕直播技术的推广速度。同时玉米种植方式要适应机械作业，同时各环节所购买机械的种植要求要符合统一标准，以利于播种、施肥、除草、收获等多个农事环节实施机械化作业。

第六章 水稻高产种植技术

第一节 优质高产水稻品种

　　栽培稻源于野生稻。针对栽培稻，世界上有多种划分分类方法。我国则着重从4个方面划分：主要分为籼稻与粳稻两大类（也称亚种），因栽培熟期迟早的不同而分为早、中稻和晚稻；因需水情况的不同而分为水稻与陆稻；因米质黏（非糯）、糯的不同而分为黏稻与糯稻。根据水稻品种繁殖方式，可将水稻分成杂交稻和常规稻。杂交稻主要是利用杂交一代来进行水稻生产的，它具有较强的杂交优势，表现为根系发达、分蘖性强，一般产量较高，但从第二代起就会产生严重的性状分离现象，且优势减退、产量明显下降；而常规稻则是通过若干代自交达到基因纯合的品种，群体整齐一致，上下代的长相也一样，产量也不会下降。水稻的生产地点不同，温光条件差异较大，要达到水稻优质高产所要求的品种类型不同，而对于具体的某一品种也有其特定的适宜种植范围。

一、优质水稻发展

　　针对1984年出现的"卖粮难"，1985年1月，农牧渔业部在长沙召开优质稻米座谈会，指出发展优质稻米的重要性，研究了发展优质稻米的对策，并于同年举行了首次优质稻米评选，评选出了双竹粘、汕优63、秋光等46个优质水稻品种。此后在"七五"全国水稻育种攻关中，切实把"优质"放在了首位，分别于1986年和1988年颁布了农业行业标准NY20-1986《优质食用稻米》和NY83-1988《米质测定方法》，有力地推动了我国优质稻的生产和研究。1991年，再次出现以南方早籼稻为代表的"卖粮难"，优质粮食（水稻）生产再次引起重视，国务院在广东省召开全国发展高产优质高效农业经验交流会，提出要走高产、优质、高效的路子，1992年原农业部组织了"首届中国农业博览会"，评出了包括响水大米等6个金奖产品在内的27个优质产品，江西、湖南、黑龙江等水稻主产区从20世纪90年代开始设立了优质稻米试种示范，同时，粮食流通和粮价放开，粮食生产的市场化、产业化也开始兴起。1996 年我国粮食总产量跨上 5 亿 t 大关，人均占有量达到 412.2kg，又再次出现了农民卖粮难、劣质稻米积压、优质稻米俏销的问题，国家于 1997 年出台《粮食收购条例》，各地加大优质品种的选育、评选和推广，并实行优质优价政策。我国优质稻生产面积，从 1985 年的 267 万 hm^2 增加到 2000 年的 1200 万 hm^2，占到水稻种植面积的 40% 左右。进入新世纪后，我国粮食连年丰产，粮食库存持续增加，伴随出现了部分粮食品种阶段性过剩、库存压力较大，绿色、有机、安全等优质农产品供不应求等问题。2017 年，中央一号文件中明确指出要"重点发展优质稻米"等产业，着力推进农业提质增效。2018 年 5 月，农业农村部在广州组织了国家优质稻品种食味品质现场鉴评会，评选出龙稻 18 等十大优质粳稻品种和美香占 2 号等十大优质籼稻品种，随后各省也纷纷举办各种形式的稻米品尝鉴定活动，促进优质稻尤其是优质食味品种的推广。

二、优质品种审定标准指标不断调整优化

发展优质水稻，首先要有优质品种，其中优质水稻品种审定标准的制定和应用，对于确定育种目标和试验条件至关重要。品种审定标准中的优质指标，是随着水稻生产和产业发展需求的变化，不断完善和优化的。1983 ~ 1988 年，第一届全国农作物品种审定委员会（简称全国委员会，下同）制定的水稻品种审定标准中明确，品种在地区以上区域试验和生产试验中，产量虽与对照相当，但品质、熟期、抗性等 1 项以上表现突出，即可申请审定。1989 ~ 1996 年，第二届全国委员会强调国家级审定品种（简称国审品种，下同）要能跨省推广，须已通过 2 个省审定，或者已通过 1 个省审定同时在国家级区域试验和生产试验中表现突出。1997 ~ 2001 年，第三届全国委员会明确要求国审品种要新，须在最近 2 年内至少通过 1 个省审定，对优质品种则要求米质主要指标达部颁《优质食用稻米》优质 2 级以上，可比对照减产小于 5%。2002 ~ 2006 年，第一届国家农作物品种审定委员会（简称国家委员会）针对当时市场对优质稻米需求迫切而品种米质普遍较差的状况，及时提出米质达到 GB / T17891-1999《优质稻谷》（以下简称国标）1、2、3 级的品种，产量指标放宽至比对照减产不大于 15%、10%、5%。在此标准引导下，一大批优质水稻品种脱颖而出，水稻生产明显优化，优质育种取得显著突破。此后，随着水稻优质高产育种取得明显进展，原有对优质品种的产量指标要求已显偏低，2007 年，第二届国家委员会又对相应指标进行了调整：对于米质达到国标优质 1、2、3 级（或者比对照优 1、2、3 个等级）的品种，产量指标提高至比对照减产不大于 10%、5%、0%。2014 年，第三届国家委员会修订发布的《主要农作物品种审定标准》中，对于优质品种的审定指标进行了分类，产量要求进一步提高，一是品质比对照品种优 1、2、3 个等级，每年区域试验产量相应比对照品种减产 ≤ 0.0%、≤ 3.0%、≤ 5.0%。生产试验产量不低于相应区域试验产量水平。每年区域试验、生产试验产量不低于相应减产幅度试验点比例 ≥ 50%；二是品质差于对照品种，每年区域试验产量比对照品种增产 ≥ 5.0%，且不低于同组品种产量平均值，生产试验比对照品种增产 ≥ 0.0%。每年区域试验增产试验点比例 ≥ 75%，

生产试验增产试验点比例≥50%；进一步引导品种选育实现高产基础上优质，解决高产与优质不兼容的矛盾。2017年，第四届国家委员会印发了《主要农作物品种审定标准（国家级）》，明确提出以提高品质为方向，把绿色优质、专用特用指标放在更加突出位置，引导品种选育方向。在审定指标中，将品质达到 NY／T593–2013《食用稻品种品质》（以下简称部标）标准2级以上的界定为优质水稻品种，规定品种品质达到1级且优于对照，年度可减产≤10.0%；2级且优于对照，年度可减产≤5.0%；对于达到部颁标准2级以上的品种，产量要求适当放宽，有利于加快选育和试验审定优质品种。

黑龙江省在2017年发布的水稻审定标准中明确，优质高产品种、香稻品种品质要达到国标优质2级标准，优良食味品种还明确了食味评分的要求，单年≥85分，3年平均≥87分；吉林省审定标准中要求普通型和长粒型品种品质至少要达到部标优质3级，食味优良类型品质参照普通型和长粒型；江苏省水稻试验晋级标准要求除淮南迟播组外，续试品种进入生产试验的米质需达到国标优质3级以上；湖南省在2018年新修订的审定规范中规定，早稻、中稻达部标3级（含）以上，晚稻达部标2级（含）以上的品种，统一组织稻米蒸煮食味品质评价。上述优质品种品质比对照高1、2、3个等级，每年区试单产或日产量可分别比对照减产≤5.0%、12.0%、18.0%；江西省新修订的稻品种审定标准规定，通过稻米外观和食味品质评价的品种，单年平均产量比对照减产≤15.0%，减产幅度≥15.0%的试验点数≤2个；浙江省要求中晚熟品种米质必须达到优质3级以上或食味品质85分以上（对照80分），超高产品种方可以适当降低标准。

三、优质品种选育、试验和审定水平快速提升

进入新世纪特别是近10年来，水稻品种审定标准中明确了优质类型的指标要求，从审定"指挥棒"方面加快了优质水稻品种的选育、试验审定和推广的步伐。国家水稻区域试验参试品种的米质检测结果达到优质标准的比率，总体上呈持续上升趋势，近年来，超过一半的参试品种为优质品种；分稻区来看，北方稻区参试品种的优质率总体高于南方稻区，这与品种类型、耕作制度及气候条件都有关系，北方稻区参试品种优质率大部分年份在50%以上，仅有个别年份受气候条件的影响降低到40%以下。南方稻区参试品种优质率虽然总体上较低，但一直呈现明显上升的趋势，说明南方稻区以杂交稻为主的参试品种在优质育种方面成效较为明显。

近10年来，我国审定水稻品种的优质率不断稳步提升，目前超过半数品种达到优质品种标准，累计审定优质1级品种143个，但优质1级品种所占比重仍然较低。不同类型的水稻品种优质化提升程度有所不同，籼稻优质率总体上低于粳稻，但近10年提升幅度明显高于粳稻，其中常规籼稻和两系杂交的品质提升较三系杂交籼稻快，常规粳稻优质率稳定保持在50%以上，杂交粳稻优质率近年来还略有下降；常规水稻优质率明显高于杂交水稻，这两种类型水稻优质率水平均得到稳步提升，水稻优质稻育种的成效显著，杂交水稻特别是三系杂交籼稻和杂交粳稻还具有较大提升空间。

四、优质品种的推广应用步伐明显加快

随着农业供给侧结构调整的不断深入，可通过试验审定筛选的一批优质水稻品种快速得到推广应用，种植面积逐年扩大。优质品种的大面积应用为优质稻生产提供了坚实的种源基础，强劲驱动了优质稻米及相关产业的快速发展。

以优质品种为核心和突破口，我国优质稻产业发展在过去10年取得了丰硕成果，较好地满足了稻米市场的需要，丰富了市民的主食选择，提升农产品质量和效益，更重要的是大幅度增加了农民收入，促进了水稻粮食生产的高质量稳定发展。但也应看到，在优质稻发展过程中还有许多问题亟待解决，首先是优质品种的指标优而不全，据统计，近10年我国审定的水稻品种主要米质指标中，垩白粒率和垩白度这两项的优质达标率表现较差，垩白粒率、垩白度已成为制约我国水稻特别是杂交水稻品质提高的主要因子，此外，最近几年直链淀粉含量这项指标表现相对较差；其二，审定和推广品种的整体优质率水平提升较快，然杂交水稻特别是三系杂交水稻和杂交粳稻还有较大提升空间。从优质水平和类型来看，品质达到优质1级水平高档优质稻比率还很低，优质食味品种还比较缺乏；其三，稻米品质的形成同时受品种自身遗传特性和生态环境因子的影响，与温度、光照、土壤和插秧密度、肥水管理等栽培措施有密切关系，优质稻生产中优势区域细分、配套栽培技术研发集中等方面还相对不足；另外，针对市场和消费细分的优质稻研发、稻米品牌培育等重要环节还相对薄弱。

因此，下一步要紧紧围绕农业供给侧结构改革的需要，一是强化优质水稻品种研究与选育，加大品质主要基因挖掘与利用，加快低垩白度、中等直链淀粉含量的亲本材料创制，坚持不育系与恢复系同步改良，借助分子标记辅助选择等生物技术手段，结合食味仪、粘度速测仪等先进鉴定仪器，加快选育符合消费需求的高档优质稻。二是顺应农业供给侧结构改革要求和市场需求，加强品种审定顶层设计，建立健全优质品种的评价体系，不断优化食味、加工等品质指标标准，更加注重品种优质、高产和抗性水平的协同进步。三是深化环境因子与稻米品质相关性的探索，研究制定科学合理、轻简省力、绿色安全的配套生产技术模式，加快品种技术集成与应用。同时，进一步细分市场和消费，聚焦区域性、特色稻米差异化和亮点，强化优质稻米产品品牌培育，贯通优质水稻品种培育、绿色生产、产业发展的生态链，促进我国优质稻生产、产业的持续健康发展，不断满足人民对优质适口稻米的需要。

五、优质高产水稻品种介绍

（一）徽两优丝苗

徽两优丝苗全生育期135天，抗倒伏能力强，有着"铁杆稻中的优质稻。"的美誉。"1892S* 五山丝苗"的完美组合，经过几年的推广，不管是品种表现还是市场销量，徽两优丝苗都可说是徽系的霸主品种，育种专家这样形容"短期很难有出其右的徽系品种了"，可见徽两优丝苗的优异表现，如果说丝苗是品种，那么徽两优丝苗就是丝苗中的品牌，产量一般田块700公斤，高产田块可达900公斤之上。

（二）深两优534（闲田、麦茬田均适宜）

深两优534是深系品种的后起之秀，全生育期135天左右，抗倒性好，2020年农委大部分区试产量均排名第一。植株较矮，粒型较长，长宽比达到3.4，米质属于杂交中稻中的佼佼者。深两优534继承了深系品种优点的同时，父本"五山丝苗"的加入，更增强了品种的好米质特点，适合种植大户大规模种植好品种。

（三）荃优822

"荃9311A"的巅峰之作，在一众荃系品种中脱颖而出，不管是品种销量还是品种表现都是无可争议的冠军。全生育期132天，千粒重达到28.6克。结实率好，抗病能力强，产量高，米质优秀。多次在农业农村部品种评比中获得奖项。

（四）Y两优957

Y两优957全生育期140天，抗倒性极强，产量超高，米质国标二级。由于生育期较长，该品种只适合闲田种植。第五期超级稻冠军品种。Y两优957在2020年被评为农业部超级稻。

（五）Y两优911

Y两优911全生育期120天左右，定位于麦茬直播或机插秧，抗倒伏能力强，产量结构优异，米质非常好。非常适合大户大面积种植的一个品种，目前麦茬直播这一块几乎没有对手的一个品种。Y粮油哦911有着"直播稻的生育期，常规稻的品质，杂交中稻的产量"的美誉。

（六）荃两优087

荃两优087有一句宣传语：科技创造奇迹。荃两优系列是荃银高科又一个新的不育系，克服了"荃9311A"抗倒性弱的特点，品种丰产性好，抗病性强，087是荃两优系列目前表现非常突出的水稻品种。

（七）旺两优1577

旺两优1577全生育期135天左右，有四好稻"米质好，产量好，抗倒好，熟期好"之称，主要米质指标全部达到农业行业《食用稻品种品质》标准一级，开创"旺系"优秀两系杂交中稻组合。

（八）徽两优608

品种简介：名门之后，徽两优系列又一扛鼎之作。集成了"1892S"的优秀血统，父本"608"的加入，让品种变得更加优秀，产量高，米质好。抗倒伏能力强，是一个非常好的徽系品种。

（九）晶两优1377

晶两优1377是"晶4155S×R1377"配组成，生育期135天左右，抗病性好，米质好，晶两优系列目前表现最好的品种之一，产量结构稳定，闲田麦茬田均适宜种植。

（十）隆两优1377

隆两优1377是经典隆科638S配组，隆两优系列表现非常优秀的一个品种，生育期138天左右，抗倒伏能力强，因生育期较长，适合闲田种植。

第二节　优质水稻育秧移栽技术

一、育秧移栽的意义

水稻的育秧移栽，秧田占地面积少，便于集中施肥、灌溉、防除病虫草害，易于管理；可选用生育期较长的品种，充分利用温光资源，挖掘水稻增产潜力；对于多熟种植茬口，能解决前后茬矛盾；通过壮秧移栽，能保证大田基本苗，也有利于提高群体质量。

二、育秧与移栽的主要方式

（一）育秧方式

水稻的育秧方式，主要有水育秧、湿润育秧、旱育秧、塑料软盘育秧、双膜育秧、塑料薄膜保温育秧、两段育秧等。

1. 水育秧

水育秧是我国传统的育秧方式，是指整个育秧期间，秧田以淹水管理为主，即水整地、水作床，带水播种，出苗过程除防治绵腐病、坏种烂秧及露田扎根外，一直都建立水层。它利用水层防除秧田杂草和调节水、肥、气、热、盐分的变化，来满足秧苗生长的需要。但由于长时间灌水，土壤氧气不足，这种育秧方式常有坏种烂芽、出苗和成苗率都低、秧苗细长不壮、分蘖弱等弊端，现在生长上不提倡使用。

2. 湿润育秧

湿润育秧也叫半旱秧田育秧，是20世纪50年代中在水育秧的基础上加以改进后的一种露地育秧方法。主要特点深沟高畦面、沟内有水、畦面湿润，水整地、水作床，湿润播种，扎根立苗前秧田保持湿润通气以利根系下扎，扎根立苗后间歇灌溉、以湿润为主。湿润育秧方式容易调节土壤中水气矛盾，播后出苗快、出苗整齐，不易发生生理性立枯病，有利于促进出苗扎根，防止烂芽死苗，也能较好地通过水分管理来促进和控制秧苗生长，已成为替代水育秧的较为常见的育秧方法。

3. 旱育秧

旱育秧是在旱地条件下育苗，苗期不建立水层，主要依靠土壤底墒和浇水来培育健壮秧苗的一种育秧方式。旱育秧需高肥力水平的秧床，故称之肥床旱育秧。秧床通过秸秆、厩肥等腐熟有机肥料培肥后，苗期很少追施肥料，床面土壤上下通透性好，有利于培育根深、根毛多、白根比例高壮秧，移栽后缓苗期短、发根快、分蘖早。旱育秧操作方便、节地节水、省工省时。旱育秧时，可通过覆盖薄膜保湿、药剂防病等措施，能有效地解决因水分短缺导致的出苗不齐的问题，并较好地控制了立枯病的发生以及鼠雀危害。旱育秧现已成为优质高产水稻生产中应用面积较大的育秧方法。

4. 塑料软盘育秧

塑料软盘育秧是随着抛秧技术发展而形成的育秧方式，其特点是利用塑料软盘培育秧苗，培育的秧苗根体带土、穴体之间分离。塑料软盘育秧能提高秧本田的比例、降低育秧成本，管理方便，秧苗素质好，苗期不易发病，育出的秧苗可以栽插，更便于抛栽。根据育秧时水分管理的不同，又将塑料软盘育秧分为塑盘旱育秧和塑盘湿润育秧两种类型。①塑盘旱育秧。多采用肥床细土法，在肥沃疏松的秧床上，利用塑料软盘进行旱育秧。这种方法集肥床育秧和塑盘育秧的优势于一体，一是播种期不受水源限制，旱秧地育秧操作方便；二是适于大、中、小苗的培育；三是便于统一供种，集中规模育秧。②塑盘湿润育秧。多采用泥浆法，如利用秧沟肥泥或河泥浆作为盘育苗床土，无需事先准备床土，并且成苗率较高。

5. 双膜育秧

育秧时采用两层地膜，即在秧板上平铺地膜（需要事先对地膜按一定规格打孔），然后在有孔地膜上铺放底土（铺土厚度 2.0 厘米），完成灌水、播种、盖土、铺草等程序后，再覆盖一层地膜。一般在秧苗出土 2 厘米左右时揭膜炼苗。起秧前要将整板秧苗用切刀成一定规格的秧块，切块深度以切破底层有孔地膜为宜，以便机插。

6. 塑料薄膜保温育秧

塑料薄膜保温育秧是 20 世纪 60 年代初创造的，是在湿润育秧基础上，畦面上加盖 1 层塑料薄膜，以提高和保持畦面温度和湿度的一种育秧方法。覆盖方法种类很多，有拱形和平铺。这种育秧方式有利于保温、保湿、增温，适时早播，防止烂芽、烂秧，提高成秧率，早春播种预防低温冷害是十分必要的。

7. 两段育秧

是将水稻的育秧过程分成两段进行的一种育方法。第一阶段，采用密播方法培育小苗（通常为 3~4 叶）；第二阶段，将小秧苗移植到寄秧田，继续培育壮秧。水稻两段育秧方式的主要优势是能解决早播与迟栽的矛盾，可以培育出大龄壮秧，缓解水稻生长的季节矛盾。不足之处是水稻育秧过程花工较多，从寄秧田向本田移栽的过程中，拔秧、运秧、移栽的劳动强度和用工量均较大。

8. 其他育秧方式

其他育秧方式有塑盘硬盘育秧、工厂化育秧、场地小苗育秧等。

（二）移栽期及其移栽方式

1. 移栽期的选择

水稻适时栽插很重要，它与水稻优质高产关系密切。适时栽插前茬作物熟期、品种、气候条件、土质、秧龄、育秧方式、机械化程度、劳力安排等，都具有密切关系。一般情况下，温度是决定能否插秧的关键。日平均温度 ≥ 14℃ ~ 15℃是移栽期的最早温度界限，粳稻比籼稻耐寒，但也不得低于14℃。如果温度太低，不仅影响返青，而且容易发生死苗。返青主要受水温影响，水温18℃时可以作为插秧的适期标准。只要在以上温度范围内，适期早插是水稻重要的增产措施之一。对于油菜—稻茬或麦—稻茬的中稻或一季单晚稻，栽插时期的温度较高，温度已不是制约因素，应根据前茬收获期来确定适宜的栽期，尽量在极短的时间内栽插完毕（一般不应超过7 ~ 10天），并根据前茬收获期合理安排播种期，掌握适宜秧龄移栽。例如：在旱育壮秧条件下，机插秧的适宜秧龄为4叶期（3叶1心），手插秧的起始秧龄为5叶期（4叶1心），有利于高产的秧龄为5 ~ 6叶期，最大不超过7叶期（6叶1心）。

2. 秧苗手插

手插是最传统的一种移栽方式。插秧规格不同，势必造成株行间光照、营养、通风、湿度等田间生态环境的不同，进而影响产量。生产实践中，往往通过移栽基本苗和插秧规格来调整水稻群体与稻株个体之间的矛盾。水稻栽插的行株距配置方式主要有三种：一是等距的正方形，例如：18厘米×18厘米，株行距相等；二是宽行窄株的长方形，例如行距20厘米、株距15厘米；三是宽窄行，例如：宽行30厘米、窄行15厘米、株距15厘米。在这三种方式中，宽行窄株方式，有利于解决穗多与粒少的矛盾，有利于提高群体的整齐度，有利于解决争多穗和密植易倒伏、易发生病虫害的矛盾，因而应用最为普遍。优质水稻高产栽培中，把行距从原来的20厘米扩大到25 ~ 30厘米，并与穗肥重施相结合，成为水稻增产重要措施。

3. 秧苗机插

机插秧是水稻生产机械化的主要方式，它是以机器代替人工插秧以降低劳动强度、提高生产效率。机械插秧技术作为一项精确种植技术，采用定量有序、宽行浅栽的技术模式，即一般机插秧行距为30厘米左右、穴距12 ~ 15厘米、空穴率不超过3%，符合我国稻作生产特点，也有利于提高水稻综合生产能力。

4. 秧苗抛栽

抛秧是指将带土秧苗往空中定向抛撒，利用带土秧苗自身重力落入田间定植的一种水稻移植方式。自20世纪80年代末期至90年代初期以来，我国农村乡镇企业不断发展，农业劳动力的迅速转移，水稻抛秧栽培因其轻简化的突出优势而得到广泛地研究和推广应用。抛栽秧苗的培育类型上，可分为有专用设备和无专用设备两种。利用专用设备的，主要有塑盘育秧抛栽（如细土法塑盘旱育秧抛栽、泥浆塑盘湿润育秧抛栽等）和吸水树脂种子包衣旱育秧抛栽等方法；无专用设备的，主要有旱育秧抛栽（如旱育秧中、大苗抛栽和旱育乳苗抛栽）和半旱育秧抛栽。在抛栽的具体操作上，又可分为人工手抛和机抛等。秧苗抛栽，秧苗带土且根系入土较浅；秧苗在水平上分布呈"满天星"状、无规则；抛栽秧苗的姿态多样化，有直立状、倾斜状、平躺状。

（三）主要的育秧移栽高产高效技术

水稻育秧移栽的高产高效技术主要包括水稻肥床旱育秧稀植技术、水稻塑盘育秧抛栽技术、水稻机插秧生产技术等。

1. 水稻肥床旱育秧稀植技术

水稻肥床旱育秧稀植是指在肥沃、疏松、深厚的旱地苗床上，杜绝水层灌溉，通过控制水分的管理办法进行旱育秧，扩大行距移栽大田的水稻种植方式，是一项旱育秧和合理稀植相结合的技术。该项技术是 20 世纪 80 年代从日本引进到我国东北稻区进行试验，后来由北向南逐步发展起来，各地在吸收日本寒地旱育稀植技术基础上，根据当地的生态环境、生产条件和技术水平，进行了相应的改进和完善，形成了现在不同地区各具特色的旱育稀植技术体系。该项技术的栽培关键在于培肥秧床、控水育秧、扩行稀植这三个方面。与水育秧或湿润育秧相比，利用旱地育秧，操作方便，同时具有省水、省稻种、省秧田，一般比湿润育秧节省水 50% ～ 60%、节省种子 30% ～ 50%，节省秧田 70% ～ 80%。根据生产需要，能培育出秧龄为 18 ～ 45 天的旱秧，品种选择的余地较大。通过培育矮壮秧、扩大移栽行距，多利用分蘖成穗，有利于协调水稻生长季节的诸多矛盾。肥床旱育秧稀植的主要生育特点：秧苗矮健，白根多，根系活力强，抗逆性好；返青成活快，分蘖发生早，分蘖旺盛，成穗率高，抗倒能力强，穗大粒多结实好。

2. 水稻塑盘育秧抛栽技术

水稻塑盘育秧抛栽，是利用塑料软盘培育秧体带土、相互分散、适龄矮健的秧苗，然后抛栽大田的一种植稻方式。该方式简化了人工拔秧、插秧等繁体力的劳作环节，省工、省力、轻型高效。通常一个劳力每天可抛栽 3 ～ 5 亩。塑料软盘育秧，能节省秧田面积，每亩大田需 10 ～ 12 平方米净秧床即可，秧田大田面积比为 1 ∶ 50 ～ 60。育秧期通常为 18 ～ 24 天，可省去常规湿润育秧管理的相关成本。塑盘育秧抛栽的主要生育特点：塑盘育秧的苗体素质好，根系发达，白根多，吸收能力强；起秧时不伤根，抛秧时秧苗带土带肥，"全"根下田，秧苗植伤轻，且入土浅，由此无明显生长停滞期，分蘖起步早，发生快，缺位少，高峰苗量大，群体有效穗多，但成穗率低，穗层整齐度较差；株型较松散，叶片张角大，田间叶片分布较均匀，最大叶面积高于手插秧，群体的光合能力较强；根系入土较浅，单株根量比手插秧明显增多，但根系分布浅而集中，在群体偏大、田间水分调控不当时可能发生根倒。

3. 水稻机插秧生产技术

采用高性能的插秧机代替人工栽插秧苗的水稻移栽方式，主要包括高性能插秧机的操作使用、适宜机械栽插要求的秧苗培育、大田农艺管理措施的配套等内容。水稻机插秧生产技术是在解决了机械技术的基础上，突出机械与农艺的协调配合，并以机械作业为核心，实现育秧、栽插、田间管理等农艺配套技术的标准化。其基本特点：一是机械性能有较大提高，机械采用了曲柄连杆插秧机构、液压仿形系统，机械作业性能和作业质量完全能满足现代农艺要求；二是育秧方式有重大改进，采取软盘或双膜育秧，中小苗带土移栽，其显著特点是播种密度高，床土土层薄，秧块尺寸标准，秧龄短，易于集约化管理，秧池及肥水利用率高，秧田和大田比为 1 ∶（80 ～ 100），从而大量节约秧田。机插秧主要生育特点：机插秧的秧龄短，抗逆性较弱；由于机插水稻的宽行浅栽，有利于低节位分蘖的发生，机插水稻的分蘖具有暴发性，分蘖期也较长，够苗期提前，但是高峰苗容易偏多，导致成穗率下降，穗型偏小。

三、肥床旱育秧稀植技术

（一）苗床准备

旱育秧对苗床具有比较严格的要求，总体上必须达到"肥沃、疏松和深厚"。最适苗床的标准：pH 值为 4.5 ~ 5.5；有机质含量 N3%；速效氮、磷、钾分别达到 150 毫克 / 千克、20 毫克 / 千克、120 毫克 / 千克；床土厚 20 厘米；容重为 0.95 克 / 立方厘米；孔隙度 75%；松软似海绵，手捏成团，落地即散；富含微生物等。

要使床土肥沃、疏松和深厚，能达到旱育控水管理的要求，选择好苗床是首要的环节。苗床宜选用土壤肥沃疏松、熟化程度高、杂草少、地下害虫少、鼠雀危害轻、没有污染的菜园地。为便于管理和防范禽畜等危害，秧床尽可能靠近水源和大田，并选择地势高的地块。一般要求其地下水位低。适宜的苗床面积应根据移栽大田面积和苗床大田比例确定。移栽大田面积越大，需要的苗床面积越大。适宜苗床大田比例必须依据秧龄长短和栽插基本苗等因素来确定，秧龄越长或是栽插基本苗越多，苗床大田比例越高。在完全能够控水旱育的情况下，一般 3 ~ 4 叶小苗栽插的苗床、大田比例可达成 1：40 ~ 50，5 ~ 6 叶中苗为 1：30 ~ 40，7 ~ 8 叶大苗为 1：20 ~ 30。但在实际生产中，露天育秧情况下常遇到雨水天气而又不能真正控水旱育，易使秧苗在苗床上暴发，难以达到严格意义上的旱壮秧要求，这种情况下只能降低苗床、大田比例，通常培育中、小苗的秧床大田比调为 1：20 ~ 30，大苗可调整到 1：15。

（二）苗床培肥

与水育秧或湿润育秧的常规秧田相比，旱育秧秧田培肥的关键是使苗床土层深厚、疏松、柔软有弹性，富含腐殖质，形成良好团粒结构，达到海绵状，所以要施用大量粗纤维有机质和家畜肥，采用分次干施、全层施肥方法，达到养分充足均衡。旱育秧的秧田培肥时间要早，必须在秋播时统一规划，有些地方把旱育秧苗床和油菜苗床或蔬菜大棚加以适当培肥，比较容易达到旱育秧苗床的要求，旱秧苗床培肥的用肥量要数倍于常规秧田。生产上，旱育秧的苗床培肥常用的有三期培肥法和简易快速培肥法。

1. 三期式培肥法

三期式培肥，包括秋季培肥（或称冬前培肥）、春季培肥和播前培肥。实践表明，三期式培肥对床土理化性状的改善，尤其是土壤理化性状的改善较为理想。

秋季培肥应注意五个环节：一是以施用有机物为主，有机物一般用碎稻草，投入的数量要足；二是全层施肥，把有机物散布于 0 ~ 20 厘米土层中；三是要拌和均匀，采用分次投肥和薄片翻秒的方法，使土拌和均匀；四是配合施用速效氮素，加速腐熟分解有机物，作起动氮素，可用人畜粪尿；五是加覆盖物，进行保湿保温，以加速腐烂。一般采用干耕、干整、干施的全层施肥法，要求每平方米施用碎秸秆 2 ~ 3 千克、家畜粪 2 ~ 3 千克，另外加适量的速效氮、磷、钾肥。有机肥料要分层施用，速效化肥要提早施和分次施，耕作深度由深到浅。作业流程是：分 3 次把碎秸秆和土杂肥等有机物翻耕秒入 0 ～ 20 厘米的土层中，浇足人畜粪尿，加盖稻草或覆盖地膜等。

春季培肥必须施用腐熟的有机肥，要以播种前能充分腐烂为原则。施用宜早不宜迟，越早越好，坚持薄片翻秋入土并与床土拌和均匀。翻秒时，发现大团未腐熟的有机物时，要随即清除掉。

播前培肥主要施用速效氮、磷、钾肥，以迅速提高供肥强度。培肥时间要在播前 15 天以上，以保证播种前氨态氮转化为硝态氮，以防止根系的"氨中毒"和肥害烧根死苗。适当增加磷、钾肥用量，注意氮、磷、钾平衡施用，促进根系生长，提高秧苗抗逆性。一般每平方米施用尿素 30 ～ 50 克、过磷酸钙 100 ～ 150 克、氯化钾 40 ～ 50 克，混合均匀后分 3 次撒施于床面，每次撒施之后，都必须充分秒耙，使肥料均匀分布于 0 ～ 10 厘米的苗床土层中。

2. 简易快速培肥法

近几年来，随着培肥专用产品的研制与开发，苗床培肥的程序得到简化。简易快速培肥法是通过应用旱育秧苗床专用肥料等产品，于播种前一次性培肥并调酸调碱。与三期培肥法相比，它省略了许多操作环节，培肥的用工和时间大幅度减少。实践表明，简易快速培肥法安全可靠、效果好，值得推广应用。各地应根据具体的情况，选择适宜的旱育秧苗床培肥专用产品。

（三）旱秧床土调酸与消毒

水稻属于喜弱酸性作物，偏酸性的土壤环境有利于提高主要矿物营养元素的有效性，有利于氧化作用、硝化作用和有益微生物的活动，对秧苗生长有利。此外，降低土壤 pH 值能抑制有害病菌的活动与侵染，尤其是在育秧期温度较低的稻区，是防止旱育秧苗立枯病、青枯病的有效手段。因此，对于 pH 值超过 7 的床土，一般都要进行调酸处理。

调酸的方法较多，常用的有两种类型：一是利用硫磺粉在土壤中分解后产生的酸性物质（也可用废硫酸）来降低土壤 pH 值；二是肥料调酸，即结合土壤培肥，施入足量的有机肥料和一定量的生理酸性肥料，降低土壤 pH 值。

利用硫磺粉进行调酸处理时应掌握好以下关键：①在施用时间上，以播前 20 天左右施用比较适宜；②在施用数量上，可依据土壤 pH 值来确定，通常 pH 值为 7 左右时，每平方米施用硫磺粉 100 ～ 150 克，而 pH 值为 6 左右时，每平方米施用硫磺粉 50 ～ 100 克；③施用要均匀，把捣碎的硫磺粉先与 5 千克熟床土均匀拌和后，再分次均匀拌和于 0 ～ 10 厘米床土层中。如果降雨较少、床土干燥时，必须浇水，维持土壤饱和含水量 15 ～ 20 天，以提高土壤微生物特别是硫磺菌的活性。

利用硫磺粉或废硫酸进行调酸，有严格技术要求，调酸效果不稳定。总体上讲，床土调酸有利于秧根生长，提高秧苗素质，但其主要目的还是防止立枯病和青枯病的发生。水稻立枯病的发生，需要弱苗、低温和病原菌三个条件的同时存在，土壤碱性、pH 值高的主要危害只是不利于秧苗根系生长和秧苗质量的提高（易形成弱苗），对于播种期气温已经较高的长江中下游稻麦（油）两熟制的单季稻区，一般不进行调酸，可通过其他措施降低土壤 pH 值。例如：选用偏酸性的土壤作苗床；苗床上施用一些酸性肥料等；避免选用长期施用草木灰等碱性物质的田块作苗床等等。

床土消毒也能抑制土壤中的病菌生长，增强秧苗抗逆性。在调酸同时进行床土消毒，可达到经济有效的消毒防病效果，一般每平方米用 2 ~ 4 克敌克松对水 2 千克喷施。

（四）苗床制作与播种

1. 苗床制作

在降雨较多的稻区，苗床要建立相对独立的排水系统。旱育秧的地下水位必须在 50 厘米以下，畦间沟深要在 30 厘米以下，畦宽一般 1.2 ~ 1.4 米，内外沟相通配套。

2. 播量确定

合理的播种量是培育壮秧的关键。由于旱育秧有别于湿润秧的生长特点，同秧龄旱育秧的适宜播种量可以比湿润秧大。生产上，要根据秧龄和秧田大田比来确定。一般 3 ~ 4 叶小苗移栽的，每亩大田需 22 平方米左右的苗床（秧本比按 1 ∶ 30 计算），每平方米苗床播种量折合干谷 120 克；5 ~ 6 叶中苗移栽的，每亩大田需 33 个平方米左右的苗床（秧本比按 1 ∶ 20 计算），每平方米苗床播种量折合干谷 90 克；7 ~ 8 叶大苗移栽的，每亩大田需 45 平方米左右的苗床（秧本比按 1 ∶ 15 计算），每平方米苗床播种量折合干谷 60 克。

3. 播种方法

播种前，要准备好盖种土，一般选用苗床培肥土或与床土相同的肥沃疏松土，用直径 5 毫米的筛子过筛，每平方米准备 10 ~ 15 千克，作播种后盖种用。有条件可用麦糠代替过筛床土，因为麦糠既能保湿有利于出苗，还能隔热降温防止烧苗。旱育秧的播种顺序是：苗床浇水→播种 →盖种→洒水→喷除草剂→覆薄膜→盖草。①苗床浇水。苗床在整好压平的基础上，应浇透水，使 0 ~ 5 厘米土层水分达到饱和状态。②均匀播种。将芽谷均匀撒播在床面上，播种时按播量和面积称种，分两次均匀撒播，播后用木板轻压入土。③盖种。把预先准备好的过筛床土或麦糠均匀撒盖在床面上，盖种厚度以不见谷为度，一般盖土厚度 0.5 ~ 1 厘米，或盖麦糠厚度 1 ~ 2 厘米。④洒水。盖种后用喷壶喷湿盖种土或麦糠。⑤喷除草剂。盖种洒水后喷除草剂。每亩苗床用 40% 旱秧净或旱秧灵 100 毫升对水 50 ~ 60 千克均匀喷雾，防除杂草。⑥覆盖薄膜。喷除草剂后，及时在苗床上平铺地膜保湿促齐苗。⑦盖草。遇日平均气温大于 20℃时，应在地膜上加铺清洁秸草遮阳降温。盖草厚度以看不见农膜为宜，预防晴天中午高温灼伤幼芽。

（五）秧田管理

1. 播种至齐苗期

应经常检查膜上盖草，防止被风吹走，造成高温烫芽烧苗。播后 5 ~ 7 天齐苗现青时揭膜。一般晴天傍晚揭，阴天上午揭，雨天雨前揭。揭膜后应及时浇透"揭膜水"，做到边揭膜边喷一次透水，以弥补土壤水分的不足，以防死苗。如遇高温天气，可在床面上撒铺一层薄薄的秸秆或遮阳，以减少水分蒸发和烈日灼晒。

2. 齐苗至 3 叶期

幼苗期前后对水分胁迫的忍耐性差异较大，1～2叶期的幼苗对水分胁迫有较大的忍耐性，而2～3叶期的幼小苗对水分胁迫的忍耐力最差，因此2～3叶期是防止死苗、提高成苗率的关键时期，要注意及时补水。1叶1心时，每亩使用15%多效唑可湿性粉剂 120～180 克对水 30～40 千克均匀喷雾，以矮化秧苗，促进分蘖。连年使用多效唑的老苗床用量要小，小苗移栽的用量要小；育苗期间多雨的用量要大，大苗移栽的用量要大。

3. 4 叶至移栽期

4叶期以后是控水旱育培育壮秧的关键。即使中午叶片出现萎蔫也无需补水，但发现叶片有"卷筒"现象时，可在傍晚喷些水，但一次补水量不宜过大，喷水次数不能多。移栽前一天傍晚，浇透水。若秧苗发黄缺肥，每亩用 3～5 千克尿素配成 1%～2% 尿素液泼浇。必须注意，苗床不能施用易挥发性的肥料，也不能直接撒施（以防因浓度过高而灼伤叶片或烧苗）。浇肥液与浇水一样，要在傍晚追肥，最好与补水同时进行。追肥次数、用肥量和用水量要严格控制，以防削弱旱育秧苗的生理优势。

视苗期稻瘟病、稻蓟马、一代二化螟发生和为害程度有选择性用稻瘟灵或乐果、杀虫双进行防治。起秧前 3 天要进行药肥混喷。

（六）扩行稀植

在行株距的配置上，提倡扩大行距。行距扩大，可以有效地降低高峰苗数，提高分蘖成穗率，促进水稻个体健壮发育，解决多穗与大穗的矛盾。有试验表明，在基本苗相近的情况下，扩大行距，在获得相近穗数时，有利于提高每穗粒数而获得较高产量。行株距配置要根据土壤肥力、生产条件、品种株高和产量水平而调整。一般产量高的，行距要大，产量低的，行距要小。对于常规粳稻品种，株高 110 厘米，株距 12 厘米，行距 28～30 厘米；株高 95～100 厘米，株距 12 厘米，行距 24～25 厘米；株高 80～90 厘米，株距 12 厘米，行距 21～23 厘米。通常情况下，每穴 2～3 苗，降低每穴茎蘖苗，可减少一穴中个体的竞争消耗。

四、塑盘育秧抛栽技术

（一）育秧准备

1. 种子准备

对土壤肥力较低、生产条件较差的中低产田，以选用分蘖性较强、耐瘠、抗逆的多穗型品种为宜；而土壤肥力高、生产条件好的高产田，以选用高产、耐肥、抗病的大穗型品种或穗粒兼顾型品种为宜。每亩大田备种 3.0～3.5 千克（常规稻）或 2.0～2.5 千克（杂交稻）。播种前要进行选种、药剂浸种、催芽等，其方法与常规处理相同，但要求芽谷以露白至芽长 0.2 厘米为好，否则影响播种质量。

2. 秧盘准备

采用的塑盘，长、宽分别为（605±5）毫米、（335±5）毫米，每盘有561个育秧孔，秧孔孔面直径18~19毫米，孔底直径10~11毫米，孔深17毫米。适合培育每孔2~4株、叶龄3.5~5.0、苗高10~15厘米的秧苗。每亩大田需秧盘50~55张。

3. 营养土准备

选肥力高、结构良好的蔬菜地土壤做营养土，一般穴底营养土以重壤、盖种营养土以沙壤为宜。将营养土风干、打细，用5~7毫米的筛子过筛，每亩用80千克细土与300克过磷酸钙混匀，摊成一薄层，用98%硫酸150毫升（如果土壤偏酸则不必加入硫酸）对水1.5千克左右，加入20克敌克松和50克尿素，均匀喷施在细土上，混拌均匀。

4. 苗床准备

苗床即摆放秧盘的秧田。秧苗在2叶期后，秧根便可通过塑盘的底部小孔下扎到苗床中，因而苗床的好坏是培育壮秧、防止烂秧的关键。不论是旱育苗床还是湿润苗床，均要求床面平整，上紧下松，表土细碎，床土肥沃。在床面上铺上一层厚0.5厘米左右营养土或在每平方米表土层中施入0.5千克的壮秧剂，效果更佳。①湿润苗床准备。选择排灌方便、土壤肥沃的稻田作苗床，按常规湿润育秧方法，将其耙烂耙平、开沟整板、整平推光、露干沉实。秧板宽以两片秧盘竖放的宽度为宜。摆盘前将沟泥上板再躺平一次，使床面糊烂以便于秧盘与苗床接触紧密。②旱育苗床准备。选择地势高、光照好、土质松软肥沃、杂草少、靠近水源的旱地或菜地作苗床，每亩大田需秧田净面积为10~12平方米。苗床的宽度要以薄膜的宽度、秧盘的排数及便于苗床管理操作而定，一般1.3米左右，以横排2片或竖排4片秧盘为宜，长度视育秧数量而定，但不宜超过15米。苗床的整地及培肥方法同旱育秧。摆盘前要将床面压平压实，最好铺一层泥土，以便于秧盘与苗床接触紧密。

（二）播种

1. 播种量确定

塑盘湿润育秧时，用种量以移栽前不出现死蘖现象为度，一般小、中苗（5叶内）的播种量为每盘50~60克（常规稻）或35~40克（杂交稻）。塑盘旱育秧的播量可适当增加。对于迟抛的长秧龄大苗，应减少播量，一般常规稻每孔播2~3粒、杂交稻每孔播1~2粒，避免因长秧龄而影响秧苗素质，同时结合控水旱育、化控等措施控制苗高，促使秧苗矮壮。

2. 铺盘装泥

①湿润育秧。摆盘时，应相互紧贴，不留缝隙，以减少种子和营养土损失，防止秧田杂草从缝隙处长出而影响秧苗生长。秧盘摆好后，使用秧板沟泥或河泥装填于塑盘中，用扫帚扫平并清除盘面烂泥，以免出现秧苗串根现象而影响抛栽效果。待孔穴中泥浆沉实后再播种，这样可以防止种谷下沉闷芽。播种要均匀，播后用扫帚蘸泥浆水轻轻塌谷。若用肥力低的泥土，应加适量的肥料；泥土过于干燥的需在装盘前适量

加水使其潮湿适度，以免播后浇水泥土发胀满出秧孔。②旱床育秧。秧盘摆放后，将准备好的专用营养土或肥沃细土装填盘孔中，先装至塑盘孔高的 2/3 处，播种后再装填余下 1/3 高度的营养土或细土。

3. 播后覆盖

播种后在盘面施杀虫剂和除草剂，防止秧田害虫和杂草。低温条件下育苗时，采用地膜平铺或低架覆盖保温育秧。若是地膜平铺，播种后在秧盘上撒些麦糠灰或盖上少量切碎的鲜草作隔离层，防止"贴膏药"闷芽。要严格做好地膜秧的管理，根据气温变化及时通风，防止高温烧苗。晴暖天气通风前要先灌跑马水，全畦揭膜要先灌浅水，在上午 8～9 时膜内外温差较小时通风或揭膜，防止秧田失水青枯。高温条件下育苗时，要防止高温烫芽和雷阵雨将芽谷冲出秧孔外，播种后覆盖麦秆或遮阳网 3 天左右降温保湿，于出苗后去掉，也可用油菜籽壳覆盖，至秧苗 2 叶期灌一次深水，把菜籽壳浮起捞出。育秧初期要注意防止鼠、雀为害。

（三）苗床管理

塑盘湿润育秧的苗床管理与常规湿润育秧基本一致。在现青扎根期主要注意排灌技术，一般晴天灌满沟水，齐秧板而不漫上板面，让沟里的水自然渗透全板；阴天可灌半沟水；雨天要排干沟水；暴雨时灌深水防止冲散谷种，雨后立即排干。现青扎根至 3 叶期秧田的管理主要是促进不完全叶节不定根的萌发，为培育壮苗打下基础，薄水间隙灌溉，保持湿润状态，此期要注意施好断奶肥，一般每亩用尿素 5.0 千克，于傍晚露雨未上来前撒施，施肥后再用少量清水喷洒，以防肥害。3 叶期后以湿润为主，注意控水，既便灌溉也应随灌随排，并施好送嫁肥。移栽前及时用药，做到带药下田。在苗床的水浆管理上，应避免灌水或雨水淹浸板面造成的秧苗串根。

塑盘旱床育秧的苗床管理技术与旱育秧技术相同，抛秧前 2～3 天施一次"动身肥"，并在抛秧前一天晚上浇一次水，以利于抛秧后立苗、返青。

为促使秧苗矮壮，减少抛栽时倒苗比例，在秧苗 1 叶 1 心期喷施多效唑，一般每亩秧田喷施 200～300 毫克/千克的药液 50 千克，须注意喷药均匀。

（四）大田整地

抛秧稻整地要达到"平、浅、烂、净"。

一是田面要求平整。整块田高低差异应控制在 3 厘米以内。若田面不平，抛栽前撒水后，高处土壤水分少，秧苗往往因缺水而加重植伤，甚至被晒死；而低洼处积水超过适宜的水深，易导致秧苗横卧水上，遇风漂移，不利于立苗。

二是大田水层要浅。耙格时田水浅，不但易于整平，且对于沙性土还可趁耙后田面烂糊时抛栽。通常抛秧时水深控制在 0～2 厘米为最好。

三是耙平后有糊泥。田面土壤糊烂，抛栽秧苗入土较深，直立苗比例高，立苗快；反之如果田面土壤偏硬，秧苗根系不易入土或入土太浅，导致较多根系及分蘖节裸露在地面，直立苗比例低，立苗慢，后期易发生根倒伏。

四是田面要求干净。杂物要除净，浮物要捞走，田面无残渣、无瓦砾、无僵垡等杂物，以利于秧苗入土、根系及时下扎，减少漂浮秧。

抛秧时要求水深 2 ~ 3 厘米，低处水深不过寸，高处水浅不现泥，田面表层有泥浆。

（五）大田抛秧

1. 起秧

软盘旱育秧田，可于起秧前一天晚上适量浇水，使盘土保持适宜的湿度，容易起秧、分秧，且根部带土坨，便于抛栽立苗。如发现盘土太湿，将秧盘从秧床上揭起晾 1 ~ 2 小时，以降低土坨的湿度，提高土坨的强度，以防止散坨。

2. 运秧

运秧的方式有两种：一种是从苗床揭起秧盘，再将秧苗大把拔起，轻轻抖动，使土坨间分开，放入运秧的箩筐里，运送到大田；另一种是将软盘卷起，直接运送到田头，随拔随抛。

3. 抛秧

要求以龄定苗，以苗定盘，通常每亩抛栽 50 ~ 55 盘（按 90% 的成苗穴率计算），基本苗 6 万 ~ 8 万，密度 1.8 万 ~ 2 万穴。为有利于秧苗抛后缓苗活棵，要求晴天在下午抛，阴天、小雨全天抛，大风大雨暂备用不抛。目前大面积生产上以人工抛秧为主，间或有用机械抛秧的情况。人工抛秧时，人在人行道上操作，一手提秧筐，一手抓秧抛。或直接将秧盘搭在一只胳膊上，抓起一把秧苗，抖动几下，会使秧苗的根部相互分开，然后采取抛物线方位用力向空中抛 3 ~ 4 米，以土坨入土深度达 1 ~ 2 厘米为佳，如果秧苗入土浅，平躺苗多，则应增加抛散高度。抛秧时，一次抓秧不可过多或过少，以免抛散不匀，注意先抛远后抛近，先稀后密。遇风时，多采用顶风抛秧。大的田块先站在田埂上抛四周，然后下田抛中间；中小田块在田埂上直接抛。先抛 70% ~ 80% 秧苗，要尽量抛远、抛高，使秧苗尽可能散开，根球基本入土。然后每隔 3 ~ 4 米，清出一条宽 30 ~ 35 厘米的空幅道，留作挖搁田沟或管理作业行。沿走道下田，将剩余的 20% ~ 30% 秧苗抛到稀的地方，并与疏散堆子苗相结合做好匀密、补稀，确保抛秧田没有 0.1 平方米的无苗空白。

五、机插稻的育秧与机插技术

（一）育秧准备

1. 床土准备

床土可选用肥沃疏松的菜园土，或是耕作熟化的旱田土，或是秋耕冬翻春秒的稻田土。每亩大田约 100 千克作床土，另备未培肥过筛细土 25 千克作盖籽土。对于肥沃疏松的菜园的土壤，过筛后可直接用作床土，而其他适宜土壤提倡在冬季完成取土，取土前要对取土地块进行施肥，通常每亩匀施腐熟人畜粪 2 000 千克，以及 25% 氮、磷、钾复合肥 60 ~ 70 千克，或硫酸铵 30 千克、过磷酸钙 40 千克、氯化钾 5 千克等无机肥，禁用草木灰。提倡使用适合当地土壤性状的壮秧剂代替无机肥，可在床土加工过筛时每100千克细土匀拌0.5～0.8千克旱秧壮秧剂。取土地块pH值偏高可酌情增施过磷酸钙以降低pH值（适宜pH值为5.5～7.0）。施后连续机旋耕2～3遍，取表土堆制并覆农膜至床土熟化。经培肥熟化的土壤需进行床土加工，选择晴好天气及土堆水分适宜时（含水率10%～15%，细土手捏成团，落地即散）进行过筛，要求细土粒径不得大于5毫米，其中：2～4毫米粒径的土粒达60%以上。过筛结束后继续堆制并用农膜覆盖，集中堆闷，促使肥土充分熟化。冬前未能提前培肥的，宁可不培肥而直接使用过筛细土，在秧苗断奶期追肥同样能培育壮秧。确需培肥的，至少于播种前30天进行。对肥时要充分拌匀，确保土肥充分交融，拌肥过筛后一定要盖膜堆闷促进腐熟。禁止未腐熟的厩肥以及淤泥、尿素、碳铵等直接拌作底肥，以防肥害烧苗。

2. 秧田准备

选择地势平坦，排灌分开，背风向阳，邻近大田的熟地作秧田。秧田、大田比例宜为1：80～1：100，一般每亩大田需秧田7～10平方米。秧田整地采用水做法，即在播前10～15天上水验平，待沉实后再做秧板。秧板宽1.4～1.5米，长度根据需要和地块大小确定，沟宽、深分别为25厘米、10～15厘米，围沟深20厘米。秧板要求"实、平、光、直"，即秧板沉实不陷脚、平整无高低、无残茬杂物、秧板整齐沟边垂直。

3. 秧盘或地膜准备

采用软盘育秧的，每亩大田一般要准备25张左右软盘；采用双膜育秧的，一般每亩大田应备足幅宽1.5米的地膜4.0米。育秧前需要事先对地膜进行打孔，孔距一般为2.0厘米×2.0厘米或2.0厘米×3.0厘米，孔径0.2～0.3厘米，孔径不宜过大，否则会造成大量秧根穿孔下扎，由此增加起秧难度。

4. 其他材料准备

每亩机插大田需准备2米宽覆盖用农膜4米。每米秧板需准备无病稻麦秸秆约1.2千克或相应面积的无纺布，芦苇秆或细竹竿7～8米，用于覆膜后盖草遮阳保温防灼。采用双膜育秧的，为了保证床土的标准厚度，需备长约2.0米、宽2.0～3.0厘米、厚2.0厘米的木条4根，切刀1～2把，用于栽前切块起秧。

5. 种子准备

选择适合当地种植的优质、高产、稳产、分蘖中等、抗性好的穗粒并重型优良品种，同等条件下以生育期相对短的为宜。常规粳一般每亩大田用种量3～3.5千克，杂交稻为1～L5千克。一般杂交每盘芽谷的播量为80～100克，常规稻每盘芽谷播量为120～150克。播量过大或过小均不利培育合格的机插秧苗。尽可能选用标准的商品种子，普通种子在浸种前要做好晒种、脱芒、选种、发芽试验等工作。种子的发芽率要求在90%以上，发芽势达85%以上。并做好药剂浸种和催芽等工作。双膜手播育秧催芽标准是根长达稻谷1/3，芽长为稻谷的1/5～1/4，若采用机播，90%的种子达"破胸露白"即可。谷芽催好后，置室内摊晾4～6小时，并且种子水分适宜不粘手即可播种。

（二）播期确定

机插育秧的播种密度高，秧苗根系集中在厚度仅为 2 ~ 2.5 厘米的薄土层中交织生长，因而秧龄弹性小。必须根据茬口安排，按照 15 ~ 20 天适龄移栽推算播期，宁可田等秧，不可秧等田。机插面积大的种植户，要根据插秧机工作效率和机手技术熟练程度，安排好插秧进度，合理分批浸种，顺次播种，以此来确保每批次播种均能适龄移栽。

（三）软盘育秧的播种

1. 铺放塑盘

秧板上平铺软盘，为充分利用秧板和便于起秧，每块秧板横排两行，依次平铺，紧密整齐，盘与盘的飞边要重叠排放，盘底与床面紧密贴合。

2. 匀铺床土

铺撒准备好的床土，土层厚度为 2 ~ 2.5 厘米，厚薄均匀，土面平整。

3. 补水保墒

播种前一天，灌平沟水，待床土充分吸湿后迅速排水，亦可在播种前直接用喷壶洒水，要求播种时土壤饱和含水率达 85% ~ 90%。可结合播种前浇底水，用 65% 敌克松与水配制成 1 ∶ 1 000 ~ 1 500 的药液，并对床土进行喷浇消毒。

4. 定量播种

播种时按盘称种。一般常规粳稻每盘均匀播破胸露白芽谷 120 ~ 150 克，杂交稻播 80 ~ 100 克。为确保播种均匀，可以 4 ~ 6 盘为一组进行播种，播种时要做到分次细播，力求均匀。

5. 匀撒覆土

播种后均匀撒盖籽土，覆土厚度为 0.3 ~ 0.5 厘米，以盖没芽谷为宜，不能过厚。注意使用未经培肥的过筛细土，不能用拌有壮秧剂的营养土。盖籽土撒好后不可再洒水，以防止表土板结影响出苗。

6. 封膜保墒

覆土后，灌平沟水湿润秧板后迅速排放，弥补秧板水分不足，并沿秧板四周整好盘边，保证秧块尺寸。芽谷播后需经过一定的高温高湿才能达到出苗整齐，一般要求温度在 28 ~ 35℃，湿度在 90% 以上。为此，播种覆土后，要封膜盖草，控温保湿促齐苗。封膜前在板面每隔 50 ~ 60 厘米放一根细芦苇或铺一薄层麦秸草，以防农膜粘贴床土导致闷种。盖好农膜，需将四周封严封实，农膜上铺盖一层稻草，厚度以看不见农膜为宜，预防晴天中午高温灼伤幼芽。

（四）双膜育秧的播种

1. 铺有孔膜

在秧板上平铺打孔地膜。

2. 铺放底土

沿板面两边（秧板沟边）分别固定宽 2 ~ 3 厘米、厚 2.0 厘米、长 200 厘米左右的木条（木条要事先备好，不宜过长）。在有孔地膜上铺放底土，并用木尺沿两侧木条刮平，使铺土厚度与秧板两边固定的木条厚度一致（2.0 厘米），切忌厚薄不均。

3. 渗足底土水分

在播前一天铺好底土后，灌平板水，使底土充分吸湿后迅速排放。也可直接用喷壶喷洒在已铺好的底土上，使底土水分达饱和状态后立即播种盖土，避免跑湿。

4. 定量播种

一般 1 平方米播芽谷 750 ~ 950 克（粳稻）。播种时要按畦称种，分次细播、匀播，力求播种均匀。

5. 匀撒盖土

播种后均匀撒盖籽土，覆土量以盖没种子为宜，厚度为 0.3 ~ 0.5 厘米。注意使用未经培肥的过筛细 ±，不能用拌有壮秧剂的营养土。盖籽土撒好后不可再洒水，以防止表土板结影响出苗。

6. 封膜盖草

覆土后，沿秧板每隔 50 ~ 60 厘米放一根细芦苇或铺一薄层麦秸草，以防农膜与床土粘贴导致闷种。盖膜后须将四周封严封实。膜面上均匀加盖稻草，盖草厚度以基本看不见盖膜为宜。秧田四周开好放水缺口，以此来避免出苗期降雨秧田积水，造成烂芽。膜内温度控制在 28 ~ 35℃。

（五）秧田管理

1. 揭膜炼苗

揭膜时间因当时气温而定，一般在秧苗出土 2 厘米左右、不完全叶至第 1 叶抽出时（播后 4 ~ 5 天）揭膜炼苗。若覆盖时间过长，遇烈日高温容易灼伤幼苗。要求晴天傍晚揭，阴天上午揭，小雨雨前揭，大雨雨后揭。如遇寒流低温，宜推迟揭膜，并做到日揭夜盖。

2. 水分管理

水分管理主要有湿润管理和控水管理两种方法。①湿润管理。揭膜时灌平沟水，自然落干后再上水，如此反复。晴天中午若秧苗出现卷叶要灌薄水护苗，雨天放干秧沟水。移栽前 3 ~ 5 天控水炼苗。②控水管理。揭膜时灌一次足水（平沟水），浸透床土后排放（也可采用喷洒补水）。清理秧沟，确保雨天秧田无积水。此后若秧苗中午出现卷叶，可在傍晚或次日清晨人工喷洒水一次，使土壤湿润即可。不卷叶不补水。

3. 肥料施用

床土肥沃的可不施断奶肥。床土没培肥及苗瘦的秧苗断奶肥于 1 叶 1 心期施用，在建立浅水层后，每亩苗床用尿素 5 千克对水于傍晚露雨未上来前撒施，施肥后再用少量清水喷洒，以防造成肥害。可在栽插前 3 ~ 4 天施好送嫁肥。叶色褪淡的秧苗，每亩用尿素 4 ~ 4.5 千克对水于傍晚均匀喷洒或泼浇,施后并洒一次清水以防肥害烧苗;叶色正常、叶挺拔而不下披的秧苗,每亩用尿素 1 ~ 1.5 千克对水 100 ~ 150 千克进行根外喷施;叶色浓绿且叶片下披的秧苗,不需施肥,应应采取控水措施来提高苗质。

4. 病虫防治及化控

秧田期病虫主要有稻蓟马、灰飞虱、立枯病、螟虫等。秧田期应密切注意病虫发生情况,及时对症用药防治。移栽前 2 ~ 3 天,所有秧田要及时用药防病治虫,通过带药下田提高防治效果。若气温较高,雨水偏多,苗量生长较快,特别是不能适期移栽的秧苗,可在 2 叶期每亩秧田用 15% 多效唑可湿性粉剂 50 克配制成 2 000 倍药液喷雾。切忌用量过大、喷雾不匀,对于床土培肥时已使用过“旱秧壮秧剂”的秧田则不必使用多效唑。

(六)大田整地

机插秧采用中小苗移栽,对大田耕整质量的要求相对较高。一般来讲,大田耕翻深度掌握在 15 ~ 20 厘米。要求田面平整,田块内高低落差不大于 3 厘米,要清除田面过量残物,做到泥土上细下粗,细而不糊,上软下实。待泥浆沉淀后移栽,沙质土要沉实 1 天左右,壤土要沉实 2 天左右,黏土要沉实 3 天左右,由此来达到泥水分清,沉淀不板结,水清不浑浊。

(七)机插技术

1. 适时栽插

在施足基肥的基础上,要做到适时栽插。适宜机插的秧龄掌握在 15 ~ 20 天,叶龄 3 ~ 4 叶,苗高 13 ~ 20 厘米。

2. 正确起运

软盘育秧方式起秧时,先慢慢拉断穿过盘底渗水孔的少量根系,连盘带秧一并提起,再平放,然后小心卷苗脱盘。双膜育秧起秧前要将整板秧苗用切刀切成长 58 厘米,宽 27.5 ~ 28 厘米的秧块,切块深度以切破底层有孔地膜为宜,而后起板内卷秧块。秧苗运至田头时应随即卸下平放,使秧苗自然舒展;做到随起随运随插,严防烈日伤苗,要采取遮阴措施防止秧苗失水枯萎。

3. 合理密植

插秧前须对插秧机做一次全面检查调试,以确保插秧机能够正常工作。特别是要根据秧苗的密度,调节确定适宜的穴距与取秧量。以保证每亩大田适宜的基本苗。每亩穴数应根据所用品种和栽培要求而定,对粳稻品种而言,中等地力和施肥水平的田块,每亩穴数以 1.8 万穴左右为宜;平均每穴以 3 ~ 4 株苗为宜;每亩基本苗以 5 万 ~ 7 万株为宜。机插秧的行距 30 厘米,株距可按需要进行调整。插秧株距的调整方法:步行插秧机的插秧株距调整手柄位于插秧机齿轮箱右侧,推拉手柄有三个位置,标有“90、80、70”字样。“70”位置,密度最稀,株距为 14.6 厘米,每亩密度为 1.4 万穴;“80”位置,株距为 13.1 厘米,每亩密度 1.6 万穴;“90”位置,株距则为 11.7 厘米,每亩密度为 1.8 万穴。

4. 薄水浅插

做到清水淀板，薄水浅栽，确保直行、足苗，水层深度 1 ~ 2 厘米，不漂不倒，越浅越好，一般以入泥 0.5 ~ 1 厘米为宜。

第三节　优质水稻科学施肥技术

一、水稻的需肥规律

水稻正常生长发育需要吸收多种必需的营养元素。这些营养元素中，水稻对其需求量较大而且通常必须通过施肥来补充的主要是氮、磷、钾三要素。氮素是植株体内蛋白质的成分，也是叶绿素的主要成分，充足的氮素有利于水稻的生长发育。磷素的主要作用是促进根系发育和养分吸收，增强分蘖势，增加淀粉合成，有利于籽粒充实。钾素的主要作用是促进淀粉、纤维素的合成和植株体内运输，较充足的钾素有利于提高根系活力、延缓叶片衰老，同时能增强水稻抗逆能力。除上述三要素外，水稻对硅的要求强烈，吸硅量约为氮磷钾吸收量总和的两倍，硅进入稻株体内有利于控制蒸腾，还可以促进表层细胞硅质化，增强作物茎秆的机械强度，提高抗倒伏、抗病能力。除此，中量元素钙、镁、硫等，均具有增强稻株抗逆性，改善植株抗病能力，促进水稻生长的作用；微量元素如锌、硼等，能改善水稻根部氧的供应，增强稻株的抗逆性，提高植株抗病能力，促进后期根系发育，延长叶片功能期，避免早衰，有利于提高水稻成穗率，促进穗大粒多粒重，从而增加产量。水稻生长发育所需的各类营养元素，主要依赖其根系从土壤中吸收。各种元素有着特殊的功能，不能相互替代，但它们在水稻体内的作用并非孤立，而且通过有机物的形成与转化得到相互联系。

一般来说，每生产 100 千克稻谷，需从土壤中吸收氮（N）1.6 ~ 2.5 千克、磷（P_2O_5）0.6 ~ 1.3 千克、钾（KO）1.4 ~ 3.8 千克，氮、磷、钾的比例为 1 : 0.5 : 1.3。随着栽培地区、品种类型、土壤肥力、施肥和产量水平等不同，水稻对氮、磷、钾的吸收量会发生一些变化。通常杂交稻对钾的需求高于常规稻 10% 左右，粳稻较籼稻需氮量多而需钾量少。

水稻不同的生育阶段对营养元素的吸收是不一致的。一般规律是：①返青分蘖期。由于苗小，稻株光合面积小，干物质积累较少，因而吸收养分数量也较少。这一时期段氮的吸收率约占全生育期吸氮量的 30% 左右，磷的吸收率为 16% ~ 18%，钾的吸收率为 20% 左右。②拔节孕穗期。水稻幼穗分化至抽穗期，叶面积逐渐增大，干物质积累相应增多，是水稻一生中吸收养分数量最多和强度最大时期。此期吸收氮、磷、钾养分的百分率几乎占水稻全生育期养分吸收总量的一半左右。③灌浆结实期。水稻抽穗以后直至成熟，由于根系吸收能力减弱，吸收养分的数量显著减少，氮的吸收率为 16% ~ 19%，磷的吸收率为 24% ~ 36%，钾的吸收率为 16% ~ 27%。早稻会在分蘖期的吸收率要比晚稻高，所以，早稻生产上要强调重施基肥、早施分蘖期肥。一般晚稻在后期养分吸收率高于早稻，生产上常采取合理施用穗肥和酌情施用粒肥，满足晚稻后期对养分的需要。

单季稻的生育期较长，对氮磷钾三要素的吸收量一般分别在分蘖盛期和幼穗分化后期形成两个吸肥高峰。施肥时，必须根据水稻营养规律和吸肥特性，充分满足水稻吸肥高峰对各种营养元素需要。

二、水稻的施肥原则

（一）增施有机肥

当前的水稻生产上，对合理施用化肥、增施有机肥料、有地养地、培肥土壤及防止地力衰退的认识不足，普遍存在着重化肥轻有机肥、重眼前短期利益忽视可持续效益的现象，使土壤结构和循环系统遭到不同程度的破坏，有机质含量逐年降低，氮、磷、钾等养分丰缺失衡，耕地质量下降，严重威胁到稻田可持续发展。增施有机肥和在保证水稻正常生长的前提下尽可能地减少化学肥料的施用是优质水稻生产的一个施肥原则。稻田增施有机肥对于稻田的综合肥力，优化稻田环境，提高产量和改善稻米品质都有十分重要的作用。增施有机肥功能具体表现在：①全面持久提供土壤养分。有机肥是完全肥料，不仅能供给水稻氮、磷、钾等各种大量营养元素，而且能供给钙、镁、铁、锌等多种微量元素，同时养分供应持久。②提高土壤保肥保水能力。因为有机肥中含有大量有机质，在土壤中经过微生物分解，产生有机胶体，有机胶体表面带有大量负电荷，能吸附土壤中带有正电荷的铵、钾、钙、镁、锌等各种养分离子，使其难以淋溶流失，土壤有机胶体也能吸附大量水分，从而增强了土壤的保肥、保水能力。③改善土壤通透性。有机肥可以促进土壤团粒结构的形成，对通透性不良的黏性土壤，可使黏土孔隙增多增大，黏性降低，改善其通气性和透水性；对通透性过强的沙性土壤可以增强沙粒之间的黏结力，减少土壤孔隙，控制过量渗透，防止漏水、漏肥。此外，增施有机肥，还能增强的土壤缓冲性能、增强土壤的解毒能力等。

常用于水稻生产的有机肥来源主要有堆肥和沤肥、厩肥、绿肥、作物秸秆、饼肥和商品肥料。堆肥是以各类秸秆、落叶等主要原料并和人畜粪便和少量泥土混合堆制，经好气性微生物分解而成的一类有机肥料。沤肥是在淹水条件下经微生物嫌气发酵而成的一类有机肥料，所用物料与堆肥基本相同。厩肥是以猪、羊、鸡、鸭等畜禽的粪尿为主，与秸秆等垫料堆积并经微生物作用而成的一类有机肥料。绿肥是以新鲜植物体就地翻压、异地施用或轻湛、堆积后而成的肥料。作物秸秆是以麦秸、稻秸等直接还田。饼肥是以各种油分较多的种子经压榨去油后的残渣制成的肥料。商品肥料包括商品有机肥、腐殖酸类肥和有机复合肥等。

要使稻田土壤有机质得到补充，实现水稻的优质高产，一般每亩稻田每年至少要施用 2 000 千克的有机肥料，要通过多种途径，增加有机肥的施用量，改变目前多数地方依赖化学肥料的习惯。

（二）平衡配方施肥

平衡配方施肥是以土壤测试和肥料田间试验为基础，可根据水稻需肥规律、土壤供肥性能与肥料利用效率，在合理施用有机肥料的基础上，提出氮、磷、钾三要素及中、微量元素等肥料的适宜用量、施用时期以及相应的施肥方法。它的核心是调节和解决水稻需肥与土壤供肥之间的矛盾，同时有针对性的补充水稻所需营养元素，做到缺什么就补什么，需要多少就补多少，实现各种养分平衡供应，满足作物的需要。平衡配方施肥是水稻栽培由传统的经验施肥走向科学定量化施肥的一个重要转变，能有效地提高肥料利用率和减少用量，提高作物产量，改善农产品品质，节省劳力，节支增收。

优质水稻生产上的平衡配方施肥，要求以土定产、以产定肥、因缺补缺，做到有机无机相结合，氮、磷、钾、微肥各种营养元素配合，不同生育时期的养分能协调和平衡供应，养分供应以在满足水稻优质高产需求的同时，最大限度地减少浪费和环境污染为原则。

平衡配方施肥的基本方法：一是测土；二是配方。测土是平衡施肥的基础，是通过在田间采取具有代表性的土壤样品，利用化学分析手段，对土壤中主要养分含量进行分析测定，及时掌握土壤肥力动态变化情况和土壤有效养分状况，从而较准确地掌握土壤的供肥能力，为平衡施肥提供科学依据。配方是平衡施肥的关键，在测土的基础上，根据土壤类型和供肥性能与肥料效应，同时考虑气候特点、栽培习惯、生产水平等条件，确定目标产量，制定合理的平衡施肥方案，提出氮、磷、钾等各种肥料的最佳施用量、施用时期和施用方法等，实行有机肥与化肥、氮肥与磷钾肥、大量元素与中量及微量元素肥料平衡施用。

三、水稻施肥量的确定

水稻施氮量一般都只能依据大面积生产经验结合有关田间试验结果来确定，但随着生产的发展，用精准方法确定施肥量成为必然趋势。

水稻施肥量的确定需要考虑以下几个方面的因素：一是水稻要达到一定的产量水平所必须从土壤中吸收的某种养分的数量；二是土壤供应养分的能力；三是肥料中某种养分的有效含量；四是肥料施入土壤后的利用率。目前，水稻施肥量的确定方法大致有地力分区（级）配方法、田间试验法和目标产量配方法等三类。

在优质水稻高产栽培中，目标产量配方法是被普遍采用一种方法，这一方法是以实现水稻与土壤之间养分供求平衡为原则，根据水稻需肥量与土壤供肥量之差，求得实现计划产量所需肥料量，又称为养分平衡法。目标产量配方法的计算公式是：某种养分的施肥量=（水稻目标产量需肥量−土壤供肥量）/（肥料养分含量×肥料利用率）。

目标产量配方法涉及目标产量、作物需肥量、土壤供肥量、肥料利用率和肥料中有效养分含量五大参数。但在生产实际中，求取目标产量需肥量、土壤供肥量和肥料利用率3个参数是十分复杂而困难的。土壤供肥量与前作的种类、耗肥量和施肥量以及土壤种类、耕作管理技术等多方面因素有关，其可由不施该养分时水稻吸收的养分量来推算。肥料利用率与肥料种类、施肥方法和土壤环境等有关。我国水稻当季化肥的利用率大致范围是：氮肥为 35% ~ 40%，磷肥为 15% ~ 20%，钾肥为 40% ~ 50%。

（一）氮肥施用量

水稻亩产 600 千克左右，亩施化学氮肥量（N）要控制在 15 ~ 18 千克以内；亩产 650 千克以上的亩施氮量控制在 18 ~ 20 千克；对小麦秸秆全量还田的前期可适当增施速效氮肥，调节碳氮比至 20 ~ 25 : 1；畜禽规模养殖地区有机肥资源充裕的区域，要根据有机肥的施用情况酌情调减化学氮肥用量。

（二）磷、钾肥施用量

每亩施磷（P_2O_5）量要控制在 3.5 ~ 5 千克之内，土壤速效磷较高、小麦、油菜施磷量较高的地区，每亩施磷量可减少 0.5 ~ 1 千克；施钾（K_2O）量一般为每亩 5 ~ 10 千克。通常磷钾肥一次性作基肥施用（钾肥在严重缺钾地区可分基肥与穗肥各半施用），磷钾肥的基肥配比应根据当地土壤肥力的高、中、低合理调整，原则上以中低浓度磷钾配方肥料为主。其中，高肥力土壤以低磷低钾配方为主，中等肥力土壤以低磷中钾配方为主，低肥力土壤以中磷中钾配方为主，严重缺钾地区以中磷高钾配方为主。

四、水稻的施肥时期和方法

（一）基肥的施用

水稻栽插前施用的肥料称为基肥，通常也称底肥。基肥可以源源不断地供应水稻各生育时期，尤其是生育前期对养分的需要。基肥的施用要强调"以有机肥为主，有机肥和无机肥相结合，氮、磷、钾配合"的原则。

基肥中首先要应用肥效稳长、营养元素较齐全、有改良土壤作用的迟效性肥料，如绿肥、厩肥、堆肥、沤肥、泥肥等。这些肥料一般在翻耕前施之下，翻埋于耕作层。同时，还应在最后一次耙田时，再施用腐熟人粪尿、尿素（或碳酸氢铵）、过磷酸钙、草木灰等速效性肥料，做到"底面结合、缓速兼备"，使迟效性肥料能缓慢持续地释放养分，供应水稻生长，避免中途脱肥；速效性肥料又能在稻田移栽后即供应养分，促进返青分蘖和生长发育。

基肥的用量和比例，应根据土壤肥力、土壤种类、施肥水平、品种生育期和移栽秧龄而定。

土壤肥力低的，基肥用量和比例可适当增加；土壤肥力高的则适当减少。

土壤深厚的黏性土，保肥力强，用量和比例适当增加；而土壤浅薄的沙性土，保肥力差，用量和比例适当减少。

施肥水平高的，用量和比例适当增加；反之则适当减少。

品种生育期长，移栽秧苗叶龄小，施肥要多些；而品种生育期短，移栽秧苗叶龄大，施肥则要小些。

通常绿肥茬、油菜茬等地力较肥的田块，可少施基肥；反之，地力较贫瘠田块可多施基肥。

基肥占总施肥量的比重可以在 40% ~ 60% 范围变动。通常氮肥中 30% ~ 40% 作基肥施用，基、蘖肥与穗肥中氮肥比例为 60% ~ 65%：35% ~ 40%，土壤肥力高的高产田块可调整为 50%：50%。有机肥、磷肥全部作基肥，钾肥通常也一次性作基肥施用（但严重缺钾地区基肥中施用 50%，余下作穗肥追施）。在正常栽培情况下，基肥用量也不宜过多。因基肥过多，养分在短期内无法被秧苗所利用，会因稻田灌排和渗漏而流失，降低肥料利用率，同时还会导致肥害僵苗。

如果土壤的蓄肥力差，基肥用量又少，可采用浅层施肥法，将肥料施在根系最密集的部位，以利于根系吸收。移栽时天气温度低，其需用少量速效肥料做面肥。

（二）分蘖肥的施用

分蘖肥是秧苗返青后追施的肥料，其作用是促进分蘖的发生。分蘖肥一般应在返青后及时施用，以速效氮肥为主，促使水稻分蘖早生快发，为足穗、大穗打下基础。但肥料施用不宜过早，因为水稻栽插后有一个植伤期，植伤期间根系吸收能力弱，肥效不能发挥，同时还会对根系的发育产生抑制作用，反而会推迟分蘖的发生。

分蘖肥的施用原则是：使肥效与最适分蘖发生期同步，促进有效分蘖，确保形成适宜穗数；控制无效分蘖，利于形成大穗，还能提高肥料利用率。因此，分蘖肥应注意抢晴天施、浅水施，或是采用其他方法做到化肥深施。具体的施肥数量应根据土壤肥力、基肥多少和有效分蘖期的长度、苗情长势等确定。一般土壤肥力高、基肥足、稻苗长势旺的可适当少施；反之则应适当多施。有效分蘖期短的，一般在施基肥的基础上，返青后一次性亩施尿素 10 ~ 15 千克；而有效分蘖期长的，在第一次施有分蘖肥的基础上，还要根据苗情每亩再补施尿素 6.5 ~ 9 千克。

（三）穗肥的施用

从幼穗开始分化到抽穗前施的追肥统称穗肥。合理施用穗肥即有利于巩固穗数，又有利于形成较多的总颖花数，又能强"源"、畅"流"，形成较高的粒叶比，利于提高结实率和千粒重。因而，在优质水稻的高产栽培中，普遍重视穗肥的施用，较大地提高了穗肥的施用比例，穗肥用量一般占总氮量的 35% ~ 40%，高产田块可达到50%。

穗肥因其施用时期不同，作用也不同。

在幼穗分化开始时施用的，其作用主要是促进稻穗枝梗和颖花分化，增加每穗颖花数，称为促花肥。通常在叶龄余数 3.5 叶左右施用，一般每亩施尿素 9 ~ 15 千克。具体施用时间和用量要因苗情而定，如果叶色较深不褪淡，可推迟并减少施肥量；反之，如果叶色明显较淡的，可提前 3 ~ 5 天施用，并适当增加用量。

在开始孕穗时施的穗肥，其作用主要是减少颖花的退化，提高结实率，称为保花肥。通常在叶龄余数 1.5 ~ 1.2 叶时施用，一般每亩施尿素 4 ~ 7 千克。对于叶色浅、群体生长量小的，可多施；对叶色较深者，则少施或不施。

除此之外，对于前期施肥不足，表现脱肥发黄的田块，则可于齐穗前后用 1% 的尿素溶液作根外追肥，起延长叶片寿命、防止根系早衰作用；对于有贪青徒长趋势的田块，可向叶面喷施 1% ~ 2% 的过磷酸钙，可提高结实率和千粒重，并促进早熟。

第四节　优质水稻水分管理技术

水稻的水分管理，不仅影响水稻产量，还会影响到稻米的品质。在水源保证灌溉的地区，根据水稻的需水规律及灌溉对生态环境的调节作用，进行水分管理，是优质水稻高产高效生产的重要环节。

一、水稻的需水规律

（一）稻田需水量

稻田需水量是指水稻生育期间单位土地面积上的总用水量，也称耗水量。它是由植株蒸腾、株间蒸发及稻田渗漏 3 个部分，前两个部分合计称为腾发量。移栽水稻稻田需水量应包括秧田和本田两部分，但秧田期需水量较少，约占本田需水量的 3% ~ 4%。尤其是旱育秧需水更少，不到本田需水量的 1%，由此，一般秧田需水量可忽略不计，只考虑本田需水量。

稻田腾发量的大小与气候条件和栽培措施有密切关系。腾发量与积温呈正相关，在栽培措施中，密植田块的单位面积株数增多，叶面积指数增大，故穴间蒸发量减少，而叶面蒸腾量则相应增大，但其腾发量，密植较稀植仍有增多的趋势。一般随着施肥水平的提高，而增加田间稻株繁茂程度和物质累积数量，从而腾发量绝对值也相应提高。

水稻一生中，腾发量因生育时期而异，蒸腾和蒸发是互为消长的。蒸腾强度是随着叶面积的增加而增加的，在孕穗到抽穗期达到高峰，以后随着叶面积指数的降低而降低。株间蒸发的变化则与蒸腾相反，插秧初期叶面积指数小，蒸发远大于蒸腾，进入分蘖期后随着叶面积的增加而降低，拔节以后基本稳定，后期叶面积指数降低后又略有回升。蒸腾和蒸发之和即为腾发强度，腾发强度的变化与叶面积指数的消长相似，大体是返青后逐渐增加，在孕穗到抽穗期达到高峰，以后又逐渐降低。

稻田渗漏包括向田埂侧面渗漏和向稻田底渗漏两种。田埂侧面渗漏，其只要堵塞田埂孔洞和夯实田埂就可以解决。向稻田底渗漏，主要是土壤沙性较大、土壤结构性差，其次是地下水位较低，还有新稻田没有形成梨底层或老稻田因深耕破坏了犁底层。稻田渗漏量大，不仅浪费水分，也会导致养分的大量流失，而且易引起干旱，不利水稻生长。

适度的渗漏量是丰产土壤的一项重要特性，它可以促进土壤气体交换，供给根部呼吸作用需要的氧，并能排除土壤中多余的盐分和避免还原性有毒物质的积累，对水稻生长有利。

稻田需水量，除一部分由水稻生长季节的降水直接供给外，还有一部分需灌溉来补充，单位面积稻田需要灌溉补充的水量叫做稻田的灌溉定额，一般南方单季稻的灌溉定额每亩 200～280 立方米，变幅较小。

（二）水稻不同生育时期对水分的需求

在水稻一生中，任何时期缺水受旱都对水稻的生长发育有一定影响。其中：以孕穗期缺水对水稻产量的影响最大，其次是灌浆期，最低是幼穗分化期。

返青期缺水受旱，秧苗不易返青成活，即使成活，分蘖、稻株生长也会受到抑制，还会影响以后的生长；幼穗分化期是水稻一生中需水量最多的时期，如果受旱，会影响幼穗的发育，造成穗粒数减少，结实率下降，导致严重减产；抽穗开花期也是水稻对水分十分敏感的时期，此期受旱，抽穗开花困难，减产严重，甚至绝收；灌浆期受旱，会使粒重、结实率降低，且青米、死米、腹白米增多，严重影响产量与稻米品质。

二、稻田的水分调控

（一）水稻的生理需水和生态需水

1. 水稻的生理需水生理需水

是供给水稻本身生长发育和进行正常生理活动需要的水分。水稻植株体内含水量约占 75% 以上，活体叶片所含水分为 80%～95%，根部为 70%～90%，成熟后的种子含水量占干重的 14%～15%。水稻生理需水的指标是蒸腾系数，即生产 1 克干物质所消耗的水分数量，水稻的蒸腾系数一般在 395～635。水稻生理需水的多少与品种特性有密切关系，一般植株高大、生育期长、自由水含量高的品种，生理需水多；而植株矮小、生育期短、束缚水含量高的品种，生理需水少。生态环境条件对生理需水有直接影响，大气湿度低，温度高，光照强、风大，生理需水较多；干旱过程中生理需水往往降低。

2. 水稻的生态需水生态需水

是指利用水作为生态因子，营造一个水稻优质高产栽培所必需的体外环境而需要的水。①以水调温。水层对稻田温度和湿度有一定调节作用，可以缓解气候条件剧烈变化对水稻的影响。例如：低温时可灌水保温，高温时可灌水降温等。②以水调气。在稻田土壤中，水与气常成一对矛盾，淹水土壤中空气少，湿润土壤中空气多。例如：生产上可采取干干湿湿等措施，解决水气矛盾，促进根系发育。③以水调肥。众所周知，无机元素必须溶解在水中才能被水稻所吸收，同时水层又能提高水稻对氮（主要是铵态氮）、磷、硅、铁等元素的吸收，降低对钾的吸收。例如：分蘖期建立水层，促进水稻对氮、磷等元素的吸收，有利于早发分蘖，提高分蘖成穗率；分蘖末期搁田，能降低对氮、磷吸收，促进对钾的吸收。④以水控长。水分状况直接影响水稻生长发育，是栽培调控的重要手段。例如：通过浅湿灌溉，促进分蘖生长；运用断水搁田或是深水灌溉，控制分蘖发生；通过干湿交替，养根保叶防早衰等。⑤以水抑草。通过水层调节，在一定程度上可以抑制稻田杂草，减轻杂草的危害。例如水层对一般旱生杂草和湿生型的稗草等都有不同程度的淹灭效果；搁田又能抑制某些沼生或水生杂草的发生。⑥以水洗盐。在盐碱地上，可以通过灌水洗盐、稀释盐分，致使水稻成为盐碱地的先锋作物。

（二）稻田的水层管理

稻株个体的生理需水与群体的生态需水，两者是对立统一的矛盾。一般情况下，稻田的水层管理是根据统一关系来确定。当稻株生长过旺时，即个体生理需水和群体生态需水发生矛盾时，水层管理方式需要根据群体的生态需水来制定。由于水稻的生理需水和生态需水都有一定的变化幅度，而且又受气候、土壤、栽培季节和栽培条件等因子影响，所以，水稻水层管理具有多样性。但是，由于水稻的遗传性所形成的以淹水层或高度湿润为主的水层管理方式，决定根据生态需水变化调整水层管理方式是水层管理的基本原则。

（三）稻田的排水搁田

水稻搁田，又称为晒田、烤田，是我国稻田灌溉技术中一项古老而独特的措施，已成为水稻高产栽培水分管理中的重要环节。合理的搁田可以协调水稻生长与发育、个体与群体、地上部与地下部、水稻与环境等诸多矛盾，实现水稻的优质高产。搁田的主要作用可概括成如下几点。

1. 改善土壤环境

水稻栽插后，稻田土壤在较长时期的水层环境中，土壤还原性增强，氧化还原电位下降，土壤中甲烷、亚铁、硫化氢和低锰等有毒物质含量增加。通过排水搁田，可增加土壤中的氧气，提高氧化还原电位，分解有毒物质，改善土壤理化性状，更新土壤环境。

2. 控制无效分蘖

排水搁田过程中，幼小分蘖因根系不健全而对缺水很敏感，因而较主茎和大分蘖易脱水死亡，从而能有效地控制无效分蘖。在幼小分蘖死亡过程中，能将部分养分回流转入主茎和大分蘖，还能巩固有效分蘖，以此来提高分蘖成穗率。

3. 促进根系发育

通过搁田，使土壤失水干燥产生裂缝，土壤渗透性增强，大量空气进入耕作层，使土壤中氧气含量增多，即使在复水后土壤中空气也能继续更新，原来因淹水产出的有毒物质得到氧化而减少，有利于根系向下深扎，根系活力显著增强。

4. 调整植株长相

搁田可暂时控制根系对氮的吸收，但总体上来说有利于磷、钾、硅酸的吸收，稻株体内氮素同化作用相对减弱，部分同化产物得以多糖形式在茎鞘中积累，使叶色由深绿变为浅绿或黄绿，并能抑制细胞伸长和茎叶徒长，可使正在分化伸长的节间变短。

5. 减轻病虫为害

搁田降低了稻田的株间湿度，能一定程度地抑制病原物与害虫的滋生。同时，植株健壮程度增加，抗逆能力增强，因而有利于防止和减轻纹枯病、稻飞虱等病虫的发生和危害。

三、水稻不同生育期的水分管理

稻田水分管理技术是在几十年的研究和实践中不断发展和完善起来的。稻田的水分管理策略是：根据水稻不同生育期的需水规律、水稻对水分敏感程度来调节田间水分，实行控制灌溉；通过水分调节，对水稻生长发育和稻田生态环境进行有效促控，实现节水、保肥、改土、抗倒伏、抗逆境和减轻病虫草害，最终达到水稻生产的高产、优质、低耗和环境友好。水稻大田阶段不同生育期水分管理关键技术如下。

（一）栽秧期

无论是人工栽插、机插，还是抛秧，栽插时田面保持薄水层，这样可以掌握株行距一致，插得深浅一致，插得浅、插得直，不漂秧，不缺穴，返青也快。

插秧时，气温较低的，水层可以浅些；而气温较高的，为了避免搁伤秧苗，应根据苗高适当加深水层，一般 3 ~ 5 厘米为宜。

（二）返青期

水稻秧苗移栽后，应立即灌深水，有利返青。因移栽时，受伤的根系未能恢复，新根又没有长出，根系的吸水能力较弱，而叶面的蒸腾作用仍不停地进行，往往造成水分支出大于收入，很难保持稻株体内的水分平衡，叶片变黄，甚至出现凋萎等现象。插秧后的返青期内，要保持一定的水层（通常水层以苗高的1/3为宜），以满足稻株生理需水和减少叶面蒸腾，使秧苗早发新根，以便加速返青。

对于移栽时秧龄较长、秧苗较大，深水返青更为重要，特别是在气温高、湿度低的条件下栽插的秧苗，栽后更要注意深水护苗，最好白天灌深水护苗，晚上排水，以促发根返青，如果缺水，易导致叶片永久萎蔫，甚至枯死。

旱育秧苗根系活力强，在湿润条件下发根速度和分蘖发生加快，几乎没有缓苗期，不需要深水护秧，但注意不能断水受旱。

栽秧（抛秧）后 5 ~ 7天，一般秧苗都已扎根立起，也是田间杂草大量集中萌发时期，应选用适宜的除草剂建立浅水层进行土壤封闭处理。施用除草剂后，必须按照相应的要求保持 3 ~ 5 天不排水，如缺水需及时补水。

（三）分蘖期

分蘖期以浅水灌溉为主，勤灌浅灌，只保持 1 ~ 2 厘米水层。或是实行间歇灌溉，方法是田间灌一次水，保持 3 ~ 5 天浅水层，以后让其自然落干，待田面无明水、土壤湿润时，再灌一次水。

分蘖期浅水灌溉或间歇灌溉，可使田间水、肥、气、热比较协调，稻株基部受光充足，分蘖发生早，根系发达。分蘖期若田间灌水过深，将妨碍田间土温的上升或使水稻分蘖节部位昼夜温差过小，影响分蘖的早生快发；与此同时，水层过深使得土壤通气不良，可加剧土壤中有害物质的积累，影响根系生长和吸收能力，严重时出现黑根、烂根。

对于土质黏重田块，或高肥田块，秧苗返青早的宜湿润灌溉；对于土质差的稻田，或中低肥力的稻田，要保持较长时间的浅水层；个别深脚、烂泥、冷浸田还可排水晾田或保持极薄水层。

（四）分蘖末期

进入分蘖末期，为了抑制无效分蘖的发生，会促进根系生长发育，巩固有效穗，为生殖生长打下基础，需要排水搁田。

1. 搁田的时期

确定搁田时期的一般原则是"苗到不等时、时到不等苗"。这里所说的"时"，是指水稻分蘖末期到幼穗分化初期，这段时期对水分不甚敏感，但这段时期之后水稻对水的敏感性增强，过分控制水分可能会影响稻穗的分化；而所谓的"苗"，是指单位面积上的茎蘖数（包括主茎和分蘖），一般在够苗期搁田，够苗期即田间总茎蘖数达到预定的穗数指标的时期。关于预定穗数指标（即适宜穗数），可从当地高产田块中的众数中求得。例如：某一地区的一个优质高产新品种在大面积生产上种植，获得亩产650千克以上产量的有12块田，每亩有效穗18万穗有1块田、19万穗的有2块田、21万穗的有3块田，而有6块田是20万穗，这个品种每亩有效穗数的众数就是20万穗，我们可以把20万穗作为该地区的这个品种预定每亩穗数指标。搁田时期比较科学的确定方法是根据水稻生育进程叶龄模式来判定。搁田时间因品种类型而异，通常从有效分蘖临界叶龄期前一个叶龄开始（N-n-1，N：品种总叶片数；n：伸长节间数）到倒3叶期结束。研究表明，要控制某一叶位发生分蘖，必须在该叶位前1个叶龄期发生控蘖效应，在该叶位前2个叶龄期开始搁田，为此生产上通常要求在群体茎蘖苗数达到适宜穗数的70%～90%时搁田，这样既能保证穗数，又能有效地控制无效分蘖。

一般土壤肥力高、栽插密度大、品种分蘖力强、分蘖早、发苗足、苗势旺的田块，为了抑制无效分蘖的发生，搁田要相应提前；对于密度较大、分蘖早的抛秧田，搁田时间更适当提前，这就是所说的"苗到不等时"，这类苗应重搁。

对于某些肥力不足，分蘖生长缓慢，水稻群体不足，总苗数迟迟达不到预期穗数指标的，可适当推迟搁田，但为了不影响幼穗分化，到了（N-n+1）叶龄期，无论如何都要搁田，这就是说"时到不等苗"，这类苗要适当轻搁。

2. 搁田的程度

正常情况下，搁田以土壤出现3～5毫米细裂缝为复水标准。搁田使水稻无效分蘖显著减缓，植株形态上表现叶色褪淡落黄，叶片挺立，土壤达到沉实，田面露白根，复水后入田不陷脚，全田均匀一致。在生产上，可采取分次轻搁的搁田方法，即每次搁田时间约为0.5个叶龄期（即4～5天），搁田后当0～5厘米土层的含水量达最大持水量的70%～80%时再复水。

搁田的轻重程度根据稻苗生长情况和土壤情况而定。稻田施肥足，秧苗长势旺，发苗快，叶色浓绿，叶片生长披垂的宜重搁；长势差，叶色淡的要轻搁，一般搁到田中间泥土沉实，脚踩不陷，田边呈鸡爪裂缝，叶色稍为转淡为宜。通常地势高爽、沙质土要轻搁；地势低洼、黏质土要重搁。

（五）拔节孕穗期

从水稻幼穗分化期到抽穗，特别是水稻的穗分化减数分裂期是生育过程中的需水临界期。这一时期稻株生长量迅速增大，它既是地上部生长最旺盛、生理需水最旺盛的时期；又是水稻一生中根系生长发展的高峰期。此时期，既要有足够的灌水量满足稻株生长的需要，又要满足土壤通气对根系生长的需要。如果缺水干旱，极易造成颖花分化少而退化多、穗小、产量低，搁田要求在倒3叶末期结束，进入倒2叶期时必须复水，以保证幼穗正常分化发育对水分的需求，特别是在减数分裂期前后更不能缺水，否则将严重影响幼穗发育，造成颖花大量退化，粒数减少，结实率下降。

此期宜采用浅湿交替灌溉。具体的灌溉方法：保持田间经常处于无水层状态，即灌一次2～3厘米深的水，自然落干后不立即灌第二次水，而是让稻田土壤露出水面透气，待2～3天后再灌2～3厘米深的水，如此周而复始，形成浅水层与湿润交替的灌溉方式。剑叶露出以后，正是花粉母细胞减数分裂后期，此时田间应建立水层，并保持到抽穗前2～3天，然后再排水轻搁田，促使破口期"落黄"，以增加稻株的淀粉积累，促使抽穗整齐。

浅湿交替灌溉方式，能使土壤板实而不软浮，有利于防止倒伏。既满足了水稻生理需水的要求，同时又促进了根系的生长和代谢活力，增加根系中细胞分裂素的合成，有利于大穗的形成。

（六）抽穗开花期

抽穗开花期，水稻光合作用强，新陈代谢旺盛，此期也是水稻对水分反应敏感的时期，耗水量仅次于拔节孕穗期。如果缺水受旱，轻者延迟抽穗或抽穗不齐，严重时抽穗开花困难，包颈、白穗增多，结实率大幅度降低。此期田间土壤含水量一般应达饱和状态，通常以建立薄水层为宜。

抽穗开花期间，当日最高温度达到35℃时，就会影响稻花的授粉和受精，降低结实率和粒重；遇上寒露风的天气，也会使空粒增多，粒重降低。为抵御高温干旱或是低温等逆境气候的伤害，应适当加深灌溉水层（水层可加深到4～5厘米），最好同时采用喷灌。

（七）乳熟期

抽穗开花后，籽粒开始灌浆，这一时期是水稻净光合生产率最高的时期，同时水稻根系活力开始下降，争取粒重和防止叶片、根系早衰，成为这个时期的主要矛盾。这时既要保证土壤有很高的湿度，以保证水稻正常生理需水，又要注意使土壤通气，以便保持根系活力和维持上部功能叶的寿命。一般以浅湿交替灌溉的方式，即采用灌溉→落干→再灌溉→再落干方法。

（八）蜡熟期

水稻抽穗 20 ~ 25 天之后穗梢黄色下沉，即进入黄熟期。黄熟期水稻的耗水量已急剧下降，为保证籽粒饱满，要采用干湿交替灌溉方式，并减少灌溉次数。收割前 7 天左右排水落干。

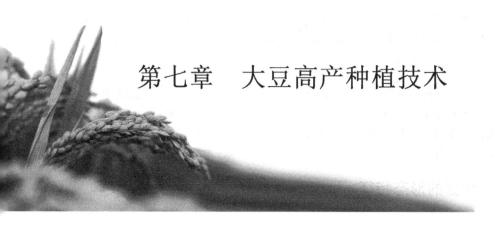

第七章　大豆高产种植技术

第一节　大豆的分类及其形态特征

一、大豆的分类

我国栽培大豆品种繁多，也是世界上最丰富的国家，按植物学特性，可将大豆分为野生种、半栽培种和栽培种三类。按大豆的播种季节可分为春大豆、夏大豆、秋大豆、冬大豆四类，但以春大豆占多数。按大豆的生育期可分为极早熟大豆、早熟大豆、中熟大豆和晚熟大豆。按籽粒颜色可分为黄豆、青豆、黑豆、褐豆、花色豆等类，其中以黄豆为主。按生长习性分为直立型、半直立型、半蔓生型、蔓生型四类，按株形分为收敛型、开张型、半开张型三类，按结荚习性分为有限结荚习性、无限结荚习性和亚有限结荚习性三类。若按大豆的用途则可分为粒用大豆与鲜食大豆两大类。

（一）春大豆类型

此类型大豆对光照反应不敏感，可在 14 小时以上的光照条件下通过阶段发育，适于从低温到高温的气候条件下生长。一般 3 月下旬至 4 月上旬播种，6 月下旬至 7 月上、中旬成熟，全生育期 90 ~ 120 天。由于在夏、秋干旱之前即可成熟，稳产保收，因此种植面积较大，一般亩产 150kg 左右，如果夏秋播，生育期明显缩短，秋播产量降低，一般亩产 80 ~ 100kg。且本类型大豆较耐旱、耐瘠、耐酸性土，适于丘陵旱土一年两熟或三熟栽培。

（二）夏大豆类型

此类型大豆对光照反应较敏感，可在 13 ~ 14 小时的光照条件下通过阶段发育。一般 5 月中、下旬至 6 月上旬播种，9 月中下旬至 10 月上、中旬成熟，全生育期 120 ~ 150 天，在较高的温,度条件下通过阶段发育。由于遇夏、秋干旱对产量影响较大，种植面积占大豆总面积的 18% 左右。本类型大豆植株繁茂高大，其比较耐肥，不太耐旱，结荚性和丰产性较好，一般亩产可达 200kg 左右，高于春大豆，如果改为春播，生育期较长，秋播则生育期明显缩短，产量显著下降。

（三）秋大豆类型

此类型大豆对光照极为敏感，在 13.5 小时以上的光照条件下即不能通过阶段发育。一般 7 月中下旬至 8 月上旬播种，11 月上、中旬成熟，全生育期 95 ~ 115 天，改为春夏播则生育期显著延长。而此类型大豆主要集中在气温较高的湘南和湘中地区，一般亩产 150kg 左右。

二、大豆的形态特征

（一）根和根瘤

1. 根

大豆根属于直根系，由主根、侧根和根毛组成。初生根由胚根发育而成，侧根在发芽后 3 ~ 7 天出现，根的生长一直延续到地上部分不再增长为止。在耕层深厚的土壤条件下，大豆根系发达，根量的 80% 集中在 5 ~ 20cm 上层内，主根在地表下 10cm 以内比较粗壮，愈下愈细，几乎与侧根很难分辨，入土深度可达 60 ~ 80cm。侧根远达 30 ~ 40cm，然后向下垂直生长，一次侧根还再分生二、三次侧根。根毛是幼根表皮细胞外壁向外突出而形成的，寿命短暂，大约几天更新一次，根毛密生使根具有巨大的吸收表面，一株约 100m^2，水分与养分通过根毛来吸收。

2. 根瘤

大豆根系的一大特点就是具有根瘤，大豆根瘤是由大豆根瘤细菌在适宜的环境条件下侵入根毛后产生的，大豆植株与根瘤菌之间是共生关系，大豆供给根瘤菌糖类，根瘤菌供给寄主以氨基酸，有人估计，大豆光合产物的 12% 左右被根瘤菌所消耗。根瘤菌的活动主要在地面以下的耕作层中，大豆根瘤多集中于 0 ~ 20cm 的根上，30cm 以下的根很少有根瘤，大豆出苗后大约 10 天可观察到小根瘤。

3. 固氮

对于大豆根瘤固氮数量的估计差异很大。据研究，当幼苗只有两片真叶时，已可能结根瘤，2 周以后开始固氮，但植株生长早期固氮较少，自开花后迅速增长，开花至青粒形成阶段固氮最多，约占总固氮量的 80%，鼓粒期以后，大量养分向繁殖器官输送，根瘤菌的活动受到抑制，固氮能力下降。大豆根瘤固定的氮一部分满足自身的需要，一部分供给大豆植株，大豆产量很大程度上取决于根瘤发育良好的庞大根系。

（二）茎

大豆的茎近圆柱形略带棱角，包括主茎和分枝。茎发源于种子中的胚轴，下胚轴末端与极小的根原始体相连，上胚轴很短，带有两片胚芽、第一片三出复叶原基和茎尖。在营养生长期间，茎尖形成叶原始体和腋芽，而一些腋芽后来长成主茎上的第一级分枝，第二级分枝比较少见。按主茎生长形态，大豆可分为蔓生型、半直立型和直立型。

大豆主茎基部节的腋芽常分化为分枝，多者可达 10 个以上，少者 1 ~ 2 个或不分枝。分枝与主茎所成角度的大小、分枝的多少及强弱决定着大豆栽培品种的株形。按分枝与主茎所成角度大小，可分为开张、半开张和收敛三种类型。按分枝的多少、强弱，又可将株形分为主茎型、中间型、分枝型三种。

大豆茎上长叶处叫节，节和节之间叫节间，有资料表明，单株平均节间长度达 5cm 是倒伏的临界长度。

（三）叶

1. 子叶

是大豆种子胚的组分之一，也称种子叶。在出苗后 10 ~ 15 天内，子叶所贮藏的营养物质和自身的光合产物对幼苗的生长是很重要的。

2. 真叶

大豆子叶展开后约 3 天，随着上胚轴伸长，从子叶上部节上长出两片对生的单叶，即为真叶。每片真叶由叶柄、两枚托叶和一片单叶组成。真叶则为胚芽内的原生叶，叶面密生茸毛。

3. 复叶

大豆出苗 2 ~ 3 周后，在真叶上部长出的完全叶即为复叶，大豆的复叶包括托叶、叶柄和叶片三部分，每一复叶的叶片包括 3 片小叶片，呈三角对称分布，所以大豆复叶称为三出复叶。托叶一对，小而狭，位于叶柄和茎相连处两侧，有保护腋芽的作用。大豆植株不同节位上的叶柄长度不等，有利于复叶镶嵌和合理利用光能，而且大豆复叶的各个小叶以及幼嫩的叶柄还能随日照而转向。

叶片寿命 30 ~ 70 天不等，下部叶变黄脱落较早，寿命最短；上部叶寿命也比较短，因出现晚却又随植株成熟而枯死，中部叶寿命最长。

4. 先出叶（前叶）

除前面提及的子叶、真叶和复叶外，在分枝基部两侧和花序基部两侧各有一对极小的尖叶，称为先出叶，已失去功能。

（四）花和花序

大豆的花序着生在叶腋间或茎顶端，为总状花序。一个花序上的花朵通常是簇生的，俗称花簇。每朵花由苞片、花萼、花冠、雄蕊和雌蕊构成，花冠的颜色分白色、紫色两种。大豆是自花授粉作物，花朵开放前即已完成授粉，天然杂交率则不到 1%。

（五）荚和种子

大豆的荚色有草黄、灰褐、褐、深褐以及黑等色，豆荚形状分直形、弯镰形和弯曲程度不同的中间形。

成熟的豆荚中常有发育不全的籽粒，或只有一个小薄片，通称秕粒。秕粒发生的原因是受精后结合子未得到足够的营养。开花结荚期间，阴雨连绵，天气干旱均会造成秕粒，鼓粒期间改善水分、养分和光照条件有助于克服秕粒。

大豆的种子形状可分为圆形、椭圆形、长椭圆形、扁圆形等。种皮颜色与种皮栅栏组织细胞所含色素有关，则可分为黄色、青色、褐色、黑色及双色五种，以黄色居多。

第二节　大豆种植制度与高产栽培

一、大豆种植制度

（一）大豆种植方式

1. 大豆单种

单种即在同一块田地上种植一种作物的种植方式。在我国北方和黄淮海地区大豆以单作为主要种植方式，而且集中连片规模大，有利于专业化、区域化生产和机械化作业。我国南方大豆单作主要分布在国营农场，南方红黄壤开发区，川南，云贵北部水稻区，沿海滩涂开发区和农民的少量零星种植。在湖南临湘、新田、道县等该种植方式比较普遍，一般厢宽 2～2.5m，春大豆按行穴距为 33cm×20cm 标准开穴后点播，每亩 1 万穴，早熟品种每穴留苗 3～4 株，中熟品种每穴留苗 2～3 株。

2. 大豆田埂种植

一般在水稻田埂种植，我国南方分布较广，在湖南祁阳、株洲、益阳、常德等规模较大，农民在稻田四周的田埂上种植大豆，一般穴距 20～30cm，每穴播 4～5 粒种子，田埂豆的品种以夏大豆和春大豆为主。田埂种大豆，阳光充足，水肥条件好，而且省工、省本、效益好，一般栽培条件下，稻田的田埂播种 1kg 大豆可收大豆 25kg 左右。

3. 大豆间作套种

我国南方大豆的主要种植方式，我国北方和黄淮海地区有的地方大豆也与玉米实行间作。大豆间作套种能合理利用地力、空间和光能，提高复种指数，实现丰欠互补，增产稳收。一般将共生期占主要作物生育期一半以上的称为间作，少于一半的称为套种。目前大豆间作套种主要有以下几种模式：

（1）大豆与春玉米间套作

大豆与玉米间套种具有明显互补作用。玉米为高秆、喜温光作物，肥水需求量较大，对氮肥的反应比较敏感，吸收氮、磷、钾的时期比较集中；大豆属于矮秆、耐阴、肥水需求量相对较小的作物，其根瘤具有固氮能力，这对氮肥的反应迟缓，需氮相对较少，这两种作物间套作，能充分利用土壤肥力与温光条件，较大幅度地提高综合效益，改变单作玉米或单作大豆效益偏低的状况，对大豆面积的增加意义十分重大。同时，土壤肥力和土壤结构不断得到改善，可真正实现土地的用养结合，是一种较为理想的高效旱土耕作方式。其间作套种模式主要有以下几种：

以玉米为主间作春大豆。水肥条件较好的地块可以玉米为主。玉米采用宽窄行种植，一般宽行 80～100cm，窄行 40～50cm，株距 30cm 左右，在玉米宽行间作 1～2 行春大豆，行距 30cm，穴距 20cm。玉米宽窄行种植间作春大豆，有利两种作物通风透光，边行优势明显，在不影响玉米的同时还可以增收大豆，一般玉米亩产量可达 400～500kg，大豆亦可每亩收 50kg 左右。

以大豆为主间作春大豆。肥力水平一般的地块，最好以大豆为主。配置方式为 2：6，即在厢两边各播 1 行玉米，厢中间播 6 行大豆，大豆行距 30cm，穴距 20cm，玉米株距 30cm。这种方式大豆约占间作田面积的 70%，玉米的面积约占 30%，管理时对玉米多施肥，可使玉米、大豆获得双丰收。

春玉米套作夏大豆。该种植方式主要分布在湘西一带，在西北部的慈利县有比较集中连片的规模种植。一般采用高畦种植，畦宽 1.0m，每畦种 2 行玉米，1 行夏大豆，玉米行距 60cm，穴距 30cm；或畦宽 1.7m，玉米宽窄行种植，宽行 80cm，窄行 40cm，宽行中种 1 行夏大豆。该模式春玉米和夏大豆共生时间短，而且大豆是在玉米宽行中或行边套种，在不影响玉米种植面积的同时，大豆根瘤固氮培肥地力还能促进玉米增产，同时也集成了免耕、秸秆覆盖等抗旱保墒技术，是集省工节本、培肥地力、保持水土及抵御季节性干旱为一体的新型旱地农业发展模式。

玉米大豆带状复合种植新模式。这种植模式是在传统的玉米大豆间套作基础上，以实现玉米大豆双丰收并适应机械化生产为目标，采用玉米大豆带状复合种植标准模式，2m 或 2.2m 开厢，厢面宽 1.8m 或 2m，沟宽 0.2m，玉米按宽窄行种植，宽行 1.6m 或 1.8m（在厢两边各种一行，距厢边 0.1m），窄行 0.4m（沟宽 0.2m+ 两边各 0.1m），宽行内种 2 行大豆，大豆行距 0.4m，大豆行与玉米行的间距 0.6m 或 0.7m，玉米每穴单株，穴距为 0.17～0.2m，密度 3032～3924 株 / 亩，大豆穴距 0.2m，每穴 3 株苗，密度 9095～10003 株 / 亩。该模式将一块地当成两块地种，玉米宽窄行种植和玉米大豆 2：2 配置方式通风透光和边行效应明显，可有效提升间套作大豆和玉米生产能力，同时通过微区分带轮作还有利于减轻大豆的病虫害传播，降低重迎茬带来的产量损失，实现玉米大豆双高产，促进农民增收和农业可持续发展。

（2）春大豆与春玉米、甘薯间套作

2.5m 分厢，2.1m 宽的厢面，在厢两边按 27cm 株距各播一行玉米，大豆宽窄行播种，每厢种 6 行大豆、4 行红薯，大豆与玉米的行距 20cm，靠近玉米的两边和正中都播两行大豆，窄行宽 18cm，大行宽 48cm，为套种红薯做好预留行。5 月下旬红薯按 27cm 的株距套种在大豆的预留行内和大豆与玉米间。该模式红薯与大豆、玉米共生期 40 天左右。

（3）棉田间作春大豆

该模式主要集中在湖南北部平原的棉花主产区，一般 2.4m 开厢，3 月底至 4 月初先在厢中间播种 2～3 行早熟春大豆，行距 30cm，穴距 20cm，每穴留 3～4 株苗，在厢两边 4 月中旬直播或 5 月上旬移栽一行棉花，株距 50～55cm。在不影响棉花产量的同时，每亩可收获大豆 100kg 左右。这一模式充分利用棉花封行前的土地空档种植收获一季春大豆，避免了棉花生育前期植株较小造成行间土地、温光资源的巨大浪费，同时还可减少棉田杂草的危害，发挥大豆的养地作用，实现粮食增产和农民增收。

（4）大豆与棉花、油菜间套作一年三熟种植新模式

随着农村种植业结构的不断调整，棉田间套种模式已多种多样，棉田套种大豆技术也在不断发展。大豆与棉花、油菜间套作模式是在湖南传统的棉花与油菜轮作一年二熟种植制度基础上进行的创新改良，一般2.4m开厢，10月中下旬以前在厢中间直播或移栽2行早熟油菜，行距40cm，第2年油菜收获前后在厢两边按50～55cm株距各种1行棉花，在厢中间按20cm穴距播种2～3行耐迟播早熟春大豆或移栽2～3行早熟春大豆，每穴留苗3～4株。在棉、油轮作区实行大豆、棉花和油菜三种作物间作套种，在原来的基础上增加了一季大豆的产量，可提高农民收入，有效利用自然资源，实现作物间的互利共生和种地与养地的有机结合，而大幅度提高单位面积土地的产出率和效益。

（5）幼龄果茶（油茶）林园间作大豆

该模式利用幼龄果茶林园空隙地在树冠外的行间种植大豆，在不影响幼龄果茶林苗正常生长的情况下，一般亩产大豆90～100kg，不仅能为农民增加收入，弥补长远投资近年无效益的缺陷，还可培肥地力，防止水土流失和抑制杂草生长，改善小气候，促进幼龄果茶（油茶）林园苗的生长，使幼龄果茶（油茶）林园苗生长和大豆生产两者相得益彰，具有很好的经济、生态和社会效益。

（6）大豆与甘蔗间作

甘蔗生长期长，行距大，封行迟，下种或移栽后至封行有2～3个月，利用这段时间，在行间种植一季早熟春大豆或菜用大豆，可增加复种指数，提高光能利用率，增加农作物产量，还可提早覆盖地面，减少水分蒸发，防止杂草滋生，改善蔗田生态环境。一般根据当地习惯和甘蔗行的宽窄于3月底至4月初在甘蔗地行间按20cm穴距间种1～3行早熟春大豆，每穴留3～4株苗，且每亩可收大豆70～100kg。

（二）大豆复种轮作模式

大豆与其他作物复种轮作在我国具有悠久的历史，复种的方式可以是前后茬作物单作接茬复种，也可以是前后茬作物间套播复种。我国北方地区无霜期短，冬季温度低，不宜冬作，除辽南地区试用麦茬豆一年二熟制外，一般为一年一熟，大豆在春季播种，秋（冬）收获，主要与旱田栽培的玉米、高粱、粟、春小麦、甜菜等作物实行二年至三年轮作。我国黄淮地区大豆以夏播为主，主要与冬小麦、夏春杂粮、棉花等复种轮作，实行二年三熟或一年两熟，偏南地区夏大豆生长期与小麦茬口衔接适宜，大豆与小麦轮作一年两熟制较多。我国南方多熟制区无霜期长，大豆品种类型丰富，耕作方式复杂，复种指数高，有春播、夏播、秋播和冬播，多与水稻、油菜、玉米、小麦、棉花、甘薯、蔬菜等作物复种轮作，实行一年二熟、一年三熟或二年五熟。而随着生产的需要与农业水平的进展，湖南大豆耕作栽培制度结构在作物类别及品种类型上发生了较大变化，大豆的复种轮作主要包括以下几种模式：

1. 春大豆——晚稻——冬作（或冬闲）

春大豆多选用早熟高产品种，其有利于晚稻及时移栽，早插快发，缓和季节矛盾，避开秋季低温寒潮的影响，充分发挥增产优势，同时稻田肥水条件较好，也为大豆高产提供了有利条件。一般稻谷亩产600kg左右，大豆亩产150kg左右，高产田块亩产可达200kg。此外，在部分山区水稻田种单季稻光温资源得不到充分利用，种双季稻又感到温、光资源有些不足，发展早熟春大豆配晚杂优稻两熟制，能充分利用温光资源，增收一季大豆，获得较好的经济效益。

2. 夏大豆——油菜两熟制

夏大豆选用早熟品种，5月中下旬播种，9月中下旬收获，油菜于大豆收获后整地作厢穴播，一般大豆亩产为200kg左右，油菜亩产则为150kg以上。

3. 早稻——秋大豆——冬作（或冬闲）

早稻收获后采用免耕法随即在稻茬旁复种轮作秋大豆，一般亩产稻谷400kg左右，秋大豆亩产100kg以上，高的可达190多千克。20世纪50年代末期该模式在全省面积曾达200多万亩，但随着农田水利条件的改善和双季稻的发展，该模式种植地区和种植面积减少，目前除湘南部分地区有少量种植外，其他地区很少栽培。

4. 豆——秧——稻——冬作（或冬闲）

在晚稻专用秧田中种一季早熟春大豆，3月中下旬播种大豆，6月25日左右收了大豆做秧田，一般亩产大豆100kg左右，高的可达150kg。

5. 春大豆/春玉米——杂交晚稻——冬作（或冬闲）

该模式由春大豆——晚稻——冬作（或冬闲）发展而来，大豆与玉米间作有以玉米为主和以大豆为主两种方式，采用的大豆和玉米品种熟期必须有利于晚稻适时栽植。

6. 春大豆——甘薯

春大豆收获后于7月上中旬栽插甘薯，大豆选用早熟品种有利于甘薯早插，获得高产。

除上述耕作栽培模式外，各地还发展了大豆与烟草、大豆与蔬菜、大豆与花生、大豆与西瓜等多种间套作和复种轮作模式。

二、大豆高产栽培技术

（一）春大豆高产栽培技术

1. 选用合适的良种

品种好坏是决定大豆产量高低的关键，要根据当地温、光、水自然条件、栽培制度、土壤肥力和栽培条件等选择相适应的品种。湖南3~4月是春潮，降水量占全年的14%~24%，5~6月是梅雨季节，为一年中降水量最多的时期，此期降水量占全年的24%~27%。7~8月是伏旱期，此期高温少雨。因此，品种选择除注意丰产性外，要特别注意品种的耐湿性和熟期。一般春大豆品种宜选用在 6 月下旬至 7 月上中旬成熟的品种，种植成熟过迟的品种产量和品质均受影响。作为豆稻两熟的品种，应选择耐湿性和耐肥性强、株高适中的早中熟品种；土壤肥力较高，栽培条件较好的，应选择茎秆粗壮、耐肥抗倒、丰产性强的品种；地力瘠薄，栽培管理粗放的，要选择耐瘠、耐旱、生长繁茂、稳产性较强的品种。

2. 冬耕晒坯冻垡，搞好开沟排水

为创造适于大豆生长发育的土壤环境，使耕作层土壤中水、肥、气、热等主要土壤肥力因素都适合于大豆生长发育的需要。春大豆田尤其是豆稻水旱轮作须在冬前及早耕翻土地、晒坯，四周开好排水沟，播种前再机械旋耕或传统翻耙田块（深度 20cm 左右）后，抢晴碎土，整沟作畦，否则，来年春季临时翻耕，湿耕湿种，土壤板结不透气，播种后遇上低温阴雨，烂种缺苗严重，即便出土的豆苗，也生长黄瘦，发育不良，不利于高产。

3. 适时早播

春大豆播种期对产量和生育期有极显著影响。湖南春大豆播种期正值低温多雨季节，若过早播种，将受低温渍水影响造成烂种缺苗。春大豆感光性弱，感温性强，播种过迟时生育期显著缩短，营养体生长量不足，产量降低。不同熟期春大豆每推迟 11 天播种，成熟期延后 5 ~ 7 天，全生育期缩短 4 ~ 6 天；迟播同时导致生育后期在高温、强日、干旱的条件下，籽粒灌浆受阻，秕荚秕粒大量增加，经济性状显著降低。各地实践证明，春大豆适时早播，不仅营养生长期延长，会使大豆在结荚期避开本省规律性伏旱，产量增加。湖南春大豆适宜播种期一般为 3 月下旬至 4 月上旬，由于春大豆播种至出苗期往往多雨，一般在土温稳定上升至 12℃以上时抢晴天播种，需要浅播薄盖，但盖后不能露籽。

4. 合理密植

合理密植是大豆生产中的一项重要措施，即在当时当地的条件下，大豆的种植既不过密，又不过稀，达到形成合理的群体结构。种植过密时会导致呼吸作用的消耗量大于同化作用的积累量，从而使产量下降；过稀导致群体偏小，亦不利于大豆高产。确定合理密度要考虑品种特性、土壤肥力和播种期的迟早等。植株繁茂、分枝能力强、株形较松散的品种，种植密度应适当稀；分枝少、主茎结荚型品种宜密。早熟品种生育期短，植株亦较矮，应适当加大种植密度才能获得较高的产量；中迟熟品种种植密度则需要稍稀。早播应适当稀些，迟播则要加大密度。此外，应遵循"肥地宜稀，薄地宜密"的原则。据湖南省作物研究所的试验结果和各地生产经验，湖南春大豆不同类型品种的合理种植密度大至为：春大豆早熟与中早熟品种每亩约 3.0 万株，迟熟品种每亩约 2.0 万株。

5. 科学施肥

在一般情况下，大豆能从空气中固定所需氮素的 1/2 ~ 2/3，对各种养分的需求量在大豆生长发育的不同阶段有所不同，以开花至鼓粒期对氮、磷、钾的需要量最多。南方诸省大豆的立地条件不好，土壤中有机质贫乏，有效氮、磷、钾含量较低，所以，要提高大豆产量，应特别重视大豆的施肥，注意氮、磷、钾的合理配合。一般每亩用优质土杂肥 1000 ~ 1500kg、过磷酸钙 30 ~ 50kg 堆沤后作盖种肥。营养生长和生殖生长并旺时期，可根据大豆苗架长势长相和土壤肥力状况确定施肥种类、数量和次数。一般中等肥力的红壤旱土，在开花前 5 ~ 7 天内结合中耕除草，每亩追施尿素或复合肥 10kg 左右；在土壤肥力水平很高的情况下，可以不施或少施肥；在瘠薄的田土种植时，应加大施肥量，并对开花结荚期间营养不足，鼓粒期出现早衰趋势的豆苗立即喷施氮、磷结合的叶面肥（用尿素 0.5kg，过磷酸钙 1kg，钼酸铵 10g 兑水 50kg 过滤）。苗期追肥可在雨前或雨后撒施在距大豆 4 ~ 5cm 远的穴行间，切忌肥料接触大豆植株，以防烧苗。对新垦红黄壤还应结合整地适当施用石灰，每亩可用量 100kg 左右。

6. 加强田间管理

大豆田间管理除苗期搞好查苑补苗、清沟沥水等工作外，主要抓好中耕除草和病虫害防治。中耕时间应根据大豆幼苗的生长情况和杂草多少而定。第一次中耕宜在第二复叶平展前进行，此时根系小而分布较浅，中耕宜浅。第二次中耕要求在始花前结束，中耕深度应视其土壤结构情况，一般 4 ~ 5cm，植株开花后不宜再中耕。大豆生育期间害虫较多，苗期以地老虎、蚜虫、潜叶蝇、豆秆蝇等地下害虫为主，在没有药剂拌种的地块发生地下害虫危害时，用 50% 辛硫磷乳油或 48% 乐斯本乳油每亩 500mL 兑水 50kg 喷施防治，或用 1000 倍液的美曲磷酯（敌百虫）拌青菜叶做成毒饵诱杀。开花结荚鼓粒期主要有斜纹夜蛾、卷叶螟、豆荚螟、大豆造桥虫等害虫，可用甲维盐等高效低毒药剂防治。各种病害，主要靠农业综合防治，注意轮作换茬和搞好田间管理工作，抑制病害的发生。若出现大豆霜霉病、细菌性斑点病可用 50% 多菌灵可湿性粉剂 500 倍液于发病初期开始喷雾防治，隔 7 天用药一次，连续用药两次。若出现菟丝子应与大豆植株一起拔除烧毁，或用鲁保 1 号生物药剂菌粉稀释 500 ~ 700 倍进行防治。此外大豆开花至结荚鼓粒期间，需水量增加，遇干旱易造成花荚脱落，适时灌水抗旱乃此期田间管理的关键措施之一。一般应在下午 5 ~ 6 时当植株萎蔫不能恢复原状时应及时灌水抗旱，确保鼓粒壮荚少受影响。大豆成熟后抢晴及时收获，防止雨淋导致种子在荚上霉变，是增产的最后一个环节。应在黄熟后期及时收获，此时豆叶大部分枯黄脱落，籽粒与荚壳脱离，摇动豆荚时出现相互碰撞的响声，籽粒呈现出品种固有色泽。收获时间宜在上午 9 时或露水未干之前进行，这样既可防止豆荚炸裂，减少损失，又能提高工效。

（二）夏大豆高产栽培技术

与春大豆相比，夏大豆生育期间的温、光、水等条件有很大差异。这些环境因素会影响夏大豆的生长发育，进而影响夏大豆的产量和品质。夏大豆栽培关键技术如下：

1. 选择适宜品种

为了保证夏大豆与冬播作物在时间上不存在矛盾，不误下茬冬作物适期播种，豆油两熟制宜选择早熟和极早熟夏大豆品种，或用适宜夏播的春大豆品种代替夏大豆品种。若与春玉米套种，则除考虑品种的丰产性外，还要考虑夏大豆品种的生长习性、耐阴性与抗倒性等。

2. 抢墒及时播种

由于油菜、小麦收获后气温高，跑墒快，播种时间紧迫，会在前作收获后及时耕地和整地抢种，或采用浅耕灭茬播种，播前不必耕翻地，只需耙地灭茬，随耙地随播种，或不整地贴茬抢种。为保证大豆出苗所需水分，切记足墒下种，无墒停播或造墒播种。夏大豆播种至出苗期温度较高，无论采用何种播种方法，均要求适当深播厚盖保墒保出苗，覆土厚度以 3～5cm 为宜，过深子叶出土困难，过浅则种子则容易落干。

3. 合理密植

夏大豆生长期较长，繁茂性好，密度一般比春大豆小。根据湖南各地实际情况，一般每亩保苗 1.2 万～2.0 万株，在土壤肥沃的湘北平原地区种植，适宜保苗数在 1.2 万～1.5 万株，地力中等土壤种植可保苗 1.5 万～1.8 万株，瘠薄地或晚播的，亩保苗宜在 1.8 万～2.0 万株。一般密植程度的最终控制线是当大豆植株生长最繁茂的时候，群体的叶面积指数不宜超过 6.5。

4. 及早管理

（1）早间苗，匀留苗夏大豆苗期短，要早间苗和定苗，促进幼苗早发，以防苗弱徒长。间苗时期以第一片复叶出现时较为适宜，间苗和定苗需一次完成。

（2）早中耕夏大豆苗期气温高，幼苗矮小，不能覆盖地面，此时田间杂草却生长很快，需及时进行中耕除草，以疏松土壤，防止草荒，促进幼苗生长。雨后或灌水后，要及早中耕，以破除土壤板结及防止水分过分蒸发，中耕可开展 2～3 次，需在开花前完成。花荚期间，应拔除豆田大草。

（3）早追肥土壤肥力差，植株发育不良时，可在夏大豆第一复叶展开时进行追肥，一般每亩追施尿素或复合肥 10～15kg，如遇天旱，可结合浇水进行施肥，可促苗早发健壮。夏大豆开花后，营养生长和生殖生长并进，株高、叶片、根系继续增长，不同节位上开花、结荚、鼓粒同期进行，是生长发育最旺盛的阶段，需水需肥量增加，应在始花前结合中耕追施速效氮肥，一般每亩尿素 7.5～10kg。夏大豆施磷肥的增产效果显著，磷肥宜作基肥施入，也可于苗期结合中耕开沟施入。河南省农业科学院在低产田上进行试验的结果表明，大豆初花期追施氮、磷，增产幅度达 20%～50%。

（4）巧灌水夏大豆在播种时或在苗期，常遇到干旱，有条件的地方应提早灌水，使土壤水分保持在 20% 左右。花荚期若出现干旱天气，应及时灌水，保持土壤含水量在 30% 左右，否则会影响产量。

5. 及时防治病虫害

南方夏大豆生育期间正处于害虫多发期，主要有蚜虫、红蜘蛛、造桥虫、大豆蜷叶螟、豆荚螟、甜菜夜蛾和斜纹夜蛾等害虫。这些害虫在田间混合发生，世代重叠，危害猖獗，抗药性强，防治一定要以虫情预报期为准。从 7 月底到 8 月初特别注意观察田间是否有低龄幼虫啃食的网状和锯齿状叶片出现，一经发现要及时用药防治，前期可用氯氰菊酯、抑太保、功夫等，生长后期注意用菊酯类防治豆荚螟。

（三）秋大豆高产栽培技术

秋大豆具有与春大豆和夏大豆不同的生物学特性，这对短日照反应敏感，在较长光照条件下，往往不能开花结实，因此，生产上秋大豆品种不宜春播或夏播，多在7月中下旬早稻收获后接种，为保证秋大豆获得较高的单位面积产量，可在以下方面加以重视。

1. 品种选择

秋大豆有栽培型和半栽培型泥豆两类品种，因泥豆属进化程度较低的半栽培型大豆，种皮褐色，籽粒小（百粒重 3～5g）产量低，品质差，生产上已被栽培型大豆所代替。由于秋大豆品种生育期较长，7月中下旬至8月上旬播种，多在11月中下旬后成熟，影响油菜和小麦等下季作物的种植，因此，近年又发展了春大豆品种秋播，可于10月上中旬成熟。

2. 及时开沟整地

秋大豆的前作若为水稻，播种前要在稻田中开"边沟"与"厢沟"，当水稻勾头散籽时开沟排水晒田，播前灌跑马水后进行耕耙再分厢作畦穴播。秋大豆播种正值夏、秋高温季节，因此播种前应精细整地，减少耕层中的非毛细管孔隙，并使土壤表面平整，有较细的土壤覆盖，这样可减少水分蒸发，保蓄耕层水分，但也可在稻田不耕地于稻蔸边点播。

3. 适时播种，适宜密植

在前作水稻收割后要及时抢播秋大豆，以7月中下旬至8月初为适宜播种期，在此范围内宜早不宜迟，最迟也要在立秋前播种。研究表明，秋大豆立秋前播种的比立秋后至处暑播种的增产 20%～30%。秋大豆播种方法多采用穴播，行距 27～33cm，穴距 17～20cm，每穴播 4～5粒种子，一般每亩保苗 2.0万～3.0万株，春大豆翻秋种植还可适当增加密度。

4. 加强田间管理

秋大豆生育前期处于高温干旱时期，不利于植株的营养生长，因此，秋大豆田间管理，苗期是关键。秋大豆出苗后，一是要及早间苗、补苗，以保证适当的种植密度促使苗齐、苗匀和苗壮。一般在两叶一心时补苗，两片单叶平展时间苗，第一片复叶全展时定苗。二是及早追肥。秋大豆种植要早施苗肥，争取在较短的时间内达到苗旺节多，搭好丰产架子；中期重施花荚肥，促进开花结荚；后期适施鼓粒肥，防止早衰。同时做到氮、磷、钾结合，补施微肥，特别是硼肥。每亩施肥量一般为纯 N 8～10kg，P_2O_5 和 K_2O 各5kg。磷钾肥作为基肥在整地时一次性施入，氮肥按基肥：花荚肥：鼓粒肥 3：6：1 比例施用。在开花初期可喷施硼肥，在鼓粒中后期可喷施磷酸二氢钾叶面肥。三是及时灌水抗旱，及时防治病虫害。秋大豆播种期正遇湖南省的伏旱天气，对大豆出苗影响较大。如果播种时土壤过于干燥，播种后次日未下雨，应在傍晚灌一次跑马水，待土壤吸足水后立即排水，但切忌久浸，并将豆田畦沟内的余水彻底排干，也可于播种前进行沟灌，待畦面湿润后再播种，在播后放干沟中水。出苗后视旱情进行 2 ~ 3 次沟灌抗旱，确保幼苗健壮生长，减少落花落荚，并促进荚多粒壮。秋大豆苗期因高温干旱，大豆蚜虫危害严重，可在发生初期用 80% 敌敌畏 2000 ~ 3000 倍液，或 10% 速灭杀丁 2000 ~ 3000 倍液等，每亩喷药液 75kg 进行防治。大豆开花结荚期，用甲维盐、氯氰菊酯等防治多种食叶性害虫。四是及时中耕除草。化学除草可取得很好的效果，已逐步在生产中推广，在开沟整地前可用草甘麟清除田间杂草，播种后一二天（大豆未出苗前）在地表湿润的情况下可喷芽前除草剂金都尔封闭土壤，封垄前有杂草时可结合中耕追肥培土进行人工除草，一般在第一复叶出现子叶未落时和苗高 20cm 搭叶未封行时分别进行。

（四）菜用大豆高产栽培技术

菜用大豆是指豆荚鼓粒后采青作为蔬菜的大豆，也称为毛豆或枝豆，一般亩产 500 ~ 1000kg，种植效益高于收干籽粒的粒用大豆。长江流域春季早毛豆露地栽培上市期在 6 月份，若采用保护设施栽培 5 月底前即可收获上市。随着人类社会经济文化的发展，人民生活水平不断提高，人们的营养和饮食观念发生了很大转变，菜用大豆因其营养丰富、味感独特而深受国际社会，尤其是日本、韩国等国家及我国东南沿海广大民众的青睐。目前，菜用大豆除加工出口外，国内市场也十分畅销。因此，菜用大豆生产是一项短平快、高效益的种植业，是农民致富的好门路。

菜用大豆不是一般的大粒型大豆品种，而是有专门要求的品种，关于菜用大豆的品质要求和高产高效栽培技术如下：

1. 菜用大豆品质标准

（1）外观品质

外观是菜用大豆最重要的商品品质之一。亚洲蔬菜研究与发展中心（AVRDC）认为菜用大豆外观应具有以下特点：粒大，干籽百粒重不小于 30g；荚大，500g 鲜荚不超过 175 个荚；粒多，商品荚每荚粒数应在 2 粒以上；荚和籽粒颜色浅绿，荚上茸毛稀少且为白色或灰色；脐色较淡。武天龙等对菜用大豆研究认为具有以下特点：干籽百粒重 29.72 ~ 34.58g，鲜百粒重 60.79 ~ 70.55g，鲜荚皮宽 1.45 ~ 1.62cm，鲜荚皮长 5.24 ~ 5.98cm。

（2）食味品质

食味品质表现在甜度、鲜度、口感、风味、质地和糯性等方面。菜用大豆籽粒含淀粉 5.57%（普通大豆 3.86%）、总糖 6.19%（普通大豆 4.82%）、纤维素 3.32%（普通大豆 5.21%），与普通粒用大豆相比，菜用大豆含有较高的糖分、淀粉量和较低的粗纤维，因而具有柔糯香甜的口感。一般认为，甜度高的菜用大豆口感好，而糖的含量是影响甜度的重要因素，其次为游离氨基酸的含量。研究认为，菜用大豆籽粒中蔗糖、谷氨酸、丙氨酸和葡萄糖含量与食味口感呈正相关。菜用大豆的质地受影响的因素相对复杂，但普遍认为硬度低的菜用大豆易蒸煮，品质相对较好。另外，菜用大豆在加工时产生的挥发性物质也会影响其食味品质，例如顺 ~ 茉莉酮、芳樟醇等具有花香味，而 1- 辛烯 -3- 醇、乙醇、乙醛等则具有豆腥味。

（3）营养品质

菜用大豆的营养品质是决定其利用价值的重要因素。大豆籽粒中包含有 40% 以上的蛋白质和 20% 左右的脂肪，大豆蛋白质中氨基酸种类齐全，并且包含了赖氨酸、谷氨酸、亮氨酸、精氨酸等 10 种人体必需的氨基酸，因而具有很高的营养价值。菜用大豆中含有丰富的禾谷类作物所缺乏的赖氨酸，其籽粒中游离氨基酸含量比粒用大豆高出近 1 倍。此外，还含有 Ca、Fe、Mg 等矿物质和维生素以及粒用大豆所缺乏的维生素 C（27mg/100g）。菜用大豆所含脂肪是一种高品质油，菜用大豆是一种营养价值高的天然绿色产品。

（4）菜用大豆品质等级标准

出口菜用大豆要达到的标准是：大荚（两粒或两粒以上的荚）、大粒，茸毛灰白色，种脐无色，荚长大于 4.5cm，荚宽大于 1.3cm，鲜荚每千克不超过 340 个。产品可分三级，一是特级品，标准为二、三粒荚在 90% 以上，荚形状正常，完全为绿色，没有虫伤和斑点；二是 B 级品，标准为二、三粒荚在 90% 以上，荚淡绿色，有 10% 以下的微斑点、虫伤或瓢形，并且有短荚或籽粒较小的荚；三是 A 级品，介于特级品与 B 级品之间。在这三个等级品中，都不能混有黄色荚、未鼓粒荚和破粒荚，否则都列为次品。

2. 影响菜用大豆品质的因素

（1）采收期对品质的影响

要获得优质豆荚，首先要注意防治病虫害，一旦遭受病虫害后，品质就显著降低。其次要科学掌握采收时间，采收期对口感、荚色和鼓粒程度有很大的影响。游离氨基酸的含量随鼓粒时间的推迟呈下降趋势，尽可能适时收获可获得较高的游离氨基酸含量。总糖含量在花后 35 天时维持较高水平，少于 35 天或多于 35 天的总糖含量都会降低。荚色则以花后 40 天最艳绿。因此，要根据不同品种的生育特性和养分累积的特点，掌握适宜的采收期，才能获得外观、口感风味和营养含量俱佳的菜用大豆。一般来说，采收时间以花后 33 ~ 38 天为宜。

（2）保鲜技术对品质的影响

菜用大豆是属于高呼吸速度的蔬菜类型，南方采收菜用大豆后又处于高温季节，因此如何保持其优良品质就十分重要。据研究，采后置 20℃ ~ 28℃ 以下 8 小时，总糖含量下降 18%；24 小时后，下降 32%；48 小时后，下降 52%。置于室温 26℃ ±2℃、相对湿度 66% 以下的环境，菜用大豆的游离氨基酸明显下降，其中丙氨酸和谷氨酸分别减少 2/3 和 1/2。若采收后迅速置于 0℃ 下冷藏，48 小时内总糖含量不会变，游离氨基酸也下降较少。采后贮藏的温度愈高，鲜荚失重也愈大。采后用聚乙烯袋包装，置于 5℃ 下冷藏 16 天，鲜重仅减少 1%，而用网袋包装的失重要达 20%。荚色随贮藏温度和时间而变化，贮藏时间愈长，荚色变化愈大，在 0℃ 下贮藏，荚色变化较小。鲜荚用聚乙烯袋包装置于 0℃ 下冷藏，能保持良好的质地。无论采用何种包装和冷藏温度，荚中维生素 C 含量均呈下降趋势，但仍以 0℃ 下冷藏的损失最小。总之，菜用大豆采收后要十分注意保鲜技术，对保持菜用大豆的品质尤其重要。

3. 菜用大豆高产栽培技术

（1）选用良种

优良品种是高产高效的前提。当前，我国尚处于菜用大豆生产的初始阶段，生产上应用的主要品种大多是亚蔬中心（AVRDC）和日本引进，如台292、台75、台74、日本矮脚毛豆等，但近年来国内也已相继育成了一批早熟、高产、优质、抗逆性强、适应性广的菜用大豆新品种。

（2）适期早播

菜用大豆适宜在20℃～30℃气温和短于14小时光照的短日照条件下生长。长江以南地区每年2～8月均可分期分批播种栽培。春毛豆一般海拔500～800m地区以1月下旬至3月中旬播种为宜，海拔800～1300m地区以2月中旬至3月下旬播种为宜，1300m以上地区以4月上旬前播种为宜。春季低温条件下采用保护地栽培，这样既可防止低温烂种，又可保证早出苗、出好苗，同时还会预防春旱和提早成熟。

（3）合理密植

合理群体的种植方式是协调群体与个体之间矛盾，最大限度地保证群体产量的重要措施。合理的种植密度要视土壤肥力和种植方式的不同而定，共同的规律是肥地宜稀、瘠地宜密。衡量种植密度是否适宜，还可以根据叶面系数的变化来确定。据研究，菜用大豆开花期的叶面积系数应达到3～3.2，结荚期应达到3.7～4.0，鼓粒采荚时应下降到3.5左右。一般每亩播种0.8万～1万穴，每穴播种3～4粒。出苗后第一片复叶出现时进行间苗和补苗，每穴留苗2株。

（4）科学施肥

菜用大豆是需肥较多的作物，据研究，生产100kg青豆荚，需要氮素1.73kg，有效磷0.19kg，有效钾0.94kg，还需要钙、钼、镁、硼等营养元素。大豆生育阶段对氮的吸收一般是两头少中间多，而对磷的吸收则是两头多中间少。因此，菜用大豆栽培时应重施底肥，一般每亩施腐熟有机肥1000～1500kg（其中：磷肥不少于50kg）；追肥赶早，2片子叶平展时即每亩追施尿素5～10kg，促进幼苗生长；4片3出复叶时每亩再追施5～10kg尿素，促进植株分枝；终花期用0.5%磷酸二氢钾、0.05%钼酸氨叶面喷施补肥，促进结荚和鼓粒。对未种过大豆的土地，接种根瘤菌增产效果显著。方法是：菌粉20g加水500mL拌种5kg，接种时避免阳光直射，接种后种子微干即可播种。

（5）精耕细作

菜用大豆栽培宜选用土层深厚、疏松肥沃、排灌方便土壤，翻耕晒白后整畦浅播，切忌连作。结合追肥进行中耕除草，特别要注意苗期锄草和松土。苗期锄草，不但可以及早消灭杂草危害，而且可以疏松土壤，增加土壤通透性，提高土温，促使根瘤尽早形成，有利于大豆根系生长和对养分的吸收，增强抗逆性。另外，开花鼓粒阶段若遇干旱要及时灌溉。

（6）综合防治病虫害

菜用大豆病虫害宜采用综合农业措施进行防治，以防为主。如选用抗病虫良种、使用包衣种子、深耕晒土轮作套种、及时中耕除草加强管理等，创造不利于病虫害孳生的生态环境，减少病虫危害。对害虫可进行诱杀捕捉，药剂防治要采用低毒低残留农药，禁止使用有机磷剧毒农药，注意收获前 20 天禁止使用农药，确保产品质量。可用多菌灵 800 倍液防治根腐病和锈病等，用菜喜 500 ~ 800 倍液防治蚜虫、食心虫、豆荚螟、豆芫菁等害虫，用甲基托布津、代森锌、多菌灵等药剂可防治灰斑病等。鼓粒以后，注意防治鼠害，可用 4% 灭雀灵毒饵诱杀。配制方法：取清水 250g 放于容器中，置炉子上煮沸，放入灭雀灵 20g，待充分溶解后，再加入 500g 小麦粒（或米粒），同时加水至高出小麦粒 2 ~ 3cm，边加热边搅拌，烧干冷却，在晴天傍晚摆放在田埂边、鼠洞口和大豆植株行间，防鼠效果较好。

（7）适时采收

菜用大豆的品质决定于品种特性和采收时期两个主要因素，过早或过迟采收都会降低品质和口感，因此，一定要严格掌握采收时间。胡军等对菜用大豆采荚适期研究表明，花后 45 天至豆荚转为熟色时为最佳采荚期，然不同品种有差异，应掌握在鼓粒饱满、豆荚皮仍为翠绿色时采收。一天之中早晨和傍晚气温较低，此时采收品质最好。采收后应迅速分检包装，不能堆积，最好用聚乙烯袋封装置于 0 ℃下储藏保鲜，以免营养成分散失而鲜荚失色而影响品质。一般生产地距加工处的中途运输不能超过 6 小时，有条件的可用冷藏车运输。

（五）田埂豆高产栽培技术

南方农民种植田埂豆历史悠久，各省均有一定的田埂豆种植，但省与省之间、城市与城市之间、县与县之间，甚至乡镇与乡镇之间都存在着差异。种植最多的是福建省和江西省。发展田埂豆不与粮争地，省工省本效益好，增肥又防虫，可达到粮豆双丰收。据福建省将乐县病虫测报站 1983 年调查，田埂种豆后可增加红蚂蚁的数量，这些红蚂蚁会取食三化螟卵块，田边取食率达 61.5%，田中间取食率 24.8%，二者之间取食率 48.1%，使三化螟为害大大减轻。同时，田埂种豆后，豆叶、豆秆可以回田，增加稻田的有机肥。因此，南方发展田埂豆前景广阔，湖南有水田 6000 多万亩，可发展早、晚稻双季田埂豆。

1. 因地制宜，选用良种

山区水田的生态条件极为复杂，形成了各种类型的田埂豆品种，加上大豆引种的适应面较窄（尤其是地方品种的引种），所以，各地应根据本地的条件选用良种种植。目前，育成的田埂豆品种还很少，各地除积极引种试种外，主要从当地的田埂豆地方品种中进行筛选，提纯去杂，从中选出优良的品种进行推广。湖南的田埂豆以夏大豆品种居多，近年来发展了双季田埂豆，用春大豆作早季田埂豆，秋大豆作晚季田埂豆，一年种植两季，取得了很好的增产效果。

2. 掌握季节，适时播种

播种期要根据当地的气候和农事季节而定，各地应根据早稻插秧情况进行安排，抢时间播种，不要延误农时，一般在早稻插秧后种植田埂豆。根据湖南省条件，田埂种植夏大豆一般在立夏至芒种播种较好，南部则可适当迟些，西北部可早些，低海拔地区可迟些，高海拔地区要早些。

3. 培育壮苗，剪根移栽

田埂豆最好的种植方法是育苗移栽，其可以培育壮苗，保证一定密度和一定的穴株数，不会种植过稀或过密，是保证田埂豆高产的技术措施之一。

育苗移栽的方法是：选择菜园地或沙壤土的田块，将表土锄松 3 ~ 5cm，整成宽2 ~ 3m 的苗床播种。播种要均匀，密度以豆种不重叠为宜，播后用细沙土或火烧土均匀覆盖，以不见种子露面为准。待真叶露顶时起苗移栽，移栽时要把豆苗的主根剪去一些，以免主根太长不便移栽，并且剪断主根后可促进侧根的发展，增强吸肥吸水和抗倒伏的能力。

4. 合理密植，增施磷钾肥

种植田埂豆的田埂要求较宽，离稻田水面较高，一般离水面 20 ~ 25cm，这样便于水田操作，以免踏伤豆苗，同时为大豆生长创造好的土壤环境，不会因水分饱和而影响根系生长。移栽前要锄去田埂上和田畔的杂草，预备好火烧土或草木灰等杂肥，堆制 3 ~ 5 天，作穴肥施用。移栽时用小锄挖穴，每穴栽苗 2 ~ 3 株，用泥浆压根，上盖经堆制的火烧土等土杂肥。种植株距依品种而定，主茎型品种可栽密一些，分枝型的品种则要稀一些，一般株距 25 ~ 30cm。待第一复叶展开后，要立即追施一次草木灰，在花芽分化期还要施一次肥，以有机肥混磷肥施用的效果最好。在大豆花芽分化期每亩田埂施用过冬的细碎牛粪 70 ~ 100kg 拌过磷酸钙 60 ~ 75kg，或菜籽饼200kg 拌火烧土 300kg，再加适量人尿调湿后施用，均具有显著的增产效果。

5. 加强管理，适时收获

田埂豆移栽一个月左右时，要再将豆株基部和田埂上的杂草除净，并用少量磷肥和土杂肥拌泥浆糊蔸，以利根系生长。开花前进行第二次除草，并培土，以防倒伏。苗期和花期注意防治蚜虫、豆青虫等。锈病严重地区，在花前期和结荚初期，用粉锈宁或代森锌喷雾防治。大豆黄熟后，水稻收割前要选择晴天适时收获摊晒。

（六）红黄壤大豆高产栽培技术

红黄壤是南方种植大豆的主要土壤类型，面积约占全国土地总面积的 23%。在特定的地理位置、气候条件和生物等因素的共同作用下形成的红黄壤，具有酸性强、有机质含量低、矿物质养分不足、土质黏重板结和耕性不良等特点，对大豆的生长不利。据检测，新垦红黄壤 pH 值为 4.5 ~ 5.0，有机质含量仅 0.29% ~ 0.87%，土质黏重，保水性极差，易板结干旱。经过大豆科研工作者多年的试验研究，已经总结出一套与新垦红黄壤特点相适应的栽培技术。

1. 选用良种

新垦红黄壤缺磷钾，土层薄，酸性大，肥力差，易干旱板结，因此，生产上要选用耐酸、耐瘠、耐旱的高产品种。同时为避开夏季高温干旱，最好选用中早熟春大豆品种，在长江中游区域，可选用耐酸、耐瘠、耐旱性较强的湘春、浙春和中豆系列春大豆品种作为红黄壤开发的先锋作物。

2. 适时早播

新垦红黄壤地一般都没有灌溉设施，大豆所需的水分主要靠降雨提供，加上新垦红黄壤多处于低丘台地，径流严重，保水性能差，因此，要适时早播，充分利用 3 ~ 6 月份的雨水条件，保证春大豆有适宜的生育期，并在伏旱来临前的 6 月底或 7 月初能成熟，有利高产。

3. 确定合适密度

新垦红黄壤肥力差，豆苗生长矮小，不容易分枝，因此要适当增加密度，以群体获得高产。确定密度还要考虑品种的特性（如株形）和红黄壤开垦利用的时间等，株形紧凑或新垦红黄壤的种植密度宜密些，株形较松散已垦种几年的红黄壤，其种植密度宜稀些。一般红黄壤每亩种植 2.5 万 ~ 3.0 万株，新垦红黄壤种植 3 万 ~ 4 万株为宜。

4. 适当增施肥料

大豆在新垦红黄壤种植生长发育所需养分主要靠施用肥料，在施肥方法上要以有机肥拌磷肥作底肥，一般每亩施用有机肥 1000 ~ 2000kg，磷肥 20 ~ 30kg。追肥则以氮、钾为主，每亩总追肥量一般尿素 10 ~ 20kg，氯化钾 10 ~ 20kg，其中苗肥施用量应占总追肥量的 60% ~ 70%，花肥占总追肥量的 30% ~ 40%。在新垦红黄壤还应结合整地适当施用石灰，每亩用量 100kg 左右，可降低土壤酸度。有条件的应进行根瘤菌接种，增产效果也十分显著。

5. 宜勤中耕松上

新垦红黄壤种植春大豆，苗期中耕的次数要比一般春大豆多些，才能改善土壤环境，有利于根系生长和根瘤菌固氮。有条件的地方，开花前可在晴天中耕 3 ~ 4 次，以保持土壤疏松通气，同时要注意防治病虫害与及时收获。

（七）大豆间套作高产高效栽培技术

大豆能肥地养地，耐阴抗倒性较好，而且生育期较短，适合与其他作物间套作。长期以来，农民有很多间套种大豆的经验，大豆间套作的作物种类及方式也多种多样，概括起来湖南大豆间套作模式主要有：大豆与玉米间套作；大豆与春玉米、红薯间套作；春大豆与棉花间作；春大豆与棉花、油菜间套作；大豆与幼龄果、茶（油茶）林园间作；大豆与甘蔗间作。为获得大豆与间套作作物的双丰收，将上述间套作模式的高产高效栽培技术总结如下：

1. 大豆与玉米间套作

（1）春大豆与春玉米间作

①间作模式。具体的间作方式应根据水肥基础与对作物要求而定。一般水肥条件较好的地块宜采用以玉米为主的间作方式，肥力水平一般的地块，最好采用以大豆为主的间作方式，为实现玉米大豆和谐共生，玉豆双高产，宜采用玉米大豆带状复合种植新模式。

②品种选择。间作时品种搭配非常关键，要通过试验筛选合适品种。间作大豆品种一定要选择有限结荚习性，株高较低，秆强不倒伏，叶片透光性好，结荚较密，不

裂荚，生育期比玉米短或和玉米基本一致，单株产量较高的耐阴性品种。玉米株形紧凑可减轻对大豆的荫蔽危害，利于大豆生长和产量的提高，因此，间作玉米品种宜选择株形紧凑，叶片上举，结穗部位和株高相对较矮的品种。

③整地做厢。玉米间作大豆的旱土，最好能在年前翻耕，由此来进行晒坯冻垡，加速土壤矿物养分的释放分解。翻耕深度要求达到 20～27cm。整地要求土地细碎，松紧适度，厢面平整，无石砾杂草，厢沟通直。耕地杂草过多，先进行化学除草，待杂草枯死后再整地。

④施足底肥。底肥以有机肥为主，每亩施厩肥 1000～1500kg～同时混施过磷酸钙 50kg，硫酸钾 7.5～10kg，或 25% 复混肥 50kg，结合整地时施下。

⑤查苗、间苗、定苗。播种 7 天左右，及时上地查看玉米、大豆的出苗情况，土表较为板结的地块，要轻锄破土助出苗，出苗时要注意预防地老虎危害。出苗后在玉米 3 叶期前后及时间苗、定苗，每蔸留大小整齐一致的玉米苗子一株。大豆一般以每蔸留 2 苗为宜，间苗、定苗与玉米同时进行。

⑥追肥。玉米追肥分苗肥和穗肥，可在 5 叶期左右结合中耕培土追施苗肥一次，每亩施尿素 5～7.5kg，大喇叭口期重施穗肥，每亩用尿素 30kg、碳铵 30kg 混合穴施。施肥时应与玉米植株保持一定距离，并及时覆土，避免产生肥害和养分流失。土壤瘠薄、苗子瘦弱的大豆可在第一复叶期酌情追施苗肥，始花期结合中耕每亩施尿素 2.5～5kg，盛花期至结荚期，长势不旺的田块可进行叶面施肥，每亩用 1% 的尿素液加 1% 磷酸二氢钾喷施。

（2）夏大豆与春玉米套作

①抓好玉米与大豆的品种搭配。玉米与大豆应选择适宜套作品种。玉米宜选用株形紧凑、叶片收敛、中矮秆的早中熟春玉米品种。若玉米品种株形高大，会使共生期间大豆植株难以充分利用光照而导致幼苗退化，缺窝、缺苗现象严重，使目标密度及产量难以实现。大豆要选用耐阴、抗旱、抗倒的中晚熟夏大豆品种，有利套作大豆光合产物的形成、积累和产量的提高。

②优化配置，合理密植。采用高畦东西行向种植，畦宽 1.0m，每畦种 2 行玉米，1 行夏大豆，宽窄行种植时，宽行内种 1 行夏大豆。播大豆时，穴距 30～40cm，每穴播种 4～5 粒，出苗后每穴定苗 2～3 株。一般光照偏少地区种植密度宜稀，光照较好地区密度宜大。

③适时播种，确保齐苗。春玉米和套种的夏大豆均以早播为佳，这样有利于避开生长中后期秋旱的影响，增收的指数就大大增加。一般在 3 月中旬播种春玉米，5 月中下旬至 6 月中旬夏播大豆，海拔偏高的播期可适当偏早，海拔偏低的播期可适当偏晚，但均应抓紧雨前雨后抢时播种。

④实施矮化，控旺防倒。为了确保玉米与大豆和谐利用光热资源，玉米和大豆可实施矮化控旺防倒。大豆可在播种前用烯效唑干拌种，每千克种子用 5% 的烯效唑可湿性粉剂 16～20mg，在塑料袋中来回抖动数次即可，还可在大豆分枝期或初花期每亩用 5% 的烯效唑可湿性粉剂 50～70g，兑水 40～50kg 均匀喷施茎叶。玉米可在 10～12 叶展开时喷施玉米健壮素水剂 25～30g，兑水 15～20kg 均匀喷施于玉米的

上部叶片上。

⑤适时收获,秸秆还田。过早、过迟采收大豆和玉米均影响产量。大豆应在籽粒干浆、豆荚和茎叶变黄时抢晴及时收获,将收割后的豆株移至晒场晾晒脱粒,籽粒晒干(水分含量低于13%)存放在干燥的仓库中,凋落的大豆叶还地肥田。玉米在籽粒基部形成黑层,秸秆80%穗皮黄而不干,植株苞叶变黄松散时将玉米果穗连苞叶一起及时采收,收后挂晒晾干脱粒,玉米秸秆及时砍倒顺放空行或沟中腐熟,增加土壤有机质含量和下茬作物肥效养分。

2. 大豆与春玉米、红薯间套作

(1)因地制宜,选择良种春玉米、春大豆、红薯间作套种技术,关键是两季作物品种的配套选用,原则上既要充分利用当地的气候资源、实现两季高产,又要防御早春低温寒潮对玉米、大豆出苗、全苗的危害和红薯迟插影响高产的矛盾。

(2)整好土地,施好基肥玉米和大豆、红薯均是旱地作物,加之湖南省春夏雨量集中,排水不畅易造成渍害,烂种缺苗,要选择地下水位低、排水方便的田土,要求土层深厚、结构疏松的沙壤土。做到在冬前深翻耕、早翻,让其晒坯冻垡,低洼地开好排水沟。播种前浅耕一次,并按每亩230担农家肥、尿素10kg、过磷酸钙40kg标准施好底肥。

(3)适时播种为了夺取全年高产,头季玉米、大豆适时播种很重要。玉米、大豆最佳播期在3月中、下旬,应抢晴天在清明前后进行玉米、大豆同时播种。玉米每兜播种2~3颗,大豆每兜播种3~4颗,播后每亩用60kg磷肥拌20担优质火土灰给玉米、大豆盖种。5月下旬红薯套种在大豆的预留行内和大豆和玉米间。

(4)加强管理、确保丰收

①查苗补苗,匀苗间苗。大豆出苗后,如发现缺苗即应补种,补种的种子可先在水中浸3小时左右,天旱时应带水补种,以保证如期出苗;玉米应用预先育好的预备苗移栽补缺;红薯应在播后3~5天内查苗补兜。玉米在出苗后3叶期间苗,5叶期定苗;大豆出苗后在子叶展开到出现真叶时间苗,出现第一复叶时定苗。

②中耕培土,巧施追肥。玉米、大豆出苗后,结合中耕,对玉米每亩追施大粪水2~3担作提苗肥。玉米、大豆中耕2~3次,玉米在拔节后抽春穗前浅中耕结合培土,以防倒伏;大豆在开花前进行中耕培土;红薯在玉米、大豆收割后,立即挖翻玉米、大豆行的土,同时每亩用栏肥20担左右做基肥,开沟做垄。巧施追肥1~2次,玉米以氮素化肥为主,重施穗肥;大豆、红薯以磷酸二氢钾为主,大豆在开花结荚期间,红薯在后期进行2次叶面喷施,长势较差的可加1%~2%的尿素液。

③防治病虫,灌溉排水。搞好病虫预测报,如发生病虫害及时防治。多雨季节,应开沟排水,干旱时科学灌水。玉米在抽雄穗前10天到抽雄后的20天对水分相当敏感,大豆在开花结荚时,耗水最多,红薯在植株呈现萎凋现象时,要设法灌水抗旱,做到随灌随排,切忌大水灌溉,或久灌不排。

(5)保护茎叶,辅助授粉玉米种植在工作行边,进行生产操作时,注意不要损坏其茎叶。玉米在生育后期去掉枯老叶,有利通风透光,同时进行去雄和人工授粉,有良好的增产作用,操作方法是:当玉米雄穗露出1/3时,隔株拔出雄穗。当果穗吐丝盛期时，上午 9 ~ 10 时赶动植株，进行人工授粉。隔 2 ~ 3 天一次，连续 2 ~ 3 次。红薯中耕应在封垄前进行，封垄及早结束中耕，不翻蔓，以免损伤红薯茎、叶，影响产量。

（6）适时收获，保产保收玉米穗茎叶变白，大豆大部分叶片脱落，籽粒变硬时，即达到成熟标准，应及时收获，便于红薯生产。红薯没有明显的生长终止期，但应在低温霜害来临前抓紧收获。

3. 棉山间作春大豆

随着杂交棉花在我国长江流域的普及，早熟大豆品种的育成与推广，棉田间种大豆技术不断成熟，种植的主要技术如下：

（1）施足基肥，精细整地大豆播种前对棉田进行深耕细整，做到地平土细，并结合整地每亩施农家肥 1000kg、过磷酸钙或钙镁磷肥 50kg、碳铵 50kg 做底肥，之后开沟做畦，并挖好三沟。

（2）棉花育苗移栽 3 月底 4 月初进行棉花营养钵育苗，4 月底 5 月初移栽至大田，在厢两边各移栽一行，并控制行宽在 1.2 ~ 1.6m，株距为 50 ~ 55cm，确保棉花密度在每亩 1000 ~ 2000 株。亦可采用 4 月中旬直接点播棉花。

（3）大豆间作技术

①选用良种，适时播种。大豆应选用与棉花共生期相对较短的湘春豆 26 等早熟高产优质春大豆品种，劳动力充足的近郊区还可选用早熟高产菜用大豆品种。棉花间种菜用大豆是棉田增收的高效间种模式，对棉花影响很小，同时可获得较高的经济效益。4 月初在畦中间点播大豆，播种前接种根瘤菌，以增加根瘤数量，提高固氮能力。出苗后及时间苗，同时做好查漏补缺。中耕除草要早而勤，一般中耕三次，苗前实施化学除草。

②喷施多效唑。在初花期至盛花期，可适宜浓度的多效唑溶液均匀喷施叶片的正反面，这样可抑制营养生长，促进生殖生长，提高单株结荚率和结实率。

③及时巧追肥。在苗期，视苗情适量追施尿素，促使早发苗；开花期应适量追施尿素 3 ~ 5kg，磷钾复合肥 20kg。长势差的宜多施，长势健壮茂盛的应少施或不施尿素。结荚鼓粒期叶面喷施磷酸二氢钾、钼酸铵等微肥，每次每亩用磷酸二氢钾 50g、钼酸铵 15g、硼砂 50g，用热水溶解加入 25kg 清水均匀喷施于植株茎叶上。

④病虫害防治。播种后至出苗前要防鼠害和鸟害，应在田边地头投放鼠药和驱鸟剂。大豆病害主要有病毒病、霜霉病、锈病等。病毒病主要通过蚜虫传播，要在防治蚜虫的基础上用病毒灵防治；霜霉病可用百菌清等防治；锈病可用三唑酮或代森锌防治。大豆虫害主要有卷叶螟、斜纹夜蛾、豆荚螟、潜叶蝇、红蜘蛛、蚜虫等。斜纹夜蛾和豆荚螟可用 BT 生物杀虫剂和甲维盐等防治；蚜虫、潜叶蝇和红蜘蛛可用菊酯类等低毒低残留农药和达螨灵等防治。

三、大豆的收获、贮藏与秋繁

（一）大豆收获时期

收获是保证种子质量的关键，收获不当会使种子出现青籽、烂籽、扁籽、发芽率降低，影响种子质量。因此，大豆的适时收获非常重要，俗话说"豆收摇铃响"，其收获通常应等到 95% 的豆荚转为成熟荚色，豆粒呈现品种的本色及固有形状，而且豆荚与种粒间的白色薄膜已消失，手摇植株豆荚已开始有响声，豆叶已有 3/4 枯黄脱落，茎秆转黄但仍有韧性时为大豆的最适宜收获时期。收获过早或过晚都会对产量和质量产生影响，但在成熟期多雨低温情况下不落叶或落叶性不佳的品种，应看豆荚的颜色及豆荚成熟情况而定。

（二）大豆收获脱粒方法

南方收获大豆，一般都是人工用镰刀收割，最好趁早上露水未干时进行，因为此阶段收割，一方面植株不很刺手，便于收割，另一方面也不容易炸荚掉粒，可减少损失。用机械收获必须在完全成熟和干燥后收获。收获后应及时将豆株摊开带荚暴晒，当荚壳干透有部分爆裂时，再行脱粒，这样不仅可防止种皮发生裂纹和皱缩，而且也有利于大豆种子的安全储藏。目前脱粒主要有以下几种方法：

1. 人工脱粒

作为繁种来讲，这是一种较为理想的脱粒方法，减少了烂粒、扁粒的产生，种子外观及种子净度均较好。此方法先把豆株摊均匀晒干，用棍、棒捶打，使豆荚裂开而将籽粒脱出，达到脱粒的目的。

2. 机动车（四轮）脱粒

一般农民繁殖的大豆采用这种方法脱粒。在晒场上均匀摊开豆垛，厚度不超过 0.33m，再用机车压在豆株上，并用叉子上下翻株，即可将豆荚压开使豆粒脱下。但要注意车轮不要太靠近周围边，以免豆株较薄的地方烂籽。

3. 机械脱粒

用动力带动脱粒机脱粒。利用脱小麦的脱粒机收脱大豆，一定要把滚筒的转速降低到 600 转 / 分以下，通过更换成大皮带轮、滚筒轮，实现降低转速，防止烂籽、扁籽，保证种子质量。

4. 大型机械脱粒

北方农场大面积繁种采用联合收割机边收边脱粒。要掌握好收割时间，宜在晴日上午 9 ~ 11 时，下午太阳就要落时收获。早收有露水，豆粒含水量大不易脱粒，晚收炸荚造成产量损失，割茬高度宜在 5 ~ 6cm 为宜。

（三）大豆种子干燥和贮藏

脱出的豆粒应及时晾晒，避免霉烂，影响发芽率。留种用豆粒除去杂质后，随即晒 1 ~ 2 天，并进行筛选或溜选，剔除虫粒、霉粒、破碎粒及小粒后再晒 1 ~ 2 天，使种子含水量和净度达到国家标准。南方春大豆收获正值高温季节，特别在中午时，地面温度可高达 40℃左右，切忌将大豆直接置水泥坪上暴晒，避免高温烫伤种子，影响种子发芽率和商品价值。大量种子还可用设备烘干。

大豆种子富含蛋白质和脂肪，两者一般占 60% ~ 65%，蛋白质是一种吸水力很强的亲水胶体，容易吸收空气中的水汽，增加种子的含水量。大豆种子中不但蛋白质等亲水胶体的含量高，而且种皮薄，种皮和子叶之间空隙较大，种皮透性好，发芽孔大，因而吸湿能力很强，在潮湿的条件下极易吸湿返潮。在大豆种子吸湿返潮后，体积膨胀，极易生霉，开始表现豆粒发软，种皮灰暗泛白，出现轻微异味，继而豆粒膨胀，发软程度加重，指捏有柔软感或变形，脐部泛红，破碎粒出现菌落，品质急剧恶化。大量贮藏时料堆逐渐结块，严重时变黑并有腥臭味。料堆大豆吸湿霉变现象多发生在料堆下部或上层，下部主要来自吸湿，上层主要来自结露，深度一般不超过 30cm。吸湿霉变的大豆往往都会出现浸油赤变。一般情况下，大豆水分超过 13%，无论采用何种贮藏方法，豆温超过 25℃时即能发生赤变，其原因是在高温高湿作用下，大豆中的蛋白质凝固变性，破坏了脂肪与蛋白质共存的乳化状态，使脂肪渗出呈游离状态，同时色素逐渐沉积，致使子叶变红，发生赤变，发芽率丧失。

大豆从收获到播种或加工大多都需要经过一段时间的贮藏，由于大豆籽粒贮藏过程中会发生一系列复杂的变化，直接影响大豆的加工性能和产品的质量，若作种用则影响种子发芽率。因此，掌握和控制贮藏变化条件，对防止大豆在贮藏过程中发生质变非常重要。

1. 严格控制入库贮藏水分和温度

在实际生产中安全贮藏水分是很有用处的。大豆种子安全储藏水分含量为 12%，如超过 13%，就有霉变的危险。因此，大豆脱粒后必须对种子进行干燥，使含水量降低到 13% 以下，尤其是留作种用的大豆。要达到贮藏的安全水分，一是用采用自然晾晒，二是用烘干设备（烘干机或烘干室）机械化干燥种子。只要气候条件许可，日晒法简单易行，经济实用，但劳动强度大，适合少量种子。机械烘干是降低大豆水分的有效措施之一，具有效率高、降水快、效果好、不受气候限制等优点，但设备投资大，成本高，操作不当易引起焦斑和破粒，而且会使大豆的光泽减退，脂肪酸价升高，大豆蛋白质变性等。因此，在烘干大豆时应根据水分高低采用适宜的温度，通常烘干机出口的豆温应低于 40℃。可用于大豆干燥的设备很多，有滚筒式、气流式热风烘干机，流化床烘干机以及远红外烘干机等。无论是经过晾晒或烘干的大豆种子，均应经过充分冷却降温后方可入仓贮藏。

2. 及时进行通风散热散湿

新收获入库的大豆种子籽粒间水分不均匀，加上还须进行后熟作用，会放出大量湿热并在堆内积聚，如不及时散发，就会引起种子发热霉变。因此，在贮藏过程中要保持良好的通风状态，特别是种子入库 21 ~ 28 天时，要经常、及时观察库内温度湿度变化情况，一旦发生温度过高或湿度过大，必须立即进行通风散湿，必要时要倒仓或倒垛，使干燥的低温空气不断地穿过大豆籽粒间，这样便可降低温度，减少水分，以防止出汗发热、霉变、红变等异常情况的发生。通风往往要和干燥配合，通风的方法有自然通风和机械通风两种，自然通风是利用室内外自然温差和压差进行通风，它受气候影响较大，机械通风就是在仓房内设通风地沟、排风口，或者在料堆或筒仓内安装可移动式通风管或分配室，机械通风不受季节影响，效果好，然耗能大。

3. 及时进行低温密封贮藏

大豆种子富含有较高的油分和非常丰富的蛋白质，在高温、高湿、机械损伤及微生物的综合影响下，很容易变性，影响种子生活力。因此，在储藏大豆种子时，必须采取相应的技术措施，才能达到安全储藏的目的。

低温贮藏对大豆品质的变化速率影响较大。低温能够有效地防止微生物和害虫的侵蚀，使种子处于休眠状态，降低呼吸作用。根据试验，温度在10℃以下，害虫及微生物基本停止繁殖，8℃以下呈昏迷状态，当达到0℃以下时，能使害虫致死。试验还表明，在20℃恒温条件下，大豆各项品质随贮藏时间延长而缓慢变化，贮藏一年后，水溶性氮指数下降5%，豆油酸价上升37%，脂溶性磷指数下降8%。35℃恒温条件下，则大豆各项品质随贮藏时间的延长会发生骤变，贮藏4个月，发芽率就完全丧失，豆油酸价上升145%，水溶性氮指数下降34%，脂溶性磷指数下降39%。由此可见，大豆是不耐高温的，需要在低温下贮藏才能保持它的品质。安全水分下的大豆，在20℃条件下，能安全贮藏2年以上；在25℃条件下能安全贮藏18个月左右；在30℃条件下，能安全贮藏8～10个月；在35℃条件下，只能安全贮藏4～6个月。

低温贮藏主要是通过隔热和降温两种手段来实现的，除冬季可利用自然通风降温以外，一般需要在仓房内设置隔墙、绝热，并附设制冷设备，此法一般费用较高。

密闭贮藏的原理是利用密闭与外界隔绝，以减少环境温度、湿度对大豆籽粒的影响，使其保持稳定的干燥和低温状态，防止虫害侵入。同时，在密闭条件下，由于缺氧，既可以抑制大豆的呼吸，又可以抑制害虫及微生物的繁殖。密闭贮藏法包括全仓密闭和单包装密闭两种。全仓密闭贮藏时建筑要求高，费用多；单包装密闭贮藏，可用塑料薄膜包装，此法用于小规模贮藏效果好，但也应注意水分含量不宜高，否则亦会发生变质。

南方春大豆从7、8月收获到次年3月播种，贮藏期长达7个月，其贮藏期间处在秋、冬、春季节，秋季高温不利于大豆安全贮藏，冬、春多雨，空气湿度大，露置的种子容易吸潮。秋大豆11月收获到次年7月底8月初播种，贮藏期长达8个月，其贮藏时间要经过多雨高湿的春季，高温的夏季，种子最易变质。因此，春、秋大豆均应在种子干燥后采用低温密闭贮藏，少量种子最好用坛子、缸子盛装，再用薄膜将坛口密封，压上草纸、木板、砖头等，以防受潮，到播种前10天左右启封，再晒一两天即可播种。但要注意装过化肥、农药、食盐的瓦坛均不能用，种子入坛时不能满装，要留一定空间，以保证种子的微弱呼吸。据湖南省作物研究所试验，将含水量5.7%，发芽率98%的大豆种子放在大瓦缸里密封贮藏6个月后，种子的含水量上升到7.9%，田间发芽率仍有92%。大量大豆种子只要种子干燥程度好，可用麻袋装好放在防潮的专用仓库里贮藏。种子仓库要具备坚固、防潮、隔热、通风密闭等性能，种子入库前必须对库房进行彻底清扫，并进行熏蒸和消毒。贮藏时麻袋下面可用木头垫好，离地30cm，堆积高度不能超过 8 袋，贮藏过程中要经常检验种子温度、湿度等情况，发现种子堆温度上升、种子变质等现象，应及时采取降温、降湿等补救措施。

4. 化学贮藏法

化学贮藏法就是大豆贮藏以前或贮藏过程中，可在大豆中均匀地加入某种能够钝化酶、杀死害虫的药品，从而达到安全贮藏的目的。这种方法可与密闭法、干燥法等配合使用。化学贮藏法一般成本较高，而且要注意杀虫剂的防污染问题，因此，该法通常只用于特殊条件下的贮藏。

（四）春大豆秋繁高产栽培技术

南方春大豆播种期正值低温多雨季节，加上大豆蛋白质、脂肪含量高，种子的吸湿性强，耐贮性较差，特别是粒大质优的黄种皮大豆，常因贮藏不善，种子生活力不强，造成烂种缺苗，这是当前春大豆生产上存在的突出问题。7 月收获的春大豆种子，晒干后随即播种，10 月再次收获的种子留作第二年春播的大豆种子，即为春大豆秋繁留种，或叫春大豆翻秋留种。秋繁留种是生产高活力种子的一项有效措施，某些品种翻秋留种很有必要。

春大豆秋繁种子，贮藏期为先年 10 月下旬至次年 3 月下旬，贮藏时间只有 150 天左右，比春播种缩短 70 多天，而且在整个贮藏时间气温较凉爽，种子呼吸作用弱，消耗的营养物质少，因此，种子生活力强，播种后出苗率高。春大豆秋繁留种，出苗率比春播种显著提高，是保证春大豆一播全苗有效措施。

春大豆品种秋播，温、光、水等外界条件与春播时发生了很大变化。就温度来说，春播时大豆生育期温度是由低到高，秋播时是由高到低；就光照来说，春季的日照时数相对长一些，由营养生长阶段到生殖生长阶段，光照逐渐变长，春大豆秋播所处的日照时数相对短一些，由营养生长阶段到生殖生长阶段逐渐变短；就水分来说，春播生育期间总降水量大，秋播生育期间总降水量少。在正常春季播种条件下，生育期一般是 95 ~ 110 天，秋播时由于苗期、花期处于高温强日季节，生育日数大为缩短，只有 80 天左右，比春播时的生育期缩短 20 ~ 30 天，主要表现在营养生长期大大缩短，由于营养生长期缩短，导致植株变矮，茎粗变小，叶片数、节数、分枝数均显著减少，单株干物质累积少，后期结荚少，百粒重降低，单株生产力降低。因而，要使春大豆翻秋获得好收成，必须根据上述特点，可以采取相应的技术措施。

1. 选好秋繁种子地，耕地播种

秋繁种子田地要求土质肥沃，排灌方便，凡是灌水条件不好的高岸田，排水不良的渍水田，土壤瘠薄没有灌溉条件的旱地都不宜作秋繁种子地。也不要用不同品种的春大豆地连作，因为前季春大豆收获时掉粒出苗生长，容易造成种子混杂。同时，秋繁大豆要进行耕地整土做畦播种，这样有利大豆生长。

2. 尽量早播与密植

春大豆一般在 7 月上中旬成熟，收割后要将秋播的种子及时脱粒晒干，抢时间早播，播种太晚，光照太短，大豆营养生长时间短，生长量明显不足，不利高产。春大豆秋繁要尽可能早播，并且应将种植密度由春播的每亩 3 万株左右，提高到 4.5 万株左右，一般采用穴播，行穴距 26cm×17cm，每穴应留 3～4 株苗。

3. 施足基肥，早追苗肥

春大豆秋播，营养生长期仅 20 多天，较同品种春播生育期短 20 天左右，因此，苗期要猛促早管，争取在较短的时间内，把营养体长好，达到苗旺节多。生育期施肥以速效肥基施为主，播种前施用农家肥作基肥，一般每亩猪粪 1000～1500kg，苗期每亩用尿素 7.5～10.0kg，分别于苗后 3 叶期进行追施，促使壮苗早发，争取荚多粒大。为了使肥料能及时分解，供大豆吸收利用，应选在下雨前后进行施肥或将肥料溶于水后浇施。

4. 保证灌溉，加强病虫害防治

春大豆秋播，正值高温干旱季节，在播种后若土壤墒情不足，应在播种后的第 2 天傍晚及时灌出苗水，以保证大豆出苗。苗期、花期、结荚期如遇干旱天气均应及时灌溉，特别是结荚初期进行灌溉，有利壮籽，同时又能有效地抑制豆荚螟危害。灌水量以刚漫上厢面为宜，灌后还要及时排干厢沟中的积水。秋季气温高，危害大豆的病虫害多，特别是食叶性害虫和豆荚螟为害严重，应注意及时喷药防治。

5. 及时收获，颗粒归仓

春大品种秋繁，成熟时气候干燥，易炸荚，应在大豆叶片还没有完全落光前开始收获。

第三节　大豆病虫害及其防治

一、大豆主要病害

（一）大豆花叶病毒病

1. 分布与危害

全国各地均有发生。植株被病毒侵染后的产量损失，根据种植季节、品种抗性、侵染时期及侵染的病毒株系等因素而不同，常年产量损失 5%～7%，重病年损失 10%～20%，个别年份或少数地区产量损失可达 50%。病株减产原因主要是豆荚数少，降低种子百粒重、蛋白质含量及含油量，并影响脂肪酸、蛋白质、微量元素及游离氨基酸的组分等，而且病株根瘤显著减少，病毒感染种子形成病斑，降低种子商品价值和萌发率。

2. 发生规律

大豆病毒病是由大豆花叶病毒侵染发病。发病程度与品种的抗病性、种子带毒率高低及传毒媒介蚜虫的数量关系很大。

（1）带毒种子是病毒初次传染源，种子带毒率高，当年田间发病就重。

（2）在自然条件下，蚜虫是主要传毒媒介，蚜虫通过吸食带毒植株传染，蚜虫密度越大，发病就越重。

（3）高温少雨，土壤湿度底，有利于蚜虫的繁殖，从而加速病毒的传染、病害加重，相反，病害较轻。

（4）一般重茬地病害重，新茬地病害轻。

3. 主要症状

该病的症状一般表现为种类型即皱缩花叶型、顶枯型、矮化型、黄斑型。其中以皱缩花叶型最为普遍，但以顶枯型为害最重。

（1）皱缩花叶型

病株矮化或稍矮化，叶形小，叶色黄绿相间呈花叶状而皱缩，在严重时病叶成狭窄的柳叶状，出现疮状突起，叶脉变褐色而弯曲，病叶向下弯曲。

（2）顶枯型

病株明显矮化，叶片皱缩硬化，脆而易折，顶芽和侧芽变褐，最后枯死，输导组织坏死，很少结荚。

（3）矮化型

节间缩矮，严重矮化，叶片皱缩变脆，很少结荚，或荚变畸形，根系发育不良，输导组织变褐。

（4）黄斑型

叶片产生不规则浅黄色斑块，叶脉变褐，多发生在结荚期发生，中下部叶不皱缩，上部叶片多呈皱缩花叶状。

4. 防治方法

由于大豆病毒病初次侵染主要是带毒种子，田间病害以蚜虫传染，所以防治该病应用无病种子、抗病品种和治蚜防病的综合防治措施。

（1）建立无病留种田，选用无病种子

在大豆生长期间，经常检查，彻底拔除病株，并治蚜防病，尽量在无病田或在轻病田无病株留种。

（2）推广和选用抗病品种

由于大豆花叶病毒以种子传播为主且品种间抗病能力差异较大，又由于各地花叶病毒生理小种不一，同一品种种植在不同地区其抗病性也不同，因此，应在明确该地区花叶病毒的主要生理小种基础上选育和推广抗病品种。

（3）及时疏田、间苗、培育壮苗

大豆出苗后，对过稠苗和疙瘩苗，及早间苗、疏苗，减少弱苗和高脚苗，增强抗病能力。

（4）轮作换茬

在重病田要进行大豆轮作换茬，可种玉米、棉花、小豆等旱地作物。

（5）防治蚜虫

由于蚜虫是田间花叶病毒的自然传播体，尤其是有翅蚜对病毒病远距离传播起较大作用，应根据有翅蚜的消长规律，消除传播介体。化学防治蚜虫的方法是用 15% 吡虫啉可湿性粉剂 2000 倍液或者 20% 速灭杀丁 2000 ~ 3000 倍液，叶面喷施，效果良好。

（二）大豆锈病

1. 分布与危害

大豆锈病原来主要分布在东半球热带和亚热带地区 ~ 亚洲和大洋洲发生危害较重。近年来在非洲、南美洲和北美洲有逐步扩大和加重的趋势。到目前大豆锈病主要发生国家有 39 个。我国有 23 个省报道有大豆锈病发生，发生严重地区主要在北纬 27° 以南，主要省份有广西、海南、中国台湾地区、广东、福建、云南、贵州、四川、浙江、江西、湖南、湖北及江苏省等，常发生地区还有河南、安徽、山西、山东、陕西、甘肃等。东北三省及河北偶有报道，但生产田中很少发现。大豆锈病一般在秋大豆和冬大豆发生，主要危害叶片、叶柄和茎，叶片两面均可发病，致叶片早枯。在发病地区常年损失大豆产量 10% ~ 15%，如遇多雨年份，发病严重地区产量损失可达 30% ~ 50%，1971 年菲律宾在旱季种植大豆因锈病造成大豆产量 30% ~ 80% 的损失。我国南方大豆锈病发生和危害严重，常年损失 10% ~ 30%，部分地块达到 50%，在大豆早期发病甚至可绝产，然不同大豆品种间产量损失存在差别，抗病品种较感病品种损失小。

2. 发生规律

大豆锈病菌是气传、专性寄生真菌，整个生育期内均能被侵染，开花期到鼓粒期更容易感染。病菌的夏孢子为病原传播的主要病原形态，病原菌夏孢子通过气流进行远距离传播感染寄主植物，感病的叶片、叶柄可短距离传播。病原菌夏孢子在水中才能萌发，适宜萌发温度 15℃ ~ 26℃。湿度作为本病发生流行的决定因素，温暖多雨的天气有利于发病。

3. 主要症状

大豆锈病是由夏孢子侵染大豆而造成危害，该病主要发生在叶片、叶柄和茎，严重者影响到全株，受侵染叶片变黄脱落，形成瘿荚。在发病初期，大豆叶片出现灰褐色小点，以后病菌侵入叶组织，形成夏孢子堆，叶片出现褐色小斑，夏孢子堆成熟时，病斑隆起，呈红褐色、紫褐及黑褐色。病斑表皮破裂后由夏孢子堆散发出很多锈色夏孢子。在温、湿度适于发病时，夏孢子可多次再侵染。发病后期可产生冬孢子堆，内聚生冬孢子，冬孢子堆表皮不破裂，不产生孢子粉。根据大豆锈病病斑在大豆品种上的反应型分为 3 种类型，即 0 型（免疫或接近免疫）、Tan 型（14 天后病斑呈棕色，大小为 0.4mmP2P，每个病斑产生 2 ~ 5 个夏孢子堆，病斑发展快，此类型属感病反应型）、RB 型（14 天后病斑呈红棕色，大小为 0.4mmP2P，每个病斑产生 0 ~ 2 个夏孢子堆，病斑发展慢，此类型属抗病反应型）。

4. 防治方法

（1）大豆抗锈病品种筛选和抗锈病育种

控制大豆锈病最有效的方法是应用耐病、抗病品种，由此，许多大豆锈病重病区的国家开展了大豆抗锈病品种筛选和抗锈病育种研究。

（2）农业防治

合理密植，增加通风透光，降低田间荫蔽度和湿度，由此减轻大豆锈病危害。

（3）化学防治

在大豆锈病发生初期及时选择施用下列药剂：15%粉锈灵150倍；75%百菌清750倍；25%邻酰胺250倍；70%代森锰锌500倍，隔10天左右喷1次，连续喷2～3次。

（三）大豆白粉病

1. 分布与危害

大豆白粉病1931年在美国报道，到了20世纪70年代严重爆发于美国的东南部及中西部；日本在1982年报道白粉病的发生，17年后在九州岛大面积爆发；巴西1996年、1997年大面积出现大豆白粉病；1998年，韩国、越南、中国台湾等地都相继出现大豆白粉病。

2. 发生规律

大豆白粉病是一种区域性和季节性较强的病害，且易于在凉爽、湿度大、早晚温差较大的环境中出现，温度15C～20℃和相对湿度大于70%的天气条件有利于病害发生，氮肥多发病重，中下部叶片比上部叶片发病重。

3. 主要症状

大豆白粉病主要危害叶片，叶柄及茎秆极少发病，先从下部叶片开始发病，后向中上部蔓延。感病叶片正面，初期产生白色圆形小粉斑，具黑暗绿晕圈，扩大后呈边缘不明显的片状白粉斑，严重发病叶片表面撒一层白粉病菌的菌丝体及分生孢子，后期病斑上白粉逐渐由白色转为灰色，长出黑褐色球状颗粒物，最后病叶变黄脱落，严重影响植株生长发育。

4. 防治方法

（1）选用抗病品种。

（2）合理施肥浇水，加强田间管理，培育壮苗。

（3）增施磷钾肥，控制氮肥。

（4）化学防治方法。发病初期及时喷洒70%甲基硫菌灵（甲基托布津）可湿性粉500倍液防治。当病叶率达到10%时，每亩可用20%的粉锈宁乳剂50mL，或15%的粉锈宁可湿性粉剂75克，兑水60～80kg进行喷雾防治。

（四）大豆根腐病

1. 分布与危害

大豆根腐病是大豆苗期根部真菌病害的统称，我国主要有镰刀菌根腐病、腐霉根腐病和疫霉根腐病三种类型。镰刀菌根腐病是发生最普遍的一种，在我国东北、山东、江苏、安徽都有发生，发病轻时后期可恢复正常，病重时病株萎蔫，幼苗枯死。腐霉根腐病在东北及黄淮豆区均有发生，不及镰刀菌根腐病发生普遍，但危害性较大，引起出土前后幼苗猝倒枯死。疫霉根腐病近年来在黑龙江等省零星发生，则上升趋势，发病面积不大，但危害性很大；在华南地区大豆生产区危害日趋严重，且发病特征有别于其他大豆主产区。该病流行严重影响大豆幼苗的生长，条件适宜时在大豆整个生育期都能侵染大豆并造成危害，导致早期大豆烂种、猝倒和中后期根、茎腐烂，使植株逐渐枯萎死亡。严重时感病品种可造成 25% ~ 50% 的损失，个别感病品种损失会达 60% ~ 70% 或更多，甚至绝产。

2. 发生规律

大豆根腐病是典型的土传病害，发生于出苗至开花前期。初侵染源来源于土壤中大豆病残体，病原孢子附着于种子或幼苗根上萌发侵染。发病需要较大的湿度，地势低洼发病重，灌溉可传病害并加重根腐病的发生。在大豆生长期内可多次再侵染，苗期最为感病，随植株的生长发育，抗病性也随着增强。大豆疫霉菌多为有性生殖，以卵孢子为越冬菌源，随土壤和病残体远距离传播，病菌在适宜萌发条件下，产生芽管直接发育成菌丝侵染寄主，导致大豆植株发病。

3. 主要症状

在出苗前引起种子腐烂，出苗后由于根或茎基部腐烂而萎蔫或立枯，根变褐软化，直达子叶节。真叶期发病，茎上可出现水渍斑，叶黄化、萎蔫、死苗，侧根几乎完全腐烂，主根变为深褐色。成株期发病，枯死较慢，下部叶片脉间变黄，上部叶片褪绿，植株逐渐萎蔫，叶片凋萎但仍悬挂在植株上。后期病茎的皮层及维管束组织变褐。

4. 防治方法

（1）农业防治合理轮作，尽量避免重迎茬。雨后及时排除田间积水，降低土壤湿度，合理密植，及时中耕松土，增加土壤和植株通透性是防治病害发生的关键措施。

（2）选用对当地小种具抵抗力的抗病品种。

（3）药剂防治：播种前分别用种子重量 0.2% 的 50% 多菌灵、50% 甲基托布津、50% 施保功进行拌种处理。利用瑞毒霉进行土壤处理防治效果好，进行种子处理可控制早期发病，但对后期无效。

（五）大豆叶斑病

1. 分布与危害

大豆叶斑病分布于我国东北、华北、华东、西南等地区，多雨的南方大豆产区受害较重。国外见于美国、俄罗斯、日本等国和朝鲜半岛。主要危害叶片，也侵染幼苗、叶柄、豆荚和籽粒，影响大豆籽粒饱满度。从田间观察到的发病情况，虽然发病普遍，但还没有造成严重的损失。

2. 发生规律

病菌在种子内或随病残体在土壤内越冬，翌年播种带菌种子，出苗后即发病，成为该病扩展中心。病菌通过伤口或气孔、水孔和皮孔侵入，发病后通过雨水、浇水、昆虫和结露传播。病菌生长温度 1℃ ~ 35℃，发育适宜温度 20℃ ~ 28℃，39℃停止生长，49℃ ~ 50℃致死。空气湿度高或多雨，或夜间结露，其多有利于发病。

3. 主要症状

叶上病斑为淡褐色至灰白色，不规则，边缘深褐色。后期病斑上生出许多小黑点，最后叶片枯死脱落。

4. 防治方法

（1）选用抗病品种和无病种子，播种前用种子重量 0.3% 的 47% 加瑞农可湿性粉剂拌种。

（2）彻底清除病残落叶，与其他作物进行二年以上轮作。收获后及时深翻，促使病残体加速腐烂。

（3）合理浇水，防止大水漫灌，注意通风降湿，缩短植株表面结露时间，注意在露水干后进行农事操作，及时防治田间害虫。

（4）药剂防治。发病初期可选用 5% 加瑞农粉尘剂 1kg/ 亩喷粉防治，也可用 47% 加瑞农可湿性粉剂 800 倍液，或 50% 可杀得可湿性粉剂 500 倍液，或 25% 二噻农加碱性氯化铜水剂 500 倍液，或 25% 噻枯唑 300 倍液，或是用新植霉素 5000 倍液喷雾防治。

（六）大豆霜霉病

1. 分布与危害

大豆霜霉病属真菌类病害，是大豆的常发病害，分布于全国各大豆产区，主要发生在东北、山西、河南等气候冷凉地区。从大豆苗期到结荚期均可发病，主要危害大豆幼苗、叶片、豆荚和籽粒，发病严重时使大豆植株早期落叶，百粒重下降，油分含量下降，甚至形成霉烂粒，严重影响大豆的产量和品质。

2. 发生规律

病菌以卵孢子在病残体和种子上越冬，成为下一年初侵染菌源。种子上带菌是最主要的初侵染菌源和远距离传播的主要途径。病残体上的卵孢子侵染机会少，病粒上附着的卵孢子越冬后萌发产生游动孢子，侵染大豆幼苗的胚茎，菌丝随大豆的生长而上升，而后蔓延到真叶和腋芽，形成系统侵染。幼苗被害率与温度有关，附着在种子上的卵孢子在 13℃ 以下可造成 40% 幼苗发病，而温度在 18℃ 以上便不能侵染。病苗叶片上产生大量孢子囊，孢子囊借风、雨传播，侵染成株期叶片。在侵入后的 7～10 天，病叶背面可产生大量砲子囊，扩大再侵染。生育期间雨水偏多田间湿度大有利于该病的发生，在高温干旱条件发病轻。

3. 发生症状

大豆霜霉病主要表现在叶片和豆粒上。当幼苗第一对真叶展开后，沿叶脉两侧出现退绿斑块，有时整个叶片变淡黄色，天气潮湿时，叶背面密生灰白色霜霉层，即病原菌的孢囊梗和孢子囊。成株期叶片表面出现圆形或不规则形边缘不清晰的黄绿色病斑，后期病斑变褐色，叶背病斑上也生灰白色至灰紫色霜霉层，最后叶片干枯死亡。豆荚表面无明显症状，豆荚内豆粒表面附着一层白色菌丝层，在其中含有大量的病菌卵孢子。

4. 防治方法

（1）针对当地流行的生理小种，选用抗病力较强的品种。

（2）农业措施针对该菌卵孢子可在病茎、叶上、残留在土壤中越冬，提倡实行轮作，减少初侵染源。合理密植，保证通风透光，提高温度和降低湿度。增施磷肥和钾肥，提高植株抗病能力。

（3）严格清除病粒选用健康无病的种子。

（4）种子药剂处理播种前用种子重量 0.13% 的 90% 乙膦铝或是 35% 甲霜灵（瑞毒霉）可湿性粉剂拌种。

（5）加强田间管理发病初期及时拔除发病中心病株并移至田外深埋或烧毁，减少田间侵染源。

（6）药剂防治发病初期开始喷洒 40% 百菌清悬浮剂 600 倍液、25% 甲霜灵可湿性粉剂 800 倍液或 58% 甲霜灵锰锌可湿性粉剂 600 倍液、64% 杀毒矾可湿性粉剂 500 倍液防治，每隔 10 ~ 15 天喷一次。

（七）大豆灰斑病

1. 分布与危害

大豆灰斑病俗名褐斑病，又称蛙眼病，也是一种世界性的病害，为我国北方主要病害之一，尤其以黑龙江省的三江平原危害最为严重。灰斑病可以危害大豆的叶、茎、荚、籽粒，但对叶片和籽粒的危害更为严重，可引起叶片枯黄脱落，严重影响产量，由于引起籽粒斑驳，影响大豆商品品质。

2. 发生规律

大豆灰斑病是一种真菌性病害，病菌以分生孢子或菌丝体在种子或病株残体上越冬，带菌种子播种后，病菌侵染子叶引起幼苗发病，在湿润条件下，发病子叶产生分生孢子借气流传播，通过气孔侵入到叶片、茎部，结荚后病菌又侵染豆荚和籽粒形成危害。大豆灰斑病的流行与气象条件、品种抗性及菌量有关。病斑出现始期一般为 6 月末至 7 月初，这时只见到少数病斑，病情发展缓慢，到大豆鼓粒期病情发展迅速。病菌孢子萌发的适宜温度范围为 12℃ ~ 28℃，最适温度为 24℃ ~ 26℃。病菌苗生长最适温度为 21℃ ~ 25C，高温抑制孢子萌发和菌丝生长，高湿则有利于孢子及苗丝生长。大豆重迎茬和不翻耕地块会使苗源量增加，发病重，一般重茬地块减产 11.1% ~ 34.6%，病粒率增加 9.7% ~ 13.2%。不同品种间病情发生有明显差异，一般早熟品种发病早而重，反之则轻。在大豆种植密度过大，地势低洼等条件下，发病均重。

3. 发生症状

大豆灰斑病主要危害叶片，其也可侵染子叶、茎、荚和种子。植株和部分豆荚被感染后，均形成病斑，成株叶片病斑呈圆形、椭圆形或不规则形，大部分呈灰褐色，也有灰色或赤褐色，病斑周围暗褐色，与健全组织分界明显，此为区分灰斑病与其他叶部病害的主要特征。茎秆上病斑为圆形或纺锤形，中央灰色，边缘黑褐色；豆荚上种皮和子叶上也能形成病斑。该病主要危害成株叶片，病斑最初为褪绿小圆斑，后成为边缘褐色、中央灰色或灰褐色蛙眼状斑，直径1～5mm，也可为椭圆形或不规则形斑，潮湿时叶背病斑中央部分密生灰色霉层，病重时病斑合并，叶片枯死，脱落。籽粒病斑明显，与叶片病斑相似，为圆形蛙眼状，边缘暗褐色，中部为灰色，在严重时病部表面粗糙，可突出种子表面，并生有细小裂纹，轻病粒仅产生褐色小点。

4. 防治方法

（1）选用抗病品种

选用抗或高抗灰斑病的优势小种，但要注意在一个地区连续种植一个抗病品种之后，由于品种选择压力作用，会引起生理小种变化，而使抗病品种丧失抗性，因此需要几个品种交替使用，延长品种的使用年限。

（2）农业防治

清除田间病株残体，进行大面积轮作，及时中耕除草，排除田间积水，合理密植等措施均可减轻灰斑病的发病程度。

（3）种子处理

可用种子重量0.3%的50%福美双可湿性粉剂或50%多菌灵可湿性粉剂拌种，能达到防病保苗的效果，但对成株期病害发生和防治作用不大。不同药剂对灰斑病拌种的保苗效果是不同的，福美双、克菌丹的保苗效果较好。

（4）药剂防治

在发病盛期前可采用40%多苗灵胶悬剂，每亩100g，将其稀释成1000倍液喷雾；50%多菌灵可湿性粉剂或70%甲基托布津，每亩用100～150g对水稀释成1000倍液喷雾；每亩用40mL2.5%溴氰菊酯乳油与50%多菌灵可湿性粉剂100g混合，可兼防大豆食心虫。药剂防治要抓住时机，田间施药的关键时期是始荚期至盛荚期。

（八）大豆菌核病

1. 分布与危害

大豆菌核病又称白腐病，是一种真菌性病害，全国各地均可发生，黑龙江、内蒙古危害较重，流行年份减产20%～30%，病害严重的地块甚至绝产。该病危害地上部，在大豆苗期、成株期均可发病，造成苗枯、叶腐、荚腐等症状，但以成株花期发生为主，受害最重。

2. 发生规律

菌核落在土壤里或病株残体以及混在种子内越冬，越冬之后的菌核在环境适宜的条件下产生子囊盘和子囊孢子，成为田间的初侵染源。子囊孢子通过风、气流飞散传播蔓延进行初侵染。再侵染则通过病健部接触传播或菌丝碎断传播，条件适宜时，特别是大气和田间湿度高，菌丝迅速增殖，2～3天后健株即发病。该病发生的适宜温度为15℃～30℃、相对湿度在85%以上，一般菌源数量大的连作地或栽植过密、通风透光不良的地块发病重。

3. 发生症状

叶片染病始于植株下部，病斑初期呈暗绿色，湿度大时生白色菌丝，叶片腐烂脱落。

茎秆染病，多从主茎中下部分枝处开始，病部水浸状，后褪为浅褐色至近白色，病斑形状不规则，常环绕茎部向上、向下扩展，致使病部以上枯死或倒折，潮湿时病部生絮状白色菌丝，菌丝后期集结成黑色粒状、鼠粪状菌核，病茎髓部变空，菌核充塞其中。后期干燥时茎部皮层纵向撕裂，维管束外露似乱麻，严重的全株枯死，颗粒不收。豆荚染病，出现水浸状不规则病斑，荚内、外均可形成较茎内菌核稍小的菌核，可使荚内种子腐烂、干瘪、无光泽，在严重时导致荚内不能结粒。

4. 防治方法

（1）种植抗耐病品种

由于该病菌寄主范围广，致病性强，目前尚没有抗病品种，但株形紧凑、尖叶或叶片上举、通风透光性能好的品种相对耐病。

（2）耕作制度

病区必须避免大豆连作或与向日葵、油菜等寄主作物轮作或邻作，一般与非寄主作物或禾本科作物实行三年以上的轮作可有效地降低菌核病的发生。

（3）栽培管理

发病地块要单独收获，及时清除田间散落的病株残体和根茬，减少初侵染源。根据品种的特性合理密植，不要过密。地块尽量平整，病田收获后应深翻，深度不小于15cm，这样可以将菌核深埋在土壤中，抑制菌核萌发。同时，可在大豆封垄前及时中耕培土，防止菌核萌发形成子囊盘。

（4）水肥管理

及时排除田间积水，降低田间湿度。适当控制氮肥的用量，防止大豆徒长。合理搭配 N、P、K 比例，增施钾肥，培育壮苗，有机肥应经过彻底腐熟后再施用。

（5）药剂防治

在田间出现病株时，及时施用化学药剂，可有效地控制病情的蔓延和流行，一般隔 7 天喷雾一次，效果更好。常用药剂有：50% 速克灵可湿性粉剂 1000 倍液或 40% 纹枯利可湿性粉剂 800～1200 倍液；40% 菌核净可湿性粉剂 1000 倍液；70% 甲基硫菌灵可湿性粉剂 500～600 倍液；80% 多菌灵可湿性粉剂 600～700 倍液。

（九）大豆立枯病

1. 分布与危害

大豆立枯病俗称"死棵""猝倒""黑根病"，各大豆产区均有分布，其主要发生在苗期，常引起幼苗死亡，轻病田死株率在 5%～10%，重病田死株率高达 30% 以上，产量损失 30%～40%，个别田块甚至全部死光，造成绝产。

2. 发生规律

病菌以菌核或厚垣孢子在土壤或病残体中休眠越冬。翌年地温高于 10℃开始萌发，进入腐生阶段。播种后遇有适宜发病条件，病菌从根部的气孔、伤口或表皮直接侵入，引起发病后，病部长出菌丝继续向四周扩展，也有的形成子实体，产生担孢子在夜间飞散，落到植株叶片上以后，产生病斑。此外该病还可通过雨水、灌溉水、肥料或种子传播蔓延。土温 11℃ ~ 30℃、土壤湿度 20% ~ 60% 均可侵染。高温、连阴雨天多、光照不足、幼苗抗性差，易染病；密度过大，连作发病重。立枯病的病原可由种子传播，种子质量差、发霉变质的种子一定发病重。播种愈早，幼苗田间生长时期长发病愈重。用病残株沤肥未经腐熟，地下害虫多、土质瘠薄、缺肥与大豆长势差的田块发病重。

3. 发生症状

发病时幼苗主根及近地面茎基部出现红褐色稍凹陷的病斑，后变赤褐色。病部皮层开裂呈溃疡状，病菌的菌丝最初无色，以后逐渐变为褐色。病害严重时，病部缢缩，植株折倒枯死；轻病株仍缓慢生长，但地上部分矮黄，茎基部有的缢缩，有的皮层开裂。大豆结荚期，95% 以上大豆无荚，植株高度不超过 25cm，全田绝产早成定局。

4. 防治方法

（1）选用抗病品种。

（2）收获后及时清除田间遗留的病株残体，秋季深翻土地，将散落于地表的菌核及病株残体深埋土里，腐烂分解，可减少菌源，减轻下年发病。冬灌可提高地温，有利出苗，减少发病。

（3）实行轮作：与非寄主作物实行 3 年以上轮作，能减轻发病，历年棉花立枯病常发生地块，不宜种植大豆。

（4）药剂拌种：用种子量 0.3% 的 40% 甲基立枯磷乳油或 50% 福美双可湿性粉剂拌种。

（5）加强栽培管理：适时播种．早中耕、深中耕，提高地温，降低土壤湿度。选用排水良好高燥地块种植大豆，低洼地采用垄作或高畦深沟种植等，有利于幼苗和植株健壮生长，可减轻病害发生。雨后及时排水，合理密植，勤中耕除草，改善田间通风透光性。必要时可撒施拌种双或甲基立枯磷药土，施用移栽灵混剂，杀菌力强，同时能促进根系对不利气候条件的抵抗力，从根本上防治立枯病的发生和蔓延。

（6）药剂防治：发病初期喷洒 40% 三乙膦酸铝可湿性粉剂 200 倍液；70% 乙磷·锰锌可湿性粉剂 500 倍液；58% 甲霜灵·锰锌可湿性粉剂 500 倍液；69% 安克锰锌可湿性粉剂 1000 倍液，隔 10 天左右 1 次，连续防治 2 ~ 3 次，真正做到喷匀喷足。

（十）大豆炭疽病

1. 分布与危害

大豆炭疽病普遍发生于我国各大豆产区，近年危害加重，南方重于北方。从苗期至成熟期均可发病，可危害豆荚、豆秆和幼苗，造成幼苗死亡，豆荚干枯不结粒，茎秆枯死，减产 16 ~ 26%，同时使种子品质变劣。

2. 发生规律

大豆炭疽病是由真菌引起的。病菌在大豆种子和病残体上越冬，翌年播种后从病种长出的病苗在潮湿条件下产生大量分生孢子，借风雨进行侵染传播。发病适温 25℃ ~ 28℃，病菌在 12℃ ~ 14℃ 以下或 34℃ ~ 35℃ 以上不能发育。生产上苗期低温或土壤过分干燥，大豆发芽出土时间延迟，容易造成幼苗发病。生长的后期高温多雨的年份发病重，成株期温暖潮湿条件利于该菌侵染。带病种子大部分于出苗前即死于土中，病菌自子叶可侵入幼茎，危害茎及荚，也为害叶片或叶柄。

3. 发生症状

子叶上病斑圆形，暗褐色，子叶边缘病斑半圆形，病部凹陷，有裂纹。天气潮湿时子叶变水浸状，很快萎蔫、脱落，子叶上的病斑可扩展到幼茎，造成顶芽坏死，幼茎上病斑条形、褐色，稍凹陷，重者幼苗枯死。成株期叶上病斑圆形或不规则形，暗褐色，上面散生小黑点，即病原菌的分生孢子盘；茎上病斑圆形或不规则形，初为暗褐色，以后变为灰白色，病斑扩大包围全茎，使植株枯死。荚上病斑近圆形，灰褐色，病部小点呈轮纹状排列，病荚不能正常发育，种子发霉，暗褐色并皱缩或不能结实。叶柄发病，病斑褐色，不规则形。

4. 防治方法

（1）选用抗病品种，播种前清除有病的种子，减少病害的初侵染来源。

（2）种子处理用种子量0.3%的40%拌种灵可湿性粉剂或50%福美双可湿性粉剂、40%多菌灵可湿性粉剂拌种。

（3）清除田间菌源大豆收获后及时清理田间病株残体，集中烧毁或深翻入地下。

（4）轮作倒茬与其他作物轮作也可减轻发病。

（5）加强田间管理及时中耕培土，雨后及时排除积水防止湿气滞留；合理密植，避免施氮肥过多，提高植株抗病能力。

（6）药剂防治开花后，在发病初期喷洒75%百菌清可湿性粉剂800～1000倍液或70%甲基托布津可湿性粉剂700倍液。

二、大豆主要虫害

（一）豆荚螟

1. 分布与危害

豆荚螟又称豆蛀虫，属寡食性害虫，寄主仅限于豆科作物，且全国各地均有分布，南方危害重于北方，早春、迟秋大豆成荚期是危害高峰。以幼虫蛀食豆荚、花蕾和种子，一般6～10月为幼虫危害期，主要以幼虫蛀入豆荚食害豆粒，被害豆粒形成虫孔、破瓣，甚至大部分豆粒被吃光。防治不及时的田块，常常造成十荚七蛀，一般减产可达30%～50%，严重的减产70%以上。

2. 发生规律

在南方1年可发生5代，除第1代较整齐外，以后各代有不同程度的世代重叠。一般以老熟幼虫在寄主植物附近或晒场周围的土表下1.5cm深处结茧越冬，来年春天温度适合时破土羽化为成虫，成虫日间多栖息于豆株叶背或杂草丛中，傍晚开始活动。成虫有趋光性，喜欢选择多毛大豆品种将卵单产于豆荚上。幼虫老熟后在荚上咬孔洞爬出，落地而潜入植株附近的土下吐丝作茧化蛹。豆荚螟的发生和多种因素有关，高温低湿的环境有利其发生，当土壤水分饱和时可导致幼虫和蛹窒息死亡。南方地区 8 月下旬至 9 月下旬气温高，雨水少，此时正值夏大豆结荚鼓粒期，由此以夏大豆受害最严重。

3. 防治方法

（1）农业防治

及时清除田间落花落荚集中销毁；在花期和结荚期灌水，可增加入土幼虫死亡率；与非豆科作物轮作并深翻土地，使幼虫和蛹暴露于土表冻死或被鸟类等天敌捕食。

（2）生物防治

在老熟幼虫入土前田间湿度大时，每亩可用 1.5kg 白僵菌粉剂加细土撒施，保护自然天敌，发挥控制作用。

（3）化学防治

成虫发生盛期或卵孵化盛期前田间喷药，可防治成虫和初孵化的幼虫。可用 50% 倍硫磷乳剂 1000 ～ 1500 倍液、50% 杀螟松乳剂 1000 倍液喷雾，且每亩用药量为 75kg 稀释液。

（二）大豆蚜虫

1. 分布与危害

大豆蚜虫俗称腻虫，在我国大豆产区均有发生，尤其在东北、华北、内蒙古等地发生普遍而且较重，主要危害大豆，还可危害野生大豆、鼠李。大豆蚜虫以成、若虫为害生长点、顶叶、嫩叶、嫩茎、幼荚等幼嫩部分，刺吸汁液，由于叶绿素消失，叶片形成蜡黄色的不定形黄斑，继而黄斑扩大并变褐，受害重的豆株，叶蜷缩，根系发育不良、发黄，植株矮小，分枝及结荚数减少，百粒重降低。幼苗期大豆蚜虫发生严重时，可使整株死亡，造成缺苗断垄。多发生年份不及时防治，轻者减产 20% ～ 30%，重者减产达到 50% 以上，并且大豆蚜虫还是大豆花叶病毒病的主要传播介体。

2. 发生规律

大豆蚜虫以卵在鼠李、牛膝等杂草上越冬，次年温度回升后孵化为干母（无翅胎生雌蚜，以后均孤雌胎生），经孤雌胎生繁殖 1 ～ 2 代后，产生有翅型胎生蚜。先在鼠李上危害，大豆幼苗出土后即迁入豆田危害。大豆蚜虫繁殖很快，在豆田以孤雌胎生方式繁殖 10 余代，1 头雌蚜可繁殖 50 ～ 60 头若虫，如果蚜在气候适宜时，5 天内即可成熟而进行生殖，给防治加大了难度。气候条件是影响大豆蚜种群数量波动的关键因素，在 4 月下旬至 5 月中旬，为越冬幼虫成活和成蚜繁殖期，6 月下旬至 7 月上旬为大豆蚜虫盛发前期，此期内如平均气温达 20 ℃ ～ 24 ℃，相对湿度在 78% 以下，极有利于蚜虫繁殖，使大豆受害成灾。花期高温高湿对大豆蚜发生不利，如连续平均气温 25℃以上，蚜虫数量则迅速下降。

3. 防治方法

（1）农业防治

合理进行大豆、玉米间作或混播可以有效减轻大豆蚜的发生。可在豆田四周种植一圈高秆的非寄主植物（如高粱），用于防治蚜虫传病毒已证明相当有效。及时铲除田、沟边杂草。

（2）苗期预防

用 4% 铁灭克颗粒剂播种时沟施，用量为 2kg/ 亩（不要与大豆种子接触），可防治苗期蚜虫，对大豆苗期的某些害虫和地下害虫也有一定防效。也可在苗期用 35% 伏杀磷乳油喷雾，用药量为 0.13kg/ 亩，对大豆蚜控制效果显著而不伤天敌。

（3）其他生育期防治

根据虫情调查，在卷叶前施药。用 20% 速灭杀丁乳油 2000 倍液，在蚜虫高峰前始花期均匀喷雾，喷药量为 20kg/ 亩；15% 唑蚜威乳油 2000 倍液喷雾，喷药量 10kg/ 亩；15% 吡虫啉可湿性粉剂 2000 倍液喷雾，喷药量 20kg/ 亩。

（4）生物防治方法

利用赤眼蜂灭卵，于成虫产卵盛期放蜂 1 次，每亩放蜂量 2 万～ 3 万头，可降低虫食率 43% 左右，如增加放蜂次数，尚能提高防治效果。利用白僵菌防治脱荚越冬幼虫，可于幼虫脱荚之前，每亩用 16kg 白僵菌粉，每千克菌粉加细土或草灰 9kg，均匀撒在豆田垄台上，落地幼虫接触白僵菌也子，以后遇适合温湿度条件时便发病致死。在大豆田释放异色瓢虫，10 天后对大豆蚜的防效高达 90%。人工释放日本豆蚜茧蜂会使大豆射的寄生率达 56% 以上。

（三）大豆胞囊线虫病

1. 分布与危害

大豆胞囊线虫病俗称"火龙秧子"，是我国东北和黄淮两个大豆主产区仅次于大豆花叶病毒病的第二大病害，受害轻者减产 10% 左右，严重年份可减产 30%～ 50%，甚至绝产。大豆胞囊线虫能侵染很多豆科和非豆科植物，是一种土传的定居性内寄生线虫，繁殖能力很强，形成的泡囊有极强的生活力和广泛的适应性，土壤一经感染则极难防治，是一种毁灭性病害。在大豆整个生育期均可危害，主要危害根部。被害植株生长不良，矮小，茎和叶变淡黄色，豆荚和种子萎缩瘦小，甚至不结荚，田间常见成片植株变黄萎缩，拔出植株可见根系不发达，侧根减少，细根增多，根瘤少而小，根上附有白色的球状物（雌虫孢囊）。根系染病被寄生主根一侧鼓包或破裂，露出白色亮晶微如面粉粒的胞囊，由于胞囊撑破根皮，根液外渗，致次生上传根病加重或造成根腐。

2. 发生规律

在东北大豆胞囊线虫一年可发生 3～ 4 代，其在南方一年可发生 4～ 5 代。胞囊线虫以卵、胚胎卵和少量幼虫在胞囊内于土壤中越冬，有的黏附于种子或农具上越冬，成为翌年初侵染源。胞囊角质层厚，在土壤中可存活 10 年以上。胞囊线虫自身蠕动距离有限，主要通过农事耕作、田间水流或是借风携带传播，也可混入未腐熟堆肥或种子携带远距离传播。虫卵越冬后，以2龄幼虫破壳进入土中，遇大豆幼苗根系侵入，寄生于根的皮层中，以口针吸食，虫体露于其外。雌雄交配后，雄虫死亡，雌虫体内形成卵粒，膨大变为胞囊。胞囊落入土中，卵孵化可再侵染。大豆胞囊线虫的发生及危害与耕作制度、温湿度及土壤类型和肥力状况有密切关系。大豆连作发生重，干旱、保水保肥能力差的土壤危害重。在土质疏松，透气性好的土壤上危害严重，黏重及含水量高的土地不利大豆胞囊线虫生存，所以危害较轻。胞囊线虫是在土壤中侵染的，土壤温湿度直接影响它的侵染寄生活动，温度偏高，湿度适中有利于胞囊线虫的发生。最适合的土壤湿度为40%～60%，过湿氧气不足，则易使线虫死亡。

3. 防治方法

（1）加强检疫，严禁将病原带入非感染区。

（2）选用抗病品种。

（3）合理轮作：要避免连作、重茬，病田种玉米或水稻后，胞囊量下降30%以上，是行之有效的农业防治措施。

（4）药剂防治：提倡施用甲基异硫磷水溶性颗粒剂，每亩300～400g有效成分，于播种时撒在沟内，湿土效果好于干土，中性土比碱性土效果好，要求用器械施不可用手施，更不准溶于水后手沾药施。也可用8%甲多种衣剂以药种比例为1:75进行种子包衣处理。还可应用生物防治剂大豆保根剂进行防治。

（四）豆秆黑潜蝇

1. 分布与危害

豆秆黑潜蝇别名豆秆蝇、豆秆蛇潜蝇、豆秆钻心虫等，除危害大豆外，还危害绿豆、豌豆等其他豆科作物，是广泛分布在江淮之间大豆产区的一种常发性、多发性害虫，一般可使70%大豆植株受害，产量损失常年在15%～30%，重发年份可造成减产50%。此虫从苗期开始危害，以幼虫在大豆的主茎、侧枝及叶柄处侵入，在主茎内蛀食髓部和木质部，形成弯曲的隧道。受害植株由于上下输导组织被破坏，水分和养分输送受阻，造成植株矮小，叶片发黄，似缺肥缺水状，后期成熟提前，秕荚、秕粒增多，百粒重明显降低，重者茎秆中空，叶脱落，以致死亡。由于此害虫体形较小，活动隐蔽，极易忽视而错过防治。

2. 发生规律

豆秆黑潜蝇一年发生代数因地理纬度不同而有差异，一年发生4～6代，以蛹和少量幼虫在豆根茬或豆秆中越冬，来年羽化为成虫。成虫飞翔力弱，有趋光性，在上午7～9时活动最盛，多集成在大豆植株上部叶面活动。25℃～30℃是取食交配和产卵的最适温度，成虫产卵在叶背主脉附近组织内，其中以中上部叶片为多。幼虫孵化后，立即潜入叶背部表皮下食害叶肉，并沿叶脉进入叶柄，再进入茎秆，蛀食髓部和木质部，在髓部中央蛀成蜿蜒隧道，长17～35cm，像蛇的行迹，故名豆秆蛇潜蝇。一般一茎内有幼虫2～5头，多时6～8头，茎内充满虫粪，被害轻的植株停止生长，重者呈现枯萎。幼虫老熟后即在秆内化蛹，化蛹前咬一羽化孔。

3. 防治措施

（1）及时清除田边杂草和受害枯死植株，集中处理，同时清除豆田附近豆科植物，减少虫源。

（2）采取深翻、提早播种、轮作换茬等措施。

（3）夏大豆尽量早播，培育壮苗，可以减轻为害。

（4）化学防治：以防治成虫为主，兼治幼虫，于成虫盛发期，用50%辛硫磷乳油，50%杀螟硫磷乳油，50%马拉硫磷乳油1000倍喷雾，喷后6~7天再喷一次。

（五）豆卷叶螟

1. 分布与危害

豆卷叶螟又名大豆卷叶虫，在全国各地都有发生，是南方大豆的主要食叶性害虫，近年来有加重发生的趋势。主要危害大豆、亚豆、绿豆、赤豆、菜豆、扁豆等豆科作物。以幼虫啜叶取食叶片叶肉组织，将豆叶向上卷折，使叶片卷曲，尤其以大豆开花结荚期危害较重，由于营养器官受到破坏，常引起大量落花落荚，秕荚、秕粒增多，造成大豆产量和质量下降。

2. 发生规律

以蛹在残株落叶内越冬，翌年春季气温升高时越冬蛹开始羽化，而成虫卵散产于大豆叶片背面，一般2~3粒。初孵幼虫取食叶肉，稍大后即吐丝将豆叶卷折，潜居其中取食，老熟后在卷叶内化蛹，亦可落地在落叶中化蛹。幼虫共有6龄，以6月和8月发生数量较多，成虫昼伏夜出，喜在傍晚活动，有趋光性，喜欢多雨湿润气候，一般干旱年份发生较轻，生长繁茂的豆田重于稀疏田，大叶、宽圆叶、叶毛少的品种重于小叶、窄尖叶、多毛的品种，生长期长的晚熟品种重于生长期短的早熟品种。

3. 防治方法

（1）及时清除田间落花、落荚和残枝落叶，并摘除被害的卷叶和豆荚，用手捏杀幼虫，减少虫源。

（2）在豆田架设黑光灯，诱杀成虫。

（3）药剂防治：做好虫情测报，根据豆荚螟的卵孵化盛期或在大豆开花盛期，最迟应在3龄幼虫蛀荚前作为最佳喷药适期，选用高效、低毒、低残留无公害环保型药剂喷施。40%灭虫清乳油每亩30mL，兑水50~60kg；5%锐劲特胶悬剂2500倍液，从现蕾开始，每隔10天喷蕾、花1次。如需兼治其他害虫，则应全面喷药，可选用5%锐劲特SC 1000倍液或20%绿得福EC 1500倍液或25%菜喜SC1000倍液或48%乐斯本EC 1500倍液。上述药剂最好交替使用，严格掌握农药安全间隔期。喷药时一定要均匀喷到花蕾、花荚、叶背、叶面至湿润有滴液为度。

（4）在翻耕豆茬地时随犁拾虫，成虫盛发期捕捉成虫，保护与利用天敌，如落叶松毛虫、黑卵蜂等。

（六）斜纹夜蛾

1. 分布与危害

斜纹夜蛾俗称夜盗虫，其分布较广，在我国黄淮以及南方大豆产区均有发生，是危害大豆的主要虫种之一。该虫是一种广食性、暴食性害虫，以幼虫咬食叶片及叶柄，也危害花及果实，暴发时能将作物吃成光秆。一般造成损失15%，严重时达到25% ~ 30%。

2. 发生规律

一年5 ~ 6代，发育适宜温度为29C ~ 30℃，夏季高温干旱是大发生的有利气候条件。一般以老熟幼虫入土化蛹越冬，初孵时聚集叶背取食叶肉，是防治最有利时机，2龄后分散危害，3龄前仅食叶肉，残留上表皮及叶脉，叶片似纱窗状，易于识别，3龄以后进入暴食期，和成虫一样，白天躲在叶下土表处或土缝里，傍晚后爬到植株上取食叶片，大发生时可吃光叶片。成虫白天潜伏在叶背或土缝等阴暗处，夜间出来活动，取食，交配，产卵，卵多产在叶背的叶脉分叉处，在经5 ~ 6天就能孵出幼虫。成虫飞翔能力很强，有强烈的趋光性和趋化性，黑光灯的效果比普通灯的诱蛾效果明显，另外对糖、醋、酒味很敏感。

3. 防治措施

（1）农业防治

结合田间其他农事活动，减少产卵场所，消灭土中的幼虫和蛹，摘除卵块和初孵幼虫的叶片，对于大龄幼虫也可人工捕杀。

（2）物理防治

斜纹夜蛾成虫具有较强的趋光性和趋化性，可利用黑光灯、频振式杀虫灯、性诱剂、糖醋液等进行诱杀。实践证明，诱杀成虫能明显降低田间落卵量和幼虫数量。有条件的可使用频振式杀虫灯进行防治。

（3）保护利用天敌

斜纹夜蛾的天敌种类很多，包括捕食性和寄生性的昆虫、蜘蛛、线虫和病毒微生物等，对斜纹夜蛾的自然控制起着重要的作用，在生产实践中要尽可能加以保护利用。

（4）化学防治

目前仍是防治斜纹夜蛾的主要手段。由于高龄幼虫具有耐药性强、昼伏夜出、假死性等特点，在化学防治时要注意以下几点。一是确定防治对象田，根据大田虫情普查情况，一般每亩有初孵群集幼虫2 ~ 3窝，应列为防治田；二是适时用药，一定要在卵孵化盛期，最好在2龄幼虫始盛期施药；三是低容量喷雾，喷雾要均匀周到，除了作物植株上要均匀着药以外，植株根际附近地面也要同时喷透，以防滚落地面的幼虫漏治；四是选择高效、低毒、低残留农药，掌握在幼虫2 ~ 3龄盛发期于每日10时以前或16时以后喷药效果最好，4龄后夜出活动，由此施药应在傍晚前进行，以每亩用5%氟氯氰菊酯乳油50mL或5%虱螨脲EC（美除）50mL、15%茚虫威SC（安打）13mL、5%氟啶脲EC（抑太保）35mL、8000 ~ 16000IU/mg苏云金杆菌WP2kg（用纱布包药粉拍施）等防效较理想。在进行化学防治时，还应注意与生物防治措施相配合，尽可能使用对天敌杀伤力小的选择性药剂，并注意在田间防治其他病虫害的药剂选择时，要尽量选用生物制剂或低毒农药，利用天敌的控制作用。由于斜纹夜蛾迁移性强，为害作物品种多，作物生育期不一致，农民又千家万户分散生产等，由此其漏治现象普遍，因而在防治上尽可能开展统一防治，以提高效果。

（七）大豆造桥虫

1. 分布与危害

大豆造桥虫也叫打弓虫，是多种造桥虫的总称，其中对大豆危害较重的有大豆小夜蛾和银纹夜蛾，均属暴发性害虫，在全国各大豆产区均有发生，以黄淮和长江流域受害较重。常以幼虫咬食大豆叶肉，造成孔洞和缺口，严重时可吃光大豆叶片，造成落花、落荚，减产10%～15%。

2. 发生规律

低龄幼虫先从植株中下部开始，可取食嫩叶叶肉，留下表皮，形成透明点；3龄幼虫多吃叶肉，沿叶脉或叶缘咬成孔洞缺刻；4龄后进入暴食期，转移到植株中上部叶片，食害全叶，枝叶破烂不堪，甚至吃成光秆。长江流域一年发生4～5代，以蛹在土中越冬。第2～4代卵期5～8天，幼虫期18～20天，蛹期8～10天，成虫寿命6～8天，完成1代需32～42天。成虫羽化后1～3天交配，第2天产卵，多产在地面、土缝及草秆上，大发生时枝干、叶上都可产卵，数十粒至百余粒成堆。初孵幼虫可吐丝随风飘移转移危害，成虫昼伏夜出，趋光性强，幼虫在寄主植株上常作拟态，呈嫩枝状。

3. 防治方法

（1）农业防治

作物收获后，会及时将枯枝落叶收集干净，并清理出田外深埋或烧毁，消灭藏匿在其中的幼虫、卵块和蛹，以压低虫口基数。结合翻耕土壤亦能有效降低虫蛹数量。

（2）物理防治

利用成虫趋光性，在羽化期安装黑光灯或频振式杀虫灯诱杀成虫；利用成虫的趋化性，在田间插杨树枝，或用柳树、刺槐、紫穗槐等枝条插在植株行间，每亩插10把，每天捉蛾。

（3）化学防治

掌握大豆造桥虫幼虫盛发期，控制在3龄前施药效果最好，喷药时重点为植株中下部叶片背面，可供选择农药种类有2.5%溴氰菊酯乳油、10%氯氰菊酯乳油、20%氰戊菊酯乳油、20%甲氧菊酯乳油等拟除虫菊酯类农药2000～3000倍液、1.8%阿维菌素2000倍液、25%除虫脲可湿性粉剂1000倍液、10%除尽悬浮剂2000倍液、16000单位Bt可湿性粉剂1000倍液。

（4）天敌鸟类和天敌昆虫

麻雀、大山雀是大造桥虫的主要天敌鸟类，中华大刀螂是主要天敌昆虫。据观察，中华大刀螂3龄后开始捕捉大造桥虫，平均每昼夜能食大造桥幼虫3～5条，一生约食掉大造桥虫180条，保护利用中华大刀螂是生物防治中的重要手段。

（八）豆天蛾

1. 分布与危害

豆天蛾俗名豆虫，其主要分布于我国黄淮流域和长江流域及华南地区，主要寄主植物有大豆、绿豆、豇豆和刺槐等。以幼虫取食大豆叶，低龄幼虫吃成网孔和缺刻，高龄幼虫食量增大，严重时，可将豆株吃成光秆，使之不能结荚。

2. 发生规律

豆天蛾每年发生1～2代，一般黄淮流域发生一代，长江流域和华南地区发生2代，在2代区，第一代幼虫以危害春大豆为主，第二代幼虫以危害夏大豆为主。以末龄幼虫在土中9～12cm深处越冬，来年开始化蛹，羽化，产卵，越冬场所多在豆田及其附近土堆边、田埂等向阳地。成虫昼伏夜出，白天栖息于生长茂盛的作物茎秆中部，傍晚开始活动，飞翔力强，可作远距离高飞，有喜食花蜜的习性，对黑光灯有较强的趋性。卵多散产于豆株叶背面，少数产在叶正面和茎秆上，每叶上可产1～2粒卵。初孵幼虫有背光性，白天潜伏于叶背，枝、茎上危害，1～2龄幼虫一般不转株危害，3～4龄因食量增大则有转株危害习性。豆天蛾在化蛹和羽化期间，雨水适中且分布均匀时发生重，雨水过多则发生期推迟；天气干旱不利于豆天蛾的发生；在植株生长茂密，地势低洼，土壤肥沃的淤地发生较重。大豆品种不同受害程度也个有异，以早熟，秆叶柔软，含蛋白质和脂肪量多的品种受害较重。豆天蛾的天敌有赤眼蜂、寄生蝇、草蛉、瓢虫等，对豆天蛾的发生有一定控制作用。

3. 防治方法

（1）农业防治

选种抗虫品种，选用成熟晚、秆硬、皮厚、抗涝性强的品种，可以减轻豆天蛾的危害；及时秋耕冬灌，降低越冬基数；水旱轮作，尽量避免连作豆科植物，可以减轻危害。

（2）物理防治

利用成虫较强的趋光性，设置黑光灯诱杀成虫，可以减少豆田的落卵量。

（3）生物防治

用杀螟杆菌或青虫菌（每克含孢子量80亿～100亿）稀释500～700倍液，每亩用菌液50kg。

（4）药剂防治

喷粉用2%西维因粉剂，每亩喷2～2.5kg；喷雾应用45%马拉硫磷乳油1000倍，或50%辛硫磷乳油1500倍，或4.5%溴氰菊酯乳剂5000倍液，每亩喷药液75kg。

（5）人工捕捉

利用豆天蛾羽化后怕光的习性，早晨起来或小雨过后对豆天蛾进行捕捉，效果很好。可于成虫盛发期或四龄幼虫期间人工捕捉，在发生严重年份可发动群众在豆田耕地时随时拾虫，以控制越冬虫口基数。

（九）大豆食心虫

1. 分布与危害

大豆食心虫别名大豆蛀荚蛾，在华北、东北、西北、华东等地均有发生，是我国北方大豆产区的重要害虫。大豆食心虫的食性单纯，仅危害大豆一种作物，以幼虫蛀入大豆荚内食害豆粒，轻者吃成兔嘴，重者可把豆粒吃成大半，形成虫口破瓣，严重时豆粒被吃光。主要发生区一般年份虫食率在 5% ～ 10%，而严重年份虫食率高达 30% ～ 60%，甚至 80% 以上，不但产量降低，而且影响商品价值。

2. 发生规律

掌握好大豆食心虫的防治时期和方法，可将虫食率控制在 2% ～ 3% 以下。大豆食心虫一年发生一代，以老熟的幼虫在土中结茧越冬，第二年 7 月下旬上浮到表土层，陆续化蛹，7 月末 8 月初开始羽化为成虫，8 月中旬为羽化盛期，8 月中下旬为产卵盛期。成虫交尾后在嫩荚上产卵，卵经 6 ～ 7 天孵化为幼虫，幼虫在荚上爬行数小时即入荚危害，9 月份开始脱荚入土，结茧越冬。

3. 防治方法

（1）成虫发生盛期防治

当田间蛾量突然增多，出现打团现象即是成虫盛发期。防治方法第一种是采用敌敌畏药棍熏蒸，每亩用 80% 敌敌畏乳油 100 ～ 150mL，把玉米穗轴或向日葵秆瓢截成约 5cm 长段，浸足敌敌畏药液，按每隔 4 垄前进 5m 一个药棍的密度，将药棍夹在大豆枝杈上，这种熏蒸法适用于大豆长势繁茂、垄间郁蔽的大豆田，防效可达 90% 以上。第二种方法是喷雾，用 25% 快杀灵乳油或其他菊酯类药剂，每亩 25 ～ 30mL 兑水用喷雾器将喷头朝上从豆根部向上喷，使下部枝叶和顶部叶片背面着药。这种方法防治成虫，无论大豆长势怎样效果都很好。

（2）幼虫入荚前防治

大豆食心虫幼虫孵化后，在豆荚上爬行的时间一般不超过 8 小时，当大豆荚上见卵时即可喷药。防治幼虫一般采用菊酯类药剂兑水喷雾，喷雾要均匀，特别是结荚部位都要着药，这种方法防治幼虫效果可达 80% 左右。

（3）大豆收获后防治

北方大豆一般进入 9 月份收获，此时还有部分食心虫未脱荚，如果不及时脱粒，食心虫在荚内还可继续危害，并陆续脱荚入土，因此可采取边收边脱粒，这样可以防止食心虫收获后在荚内继续危害。此外，在大豆收获期进入场院前，用灭杀毙乳油 1500 倍液或其他杀虫剂浇湿大豆垛底土，湿土层深 3cm 左右，然后用木磙压实，再将收回的大豆垛在上面，这样可将后期脱荚的食心虫杀死在垛底的药土层之中。

第四节 大豆主要优良品种介绍

一、天隆1号

天隆一号系中国农业科学院油料作物研究所采用系谱法育成的高产优质中熟春大豆新品种。国家长江流域春大豆品种区域试验，平均亩产 171.6kg，比同类型中熟对照湘春豆 10 号增产 13.2%；国家生产试验平均亩产 164.5kg，比对照增产 20.5%。区试平均全生育期 110 天，比对照湘春豆 10 号迟熟 2 天；粗蛋白质含量 43.50%，粗脂肪含量 21.00%，蛋白质 + 脂肪总含量 64.5%，为蛋白、脂肪双高优质品种。该品种白花、灰毛，株高 56.0cm，荚熟时浅褐色，籽粒椭圆形，种皮黄色，种脐淡褐色，百粒重 18.1g。适宜在重庆、湖北、安徽、江苏、江西、湖南、四川等省种植。

二、中豆36

中豆 36 系中国农业科学院油料作物研究所育成的高产优质早熟春大豆新品种。国家长江流域春大豆品种区域试验，平均亩产 153.6kg，比同类型早熟对照鄂豆 4 号增产 21.7%；国家生产试验平均亩产 151.2kg，比对照增产 32.7%。区试平均全生育期 97 天，比对照鄂豆 4 号迟熟 3 天；粗蛋白质含量 45.15%，粗脂肪含量 18.68%，蛋白质 + 脂肪总含量 63.83%，为高蛋白优质品种。该品种白花、灰毛，株高 49.3cm，荚熟时浅褐色，籽粒椭圆形，种皮黄色，种脐淡褐色，百粒重 22.6g。适宜在湖北、江苏长江沿岸，浙江、江西和湖南北部，四川盆地及东部丘陵地区春播种植。

三、湘秋豆2号

湘秋豆 2 号湖南省区试平均每亩产 104.1kg，从播种到成熟 94 ～ 115 天，属南方秋大豆中熟品种。蛋白质含量 41.4%，脂肪含量 17.9%。该品种属有限结荚习性，株高 50 ～ 60cm，主茎 12 ～ 13 节，分枝 2 ～ 3 个，叶中等大小，椭圆形，花紫色，茸毛灰色，荚熟时呈褐色。籽粒圆形，种皮黄色，脐褐色，百粒重 25 ～ 26 克。该品种耐肥抗倒伏，不裂荚，抗角斑病，对锈病抗性较差。主要分布在湖南省中、南部地区，适于水田稻豆耕作制。

四、毛豆305

毛豆 305 菜用大豆专用型品种。属有限结荚习性，春作株高 60 ～ 65cm，秋作株高 55 ～ 60cm，主茎 8 ～ 9 节，分枝 3 ～ 4 个。株形较紧凑，叶椭圆，花紫色，茸毛白色。成品荚长 5.2 ～ 5.5cm，荚宽 1.3 ～ 1.4cm，二、三粒荚占总荚数 85% 左右。干籽粒种皮黄色，脐浅黄色，百粒重 35g 左右。出苗至成熟日数春作 120 天，秋作 90 天左右，属南方春毛豆中熟品种。茎秆粗硬，耐肥不倒伏。

五、毛豆75

毛豆 75 菜用大豆专用型品种。该品种属亚有限结荚习性，株高 75 ~ 80cm，主茎 9 ~ 10 节，分枝 4 ~ 5 个。株形半开张，叶大椭圆形，花白色，茸毛灰色，鲜荚翠绿色，平均荚长 6.2 ~ 6.4cm，荚宽 1.4 ~ 1.6cm，以 2 粒荚为主，占总荚数 65% 左右。干籽粒种皮黄绿色，脐浅黄色，百粒重 38 ~ 40g。出苗至采青期 90 ~ 95 天。较耐肥，忌涝渍，成熟前落叶性较差，中抗霜霉病，不抗灰斑病。干籽粒蛋白质含量 38.1%，脂肪含量 18.3%。

六、交大02-89

交大 02-89 系上海交通大学以台湾 88 作母本，宝丰 8 号作父本杂交育成的菜用大豆专用型品种。国家鲜食大豆春播组品种区域试验，平均亩产鲜荚 847.8kg，比对照增产 12.0%；国家鲜食大豆春播组生产试验，平均亩产鲜荚 983.8kg，比对照增产 8.3%。区试平均生育期 88 天，紫花、灰毛，株高 36.8cm，主茎节数 9.3 个，分枝数 2.7 个，单株荚数 27.7 个，单株鲜荚重 44.7g，每 500g 标准荚数 188 个，荚长 × 荚宽为 5.3cm×1.3cm，标准荚率 67.9%，百粒鲜重 68.1g。感观品质鉴定属香甜柔糯型，鲜荚绿色，种皮黄色。接种鉴定高抗 SMVSC3 株系。适宜在北京、天津、江苏、安徽、浙江、湖北、湖南、江西、福建、广东、广西、海南、四川、贵州、云南等地作春播鲜食大豆种植。

七、中豆37

中豆 37 系中国农业科学院油料作物研究所以新六青作母本，漂阳大青豆作父本杂交育成的菜用大豆专用型品种。国家鲜食大豆夏播组品种区域试验，平均亩产鲜荚 732.0kg，比对照增产 9.8%；国家鲜食大豆夏播组生产试验，亩产鲜荚 868.3kg，比对照增产 17.8%。区试平均生育期 82 天，紫花、灰毛，株高 53.7cm，主茎节数 12.3 个，分枝数 2.1 个，单株荚数 38.2 个，单株鲜荚重 65.4g。每 500g 标准荚数 224 个，荚长、荚宽为 4.8cm×1.2cm，标准荚率 59.8%，百粒鲜重 58.7g。感观品质鉴定属香甜柔糯型，鲜荚绿色，种皮绿色，子叶黄色。接种鉴定，抗大豆花叶病毒病 SC3 株系。适宜在安徽、江苏、江西、湖北省作夏播鲜食大豆种植。

第八章　花生高产种植技术

第一节　花生起源、传播与产区分布

一、花生的起源、传播

花生的起源国际学术界虽存在争议，但是普遍认为，花生属植物起源于南美洲，分布范围西起大西洋海岸，东至安第斯山脉，北临亚马孙河口，南到乌拉圭南纬 34°地区。花生主要分布在巴西、巴拉圭、阿根廷、玻利维亚和乌拉圭。野生种数量最多的地方是巴西西部中心地区，其次是玻利维亚。野生种自然产地的环境差异较大，在巴西东北半干旱地区、亚马孙河盆地的热带雨林地区、潘塔纳尔的沼泽地区都有花生野生种存在，并且从海平面到海拔 1600 m 都发现有花生野生种的自然生存和繁殖。同时野生花生还能生长在土壤贫瘠、酸性黏重土壤、潮湿的沼泽地等恶劣环境中。

一般认为，在哥伦布远航时期，航海家将花生荚果带至西班牙，之后逐渐被传播到世界各地。长期以来，花生仅在欧洲一些国家的宫廷或花园里作为观赏植物，直到 1840 年，花生被用来榨油，它才开始在欧洲很多国家广泛种植。有学者认为，美国的花生很可能是在 18 世纪贩卖黑奴的同时或者后来从非洲传入的。而非洲的花生则是由葡萄牙航海家从巴西带去的。换而言之，非洲是花生传播的"中间站"，印度所种的花生正是来自这个"中间站"。

我国种植的花生是外来的，长期以来学术界对此没有什么争议。可是，1958 年在浙江省吴兴县钱山漾遗址出土了两粒炭化花生仁，1961 年又在江西修水县跑马岭遗址发现了 4 粒花生仁。桂林冶金地质学院于 1960 年和 1984 年分别在广西桂林的屏风山及马山溶洞的灰华堆积物中发现了大熊猫等动物群化石，其中有数十粒类似花生的化石颗粒，已全部钙化，经研究认为是原始野生花生的荚果。因此，有的学者推测，也许历史上某个时期在我国南方一些偏僻地区曾经种植过花生或者采集过野生花生，只是因为交通闭塞或别的什么原因没能流传而已。本来已是毋庸置疑的花生起源地成了未解之谜。

二、我国花生的传入

花生从原产地南美洲传播到世界各地是一个复杂的问题。美洲大陆与世界的交往是从 1492 年哥伦布发现新大陆开始的。国外学者认为是在哥伦布发现新大陆之后花生传到了中国的东南沿海，其时间大体是 16 世纪中叶。我国多数学者根据我国古农书籍（元朝贾铭的《饮食须知》等）和地方志（1503 年的江苏《常熟县志》等）的记载认为，花生传入我国并开始栽培早于哥伦布发现新大陆的 1492 年。我国著名植物学家胡先骕认为，在哥伦布发现新大陆之前，南美洲土人曾自太平洋西岸顺流漂流到太平洋诸岛，南美洲的经济作物可以逐岛传播而抵达中国东南沿海。他的推断与中国古农书的记载是一致的。所以，原产于美洲大陆的作物向外传播应该是通过哥伦布及其以后的商船。原产于南美的花生于 15 世纪末传入南洋群岛。在明朝，我国与南洋各国的商贸联系是很频繁的，花生是从南洋传入我国东南沿海的，花生传入我国有小花生和大花生两种，传入的时间不同，传入的途径有多条。

三、我国花生的传播

我国花生引进以后的传播趋势大致有两个：一是 16 世纪初早期，花生以东南沿海为中心向北方传播；二是 19 世纪后期，大花生以山东半岛为中心呈扇形向西、南、北方传播。

早期花生传入东南沿海后，迅速由近及远地向全国传播开来。《中外经济周刊》中"中国之落花生"一文中述：中国花生之种植，约始于 1600 年，初仅限于南方闽粤诸省，后渐移于长江一带，其在北方则自 1800 年后栽培始盛。继最早的《常熟县志》等方志记录花生以后，自是至十七、十八世纪时，安徽《叶梦珠阅世编》、江西、云南《滇海虞衡志》颇有种植，19 世纪时花生栽培向北推广至山东《刘贵阳说经残稿》，可见花生栽培在全国已经很普遍了。

大花生在山东东部试种成功以后，逐渐向山东中西部扩种。《重修莒志》（清光绪年间至民国二十五年前后），陕西《南郑县志》（光绪二十年至宣统）都有记载。至宣统年间，小花生竟绝种。从大量的地方志记载的大花生栽培的时间上看，山东沿海最早，依次向外时间渐晚。当然内地也有从海外或山东直接引种的可能。

四、栽培种花生的分类及典型性状

花生属植物主要由二倍体种和少量四倍体种组成。但传统上饲用花生主要指落花生 A.hypogaea 的近缘野生种花生（$2n=2x=20$），栽培种花生是异源四倍体。

根据我国栽培花生的分类系统研究结果，其共分为两大类群，即交替开花类群（密枝亚种）和连续开花类群（疏枝亚种）。交替开花类群包括两个类型，普通型（密枝变种）龙生型（多毛变种）；连续开花类群也包括两个类型，多粒型（疏枝变种）和珍珠豆型（珠豆变种）。把亚种间（类型间）杂交产生的不规则型材料，归为中间型（或国际上称之"不规则型"）独立开来，进一步细分出 8 个品种群以及若干品种组。

（一）普通型

普通型花生植株主茎上的节位全部着生营养枝，经常有第三分枝。第一次与第二次分枝上营养枝与生殖枝交替着生，其中以蔓生品种的这种交替排列更为典型而且稳定。普通型花生按株丛形态可分为丛生和蔓生两类。茎枝粗细中等，茎枝花青素不明显。小叶倒卵圆形，深绿色，叶片大小中等。

荚果普通型，大部分品种有果嘴，无龙骨，荚壳表面较平滑，具有明显的网状脉纹。荚壳与种子之间有较大的间隙，典型的双仁荚果，种子椭圆形，种皮多为淡红色、褐色或棕红色，少数为紫红色。

普通型品种生育期较长，多为晚熟或极晚熟，一般可达150 d 以上。种子发芽对温度的要求较高，发芽最低温度为18℃。种子休眠期较长，耐肥性较强，适于水分充足、肥沃的土壤栽培。荚果发育需要较多的钙，其不适宜在酸性土上栽培，否则种仁很难发育饱满。

（二）龙生型

龙生型花生植株主茎上的节位全部着生营养枝，与普通型相似，第一次和第二次分枝上营养枝与生殖枝交替排列。龙生型品种的株丛形态全部为蔓生，侧枝偃卧地面上，侧枝较长，主茎直立，群体中主茎和侧枝可明显区分。部分品种的侧枝匍匐性不强，枝梢呈隆起状，与主茎高度相当或略低，从而使主茎在株丛中不很明显。植株分枝多，常有第三次分枝。茎枝较纤细，茎上略有花青素。株体遍布茸毛，茸毛长而密，是区别于其他类型的特征之一。小叶倒卵圆形，叶片与叶缘也有明显茸毛。叶片大小品种间差异大，叶片颜色为绿色或深绿色，有的品种由于叶片茸毛较密，所以呈灰绿色。

荚果的龙骨和喙均很明显，荚果的横断面呈扁圆形。脉纹有网状和直纹两种，脉纹明显。荚果有腰，以多仁荚果为主，果柄脆弱，收获中容易落果。荚壳厚薄差异较大，种子椭圆形，种皮较暗，多数为棕褐色。该类型根据荚果形状、荚壳网纹特征、每荚种仁粒数和种皮色分为大龙生型、小龙生型和花龙生型3个品种群。

龙生型品种对病、虫、干旱、渍水和瘠薄土壤等逆境因子有较强的抗性或适应性。种子休眠性强，种子发芽对温度的要求较高。

（三）珍珠豆型

珍珠豆型花生植株主茎基本连续着生生殖枝，少数品种主茎基部的第一节可着生营养枝。茎枝较粗壮，分枝性稍弱于普通型品种。茎枝有花青素，但不甚明显。根颈部也可着生花芽而形成地下花序，地下花可闭花受精。叶片椭圆形，由于小叶片长短轴的比例不同，因此有宽椭圆形和不同程度的长椭圆形，通常小叶较大。叶色较淡，多数为黄绿色，个别品种叶片绿色。

荚果茧形或葫芦形，有喙或无喙，有腰或无腰，荚果脉纹网状。典型荚果多含2个仁。果壳较薄，荚壳与种子之间的间隙较小。种子由于胚尖略有突起而多呈桃形。其种皮以浅粉红色为主，有光泽，种子多为小粒或中小粒。其依种皮颜色划分为红珍珠和白珍珠两个品种群。

珍珠豆型花生耐旱性较强，对酸性土的适应能力优于其他类型，但对叶部病害（如叶斑病、锈病）的抗性一般较差。种子休眠性较弱，休眠期短。种子发芽对温度的要求较低，发芽最低温度为 12 ~ 15℃。

（四）多粒型

多粒型花生植株主茎上除基部第一对侧枝为营养枝外，而其余各节均可着生生殖枝。多数品种分枝较少，一般栽培条件下只有 5 ~ 6 条第一次分枝，而第一次分枝上很少有第二次侧枝。茎枝粗壮，分枝较长。叶片椭圆形或长椭圆形，明显较其他各类型花生的小叶片大，以黄绿色为主，叶脉较明显。茎枝上有稀疏的长茸毛，花青素较多，生育后期茎枝大多呈紫红色。根颈部可有潜伏花芽，地下闭花受精结果较普遍。由于分枝少，因此开花量也较少，结实部位集中。

荚果以多粒为主，个别品种 2 仁荚果也占一定比例。多数果喙不明显，脉纹特征包括很深、较深、浅、平滑等不同情况。由于荚果内种子之间紧密相接，因此果腰不明显而多呈曲棍形。果壳较厚，种子形状除个别品种为椭圆形外，大部分由于种子在荚壳中着生紧密相接，形成不规则的有斜面的圆锥体状，胚尖突出。种子表面光滑，种皮颜色多样，其中大多数为红色、红紫色、粉红色，少数为白色、深紫色等，还有少数品种为红白相间的颜色。种子均为小粒或中小粒。该类型依种皮色划分为多粒红、多粒白两个品种群。

多粒型花生的种子休眠性较弱，休眠期短。种子发芽对温度的要求应低于其他类型，发芽的最低温度为 12℃左右。荚果发育过程对温度的要求亦较低，所以该类型大多为早熟或极早熟品种，可以在较高纬度地区（如北纬 45° 左右）种植，100 ~ 120 d 的生育期仍可获得较高的产量。

五、中国花生栽培史及现状

（一）中国花生栽培史

花生是我国的传统经济作物，在我国有着悠久的种植和应用史。16 世纪初传入的小粒型龙生花生，匍匐蔓生，品种不是很好，传入之初也没有得到迅速传播，甚至像《农政全书》这样的书都没有加以记载。1673 年前，花生在中国的分布区仍局限在南方各省，如江苏、福建、浙江、安徽、江西、广东等地，因而被称为"南果"。康熙年间，从日本传入被称为"弥勒大种落地松"花生品种，这种花生蔓生，果实大，产量高，适应性强，含油率高。在"落地松"被引进的同时，人们也了解到"落花生即泥豆，可作油"。花生可以榨油这一发现为花生的广泛种植开辟了一个新的前景。到嘉庆以后，我国现在花生栽培分布的地区，绝大部分都传播开了。之前引入的龙生型品种由于自身的弱点而逐渐被淘汰，种植面积不断缩小。在嘉庆以后的文献中，则很少看到有关这种龙生型品种的记载了。大花生传入后，种植面积和产量不断增加。

目前所知，世界上除中国和南美洲以外，生产上利用的花生品种仅有普通型、珍珠豆型和多粒型。而我国最早栽培的花生品种是龙生型，这在我国《阅世篇》《广东新语》《本草纲目拾遗》《南越笔记》等众多古文献中均有记载。《花生育种学》认为，目前除南美洲某些地区尚且有栽培外，国际上其他地区对龙生型花生基本上没有利用，也很少人研究。因而可以认为中国栽培的龙生型花生并不是由白人传入的，并据此充实了花生的分类。不管花生是 1492 年前还是 1608 年传入我国，初期仅限于在南方的闽、粤诸省，后渐移于长江一带，其在北方则自 1800 年后栽培始盛。美国传教士汤普森（Thompson）带来美国大花生（弗吉利亚型），按我国的分类是普通型大花生。由于其产量高、品质好、栽培省工，而受到农民的喜欢，为此，很快在我国的山东各地及黄河、长江流域发展种植。

（二）产业布局现状

我国花生种植范围广，西自 75° E 的新疆维吾尔自治区的喀什，东至 132° E 的黑龙江的密山，南起 18° N 的海南省榆林，北到 50° N 的黑龙江瑷辉，从寒带到热带，从低于海平面以下 154 m 的吐鲁番盆地，到海拔 1800 m 以上的云南省玉溪，更高海拔的西藏林芝地区，从平原到丘陵，从水田到旱坡地均有花生种植。据统计，全国种植花生的县（市、区、旗）中，种植面积不到 667 hm² 的占 60% 以上，而这些县（市、区、旗）的播种面积之和及总产还不到全国种植面积和总产的 10%。可见，我国花生生产布局相当分散。而占全国种植花生县（市、区、旗）总数不到 40% 的种植面积在 667 hm² 以上的县（市、区、旗），其种植面积之和及总产分别占全国的 90% 以上，说明产区的相对集中。

我国花生分布范围虽然广泛，但是由于花生生长发育需要一定的温度、水分和适宜的生育期，一般在年平均 11 ℃ 以上、生育期积温超过 2800 ℃、年降水高于 500 mm 的地区，才适宜花生生长。花生对土壤的适应性特别是耐瘠薄性很强，除了碱性较重的土壤外，几乎都可以种植花生。一般情况下，在较贫瘠的江河冲积砂土和丘陵沙砾土壤上种植花生，能获得比其他作物较高的产量和收益。这样的土壤在全国各地分布很广，在豫东、冀南、鲁西、苏北、皖北等黄河冲积平原及黄河古道沙土地带，冀东、辽西北的风沙地带，辽东、鲁东以及东南沿海丘陵沙砾土壤地区，由于气候及土质适宜花生生长，因而分别形成了我国花生的主要产区。

第二节　花生生长发育与生态条件

一、温度

花生原产于热带，属于喜温作物，在其整个生长发育过程中，对热量条件的要求比较高，生长发育要求较高的温度条件。

（一）种子发芽与出苗

《中国花生栽培学》认为，已经通过休眠的花生种子，其在满足种子发芽所需的水分等其他条件时，要在一定的温度条件下才可以发芽。恒温条件下，不同温度、不同类型品种发芽所需时间不同，但每一类型品种达到既定发芽率所需要的积温却均近乎恒值。田间栽培条件下，不同品种类型发芽出苗的最低温度存在一定的差异，同一类型、不同品种间也存在差异。据山东省花生研究所在山东莱西地区所做的实验，在地表 5 cm 土层日平均温度 18.15℃，最低温度 7.9℃，低于 12 ℃的累计时间达 114 h 的 4 月上旬播种，各类型品种的出苗所需时间均受影响，以珍珠豆型和中间型品种出苗率最高。多粒型和珍珠豆型品种出苗所需时间较短。实验发现，发芽出苗生理零度最低的品种为 10.46℃，多数品种为 11.95 ~ 13.4 ℃。这一结果与长期以来人们将 12 ℃作为珍珠豆型和多粒型花生品种发芽出苗的下限温度，15℃作为普通型和龙生型花生品种发芽出苗的下限温度是基本一致的。但是，各类型品种中都有耐受一定低温的品种存在。因此，在我国南方花生产区，花生早春播种要适时，温度稳定可通过 12℃后才可以播种。

（二）营养生长

普遍的研究认为，花生营养生长的最适温度为昼间 25 ~ 35℃，夜间 20 ~ 30℃。昼间 22℃、夜间 18 ℃的处理，干物质仅为最佳温度处理的 36%；昼间 18 似夜间 14 ℃的处理，干物质仅为最佳温度处理的 2%。大量的气象资料及花生长相分析表明，我国北方花生产区，花生生长期间温度越高，生长越好，幼苗期日平均气温应达到 20 ℃左右。

（三）开花下针

花生的开花数量与温度高低关系极其密切。一般认为，开花的适宜温度为日平均 23 ~ 28℃，在这个温度范围内，温度越高，开花量越大。当日平均温度降到 21 ℃时，开花数量显著减少；若低于 19℃，则受精过程受阻；若超过 30℃，开花数量也减少，受精过程受到严重影响，成针率显著降低。在田间条件下，日平均温度在 23.2℃时，形成的果针最多，而在 17.9 ℃时，其所形成的果针数最少。

（四）荚果发育

温度高低与花生荚果发育时间长短以及籽粒饱满度关系十分密切。学界一般认为花生荚果发育温度在 15 ~ 39 ℃，最适温度为 25 ~ 33 ℃，最低温度为 15 ~ 17 ℃，最高温度为 37 ~ 39 ℃。研究表明，结荚区地温保持在 30.6 ℃时，荚果发育最快、体积最大、重量最重。若高达 38.6 ℃时，则荚果发育缓慢；若低于 15 ℃，则荚果停止发育。所有荚果不论成熟程度如何，其干重的积累在昼间 30℃、夜间 26 ℃和昼间 22 ℃、夜间 18 ℃的处理均低于昼间 26℃、夜间 22 ℃的处理，昼间 34 ℃、夜间 30 ℃的处理则显著减少，其荚果发育速度为 0.026 g/d，仅为昼间 26 ℃、夜间 22 ℃的处理（0.047g/d）55%。

二、水分

花生属于耐旱作物，在整个生育期的各个阶段，都需要有适当的水分才能满足其生长发育的要求。总的需水趋势是幼苗期少，开花下针和结荚期较多，生育后期荚果成熟阶段又少，形成两头少、中间多的需水规律。

（一）发芽出苗

种子发芽出苗时需要吸收足够的水分，水分不足时种子不能萌发。发芽出苗时土壤水分以土壤最大持水量的 60% ~ 70% 为宜，低于 40% 时，土壤水分容易落干而造成缺苗；若高于 80%，则会因为土壤中空气减少，也会降低发芽出苗率，水分过多甚至会造成烂种。出苗之后、开花之前为幼苗阶段，这一阶段根系生长快，地上部的营养体较小，耗水量不多，土壤水分以土壤最大持水量的 50% ~ 60% 为宜，若低于 40%，根系生长受阻，幼苗生长缓慢，还会影响花芽分化；若高于 70%，也会造成根系发育不良，地上部生长瘦弱，节间伸长，影响开花结果。山东省蓬莱市气象站依据对花生生育期间 15 年来的降水量与花生产量的关系分析认为，花生播种至出苗期间，总降水量应达到 20 ~ 30 mm，且以分两次供给最好。

（二）开花下针

开花下针阶段，既是花生营养体迅速生长的盛期，其也是大量开花、下针，形成幼果，进行生殖生长的盛期，是花生一生中需水最多阶段。这一阶段土壤水分以土壤最大持水量的 60% ~ 70% 为宜，若低于 50%，开花数量显著减少，土壤水分过低，甚至会造成开花中断；若土壤水分过多，排水不良，土壤通透性差，会影响根系和荚果的发育，甚至会造成植株徒长倒伏。据山东省蓬莱市气象站分析认为，该期降水量以 200 ~ 250 mm 为宜，排水良好的地块即使降水量为 300 ~ 400 mm 也是利多害少。而降水过多则会影响开花，导致花量减少。

（三）荚果发育

结荚至花生成熟阶段，植株地上部的生长逐渐变得缓慢直至停止，需水量逐渐减少。荚果发育需要有适当的水分，土壤水分以土壤最大持水量的 50% ~ 60% 为宜，若低于 40%，则会影响荚果的饱满度；若高于 70%，则又不利于荚果发育，甚至会造成烂果，长期水分过多，积水还容易引发花生根腐病。

三、光照

花生属于短日照作物，对光照时间的要求不是太严格。日照时间长短对花生开花过程有一定的影响，长日照有利于营养体的生长，短日照处理能使盛花期提前，但总的开花量略有减少。由于短日照可以促进早开花，而营养体生长受到一定的抑制，因而造成开花量的减少。另据实验，不同类型品种对日照的敏感性有差异，一般说来，北方品种相对于南方品种而言，对日照的反应更不敏感。

花生整个生育期间均要求较强的光照，如光照不足，易引起地上部徒长，干物质积累减少，产量降低。张开林等试验，花生苗期、花针期和结荚期每天10：00～16：00进行遮光处理，每个生育期遮光处理10 d，使光照强度仅为自然光的1/3。结果表明，无论哪一生育期遮光，其饱果数、百仁重、荚果产量均受到影响。

四、土壤

花生是个对土壤要求不太严格的作物，除特别黏重的土壤和盐碱地，其均可以生长。但是，由于花生是地上开花、地下结实的作物，要获得优质、高产，对土壤物理性状的要求，以耕作层疏松、活土层深厚的沙壤土最适宜。山东省花生研究所测定，每公顷荚果产量7500 kg以上的高产地块，其土体结构是全土层厚度在50 cm以上，熟化的耕作层在30 cm左右，结荚层是松软的沙壤土。土壤质地0～10cm应为沙壤土至砾沙壤土；10～30 cm为粉沙壤土至沙黏土；30～50cm为粉沙壤土至沙黏壤土。这样的土体，其毛管空隙上小下大，非毛管空隙上大下小，上层土壤的通气透水性良好，昼夜温差大，下层土壤的蓄水保肥能力强，热容量高，使土壤中的水、肥、气、热得到协调统一，有利于花生生长和荚果发育。花生也对土壤化学性质的要求，以较肥沃的土壤为好。据山东省花生研究所对山东花生高产田块的分析测定，单产6000 kg/hm²以上的田块，0～30 cm土层中有机质含量多在4～7 g/kg，全氮含量多在0.3～0.6 mg/kg，全磷含量多在0.5～1.0 g/kg，速效磷（P_2O_5）含量多在5～20 mg/kg，速效钾含量多在50～100 mg/kg，基本代表了山东土壤的中上等肥力水平，但按全国农业土壤肥力等级划分标准，其肥力仍然偏低。据山东省花生研究所分析测定，在花生荚果产量4000～7500 kg/hm²的水平下，花生苗期0～30 cm土层中的速效氮含量在13～75 mg/kg，速效磷含量在24～55 mg/kg，速效钾含量在37.5～75mg/kg，N，P，K速效养分含量与荚果产量分别呈显著、极显著与显著相关。

第三节　花生产量潜力、高产基础与高产途径

一、花生产量潜力估算

（一）根据光合效能估算高产潜力

我国专家学者根据花生的光合效能，进行了高产潜力的估算。花生下针结荚至荚果成熟期的60 d，以最佳叶面积系数、净光合生产率，山东花生所估算南方珍珠豆型早熟中果品种最高荚果产量为11850 kg/hm²；据山东农业大学估算，中熟大果品种最高荚果产量为17265 kg/hm²。山东省花生研究所估算，中间型中熟大果品种结荚至饱果成熟期的80 d中，以最大生理辐射光能的利用率14%，推算北方大花生最高荚果产量为17100 kg/hm²。这些高产的理论测算和塞浦路斯花生实际单产27875 kg/hm²也还有差距。

（二）根据产量构成因素估算高产潜力

从当前花生高产田最佳产量因素结构看，还有很大的增产潜力。不少高产田总果数 ≥ 1hm² 达 495 万个；每千克果数 ≤ 430 个，若按现有高产田出现的总果数最大值 1 hm² 达 570 万个，每千克果数以最小值 410 个来推算，花生 1 hm² 荚果产量可达 13815 kg。

二、品种是花生高产的基础

品种是高产的内在因素。实践证明，其没有一个株型性状优良的高产品种，即使有再好的栽培措施，也难以实现预期的高产目标。因此，选用具有高产株型性状优良的品种，是创建高产的基本途径。花生的高产株型优良性状有以下几方面。

（一）叶厚色深、叶型侧立

叶厚色深绿往往具有较高的光合性能；叶型侧立（叶片在茎枝上的着生角度 ≤ 45°），能使群体冠层叶片和株丛下部叶片接受更多的辐射光和透射光，相对能使群体叶片提高光合效率。叶色深绿、叶型侧立的海花 1 号和花 37，其生育中期 1 hm² 每天的群体净光合生产率为 5.6 ~ 7.4 g，比相同条件下的叶色黄绿、叶型子展的白沙 1016 高 2.5 ~ 3.4 g，提高 44.6% ~ 45.9%。

（二）直立疏枝型品种

在高产群体条件下，单株总茎枝数 10 条左右，而结果枝数占 90% 以上。这是因为茎少而刚健，有利通风透光。密枝型品种，单株总茎枝数 15 条左右，结果枝数仅占 40% 左右。这是因为大量的无效营养枝相互拥挤，使田间郁蔽，群体通风透光不良。疏枝型品种一般株总茎枝数 5 ~ 7 条左右，结果枝不足。据测定，在高产条件下，中间型品种徐州 68-4，其群体叶片冠层以下的辐射光透射率为 25.5%，密枝型品种鲁花 4 号仅为 10.5%，低 15 个百分点。

（三）连续开花习性

花芽分化是开花的基础，一个花芽的形成到开花一般需要 20 ~ 30 d。当第一朵花开放时，就已经进入花芽分化盛期。花生花芽分化特点：①花芽分化早，出苗时或出苗前就分化；②花生团棵期，花芽分化最盛，形成的花多为有效花；③盛花后再分化的花芽多数为不结果的无效花。

花生单株开花只有约 50% 的前期花形成了果针，20% 的果针入土膨大为幼果，饱果率占 15% 左右。珍珠豆型早熟品种花期最短，出苗到始花为 20 ~ 25 d，始花到终花为 50 ~ 60 d；普通型中熟品种花期较长，出苗到始花为 25 ~ 30 d，始花到终花约为 80 ~ 90 d。

（四）短、粗果柄大果型

果柄粗短的品种，比果柄细长的品种，果针入土浅、坐果早而结果整齐。在熟性、密度和其他条件都一样时，单株结实数差异不大，大果型的品种，1 kg 果数少于中果型，单株生产力高于中果型。

（五）株高适中、耐肥抗逆

矮秆耐肥的品种茎节密集、粗壮，不容易徒长倒伏，适于密植，可以充分发挥土壤肥力及肥水管理的优势，植株长势容易控制。与此同时，花针离地面近，果针更容易入土，成果率高。

三、高产栽培的主要途径

（一）提高光合效率，增加生物总产量

花生的总生物产量的干物质量，有90%～95%来源于光合产物。总产量的累积是经济产量转换的基础，两者呈正相关。根据 1 hm² 产 7500～8700 kg 的最佳群体动态测定，开花下针期至结荚期的 50 d 中，其累积的光合产物占全期总量的 68%～70%，最终积累 1 hm² 的总生物产量为 13800～15000 kg。要进一步创高产，使 1 hm² 荚果产量达到 10950～12000 kg，总生物产量必须达到 22500 kg，叶面积系数全期平均为 3.5，总光合势 1 hm² 为 450 万 m²，净光合生产率全期平均在 5 左右。

（二）缩小营养体/生殖体比率，增大经济系数

总生物产量与经济产量一般呈正相关，但也不是绝对的。1 hm² 要获取 10950～12000 kg 的高额荚果产量，总生物产量要达到 22500 kg 左右，同时使 V/R 率降低到 0.5 以下，经济系数提高到 5.8 以上，才能实现预期的产量目标。

（三）依靠主要结果枝，获取群体果多果饱

1. 依靠主要结果枝，提高结实率和饱果率

花生第一对侧枝，约在出苗后 3～5 d，主茎第三片真叶展开出现。创高产必须依靠第一、二侧枝，采取相应的壮苗早发措施，促进第一、二侧枝的健壮生长和二次枝的早生快发，相对提高结实率和饱果率是完全可能的。

花生的开花结实存在着花多不齐、针多不实和果多不饱的矛盾。据 1 hm² 产 7500 kg 荚果以上的高产田测定，在条件基本相同的情况下，单株开花量 100 朵左右，其结实率和饱果率已分别提高到 15%～18% 和 10%～12%。若想进一步创高产，则通过加强基础措施和促控管理措施，使结实率和饱果率分别提高到 20% 和 15% 是完全可能的。

2. 适当增加基本苗，获取果多果饱

在群体条件下，花生株果的消长规律是，单位面积株数减少，单株结果枝数、结果数和饱果数增多；反之，单位面积株数增多，单株结果枝数、结果数和饱果数减少。但是，单位面积株数在适宜范围内增加，其株果的消长规律不变，而群体总结果枝数、总果数和总饱果数都相对增多。以海花 1 号为例，在 1 hm² 27 万株的适宜群体条件下，其单株结果枝数、结果数和饱果数，比 1 hm²19.5 万株分别减少 14.1%，22% 和

16.3%，而群体结果枝数、总果数和总饱果数，则分别增加了 20%、7.8% 和 15.28%。实际 1hm² 产荚果 8130 kg，理论荚果产量 8880 kg，分别增产 6.65% 与 12.96%。

3. 花生合理密植的增产机制

（1）有效提高群体光合总量

合理密植增产的根本原因就在于能够充分利用光能，群体光合总量增加，有效提高了光能利用率，生物总产量增加。

（2）有效减少无效分枝

减少无效枝叶，养分利用更合理，促进早开花，特别是基部的第一、第二对侧枝花，结果总量明显增加，实现果多果饱。

（3）增加单位面积结果枝、总果数，提高总产量

花生稀植虽然可保证单植株个体充分发育，使结果数增加，但是从单位面积总产量来看，稀植产量还是要低于合理密植。此外，稀植导致秋果增多，还会影响到群体果重量。综上所述，合理密植不但可以提高单位面积总产量，而且对于增加果重、提高饱果率效果也比较明显。

因此，从群体着眼，依靠主要结果枝，实现果多、果饱，是获取花生高产的重要途径。

四、花生高产栽培技术

高产是花生栽培者长期追求的目标。花生栽培可以按照播种季节可分为春植、夏植、秋植和冬植花生；按照栽培模式又可分为露地栽培、地膜栽培和设施栽培；按照栽培产品用途，又可分为鲜食果栽培和干荚果栽培。

（一）春花生高产栽培技术

春播露地种植是我国花生主的要种植模式之一，在国内主要花生产区均有较大的种植比例。虽然近年来春播地膜覆盖栽培得到大面积推广应用，但因露地栽培比地膜覆盖操作简便、技术要求低、省工和投入少，今后仍具有较大的发展潜力。

1. 品种选择

各地可根据当地的具体情况，选用优质、高产、抗病、适应性强、商品性好的花生品种进行栽培。以福建省为例，高产区可选择福花 4 号、福花 6 号、福花 8 号、泉花 7 号等品种，青枯病区可选抗青枯病品种福花 3 号种植。

2. 土壤选择，整地做畦

花生喜欢沙性疏松的土壤，应选择耕层深厚、地势平坦、沙土、结构适宜、理化性状良好的土壤。有机质含量在 10 g/kg 以上，碱解氮含量在 40 mg/kg 以上，速效磷含量在 15 mg/kg 以上，速效钾含量在 80 mg/ 以上，土壤 pH 值在 7.0 ~ 8.0，全盐含量不得高于 2 g/kg。

南方一般以畦宽 85 ~ 90 cm（包沟 30 cm）、畦高 15 ~ 20 cm 为宜，整畦的同时，要开好环沟，防止田间积水。北方以垄宽 80 cm、高 10 cm 为宜，地膜栽培的应根据地膜宽度，在充分利用地膜的同时，应保证垄上两行花生的行距在 40 cm 左右，植株

外边 15 cm。

3. 播前晒种，适期播种

春播花生剥壳前 7 d 应选有阳光的天气晒果 3 d，剥壳后分级粒选，把病、虫、已发芽、破皮果仁和秕粒拣出，按大、中粒分成一、二级种子，防止大、中粒种子混播，造成大苗欺小苗的现象。

南方种植的花生品种以珍珠豆型和多粒型为主，当地气温稳定通过 12 ℃ 时为花生的播种始期，从南到北 2 月底至 4 月初播种。在长江流域花生区早春气温回升慢，可在 4 月中旬至 4 月底播种。春花生播种时一般土温和气温均较低，播种时经常遭遇阴雨天气，导致土壤低温高湿，应注意抢晴播种，保证出苗质量。

4. 合理密植

为了充分利用地力和光能，促进早期和全生育期叶面积增长，协调生育过程中个体与群体发展之间的矛盾，增加干物质积累和荚果产量，必须合理密植。春花生一般以双行 2 粒穴播为主，单位面积种植株数依品种分枝力、特性和土壤肥力决定，一般 1 hm² 以 27 万 ~ 30 万株为宜。

5. 下足基肥，合理施肥

应根据品种、前作和土壤供肥能力来确定肥料施用量，应提倡多施用土杂肥和有机肥。

（1）基肥用量。南方小花生区一般 1 hm² 基肥量为氮：磷：钾比为 16：16：16 的进口三元复合肥 450 ~ 600 kg，也可以施土杂肥 45000 kg、碳铵 450 kg、磷肥 750 kg、钾肥 300kg、硼肥 7.5 kg、锌肥 15 kg。

（2）早追苗肥。南方早熟品种应在 3 叶期结合中耕，1 hm² 施用进口三元复合肥 300 ~ 375 kg。长势差的田段，可在开花始期，结合培土追施三元复合肥 75 ~ 150 kg 做花肥。开花期施用石灰或石膏 375 ~ 450 kg 补充钙肥；迟熟品种可在 4 叶期进行，也可 1 hm² 施尿素 60 ~ 90 kg 或稀粪水 22500 ~ 30000 kg，加过磷酸钙 75 ~ 112.5 kg，以加速幼苗生长，促进早分枝、多分枝；最后一次中耕时，1 hm² 撒施石灰和草木灰 300 ~ 375 kg。

6. 田间管理

（1）苗期遇旱灌跑马水，阴雨天及时排水防涝。花生开花下针期和结荚期需水分多，若遇旱应及时灌水，以利开花下针和荚果生长发育。花生是怕涝的作物，多雨季节应注意排涝，特别是结荚期要防渍，以防根腐病发生和烂果，降低花生品质。

（2）叶面追肥，长势差的花生田，其可在结荚期下午 5 时以后喷洒 0.2% 的磷酸二氢钾溶液补充营养。

（3）病虫害防治。

南方花生区应注意对花生青枯病的防治，以 3 年以上水旱轮作和选用抗病品种为主；长期阴雨天气过后，要注意疮痂病发生，可选择托布津等农药防治；饱果期防止田间积水，引发花生根腐病。苗期注意蚜虫和斜纹夜蛾发生。地老虎、蛴螬属地下害虫，可采取毒杀，防止其产生危害。

7. 适期收获

花生植株中下部叶片正常脱落，种皮呈现粉红色是适期收获的标志，收获后及时晒干。南方，特别是沿海地区在 7 月底 8 月初多遇台风雨，勿让荚果遭雨淋或发热引发花生黄曲霉危害，造成黄曲霉素超标。

（二）秋花生高产栽培技术

我国秋花生主要分布在热带和亚热带地区，其多在 7 月下旬至 8 月初播种，12 月中旬收获。我国秋花生播种面积常年达到 14 万 hm²，以广东省面积最大，约占全国秋花生播种面积的 60% 以上。广东省的珠江三角洲、鉴江流域、韩江平原，广西壮族自治区的东南部和西江流域，福建省的中南沿海地区，云南省的澜沧江流域等地为秋花生的集中产区。

1. 选地和整地

秋花生生育期间气候特点为前期多雨、中后期干旱，应选用土质疏松、肥力较高、排水良好和有灌溉条件的水旱田连片种植。特别是在开花下针结荚期间，需水量多，应保证遇旱能灌，无灌溉条件的旱地不宜种植秋花生。

秋花生前作多为早稻，早稻收获至播种花生的时间短，水稻收获后，在土壤干湿合适时要抢晴犁耙整地，起畦播种。一般以畦宽 85 ~ 90 cm（包沟 30 cm）、畦高 15 ~ 20 cm 为宜，起畦的同时，要开好环沟，以利于排灌。

2. 适期播种

秋花生播种过早，气温高，昼夜温差小，茎枝徒长易形成高脚苗，且病虫害多，不利于培育壮苗；花期若遇到 30 ℃以上的高温，则花期缩短，开花少，结荚少，产量不高；水田地区则因早播多雨，易使幼苗受涝。但播种过迟，则植株生育后期受低温干旱影响，特别是中部和北部地区，迟播易受早霜危害，荚果不充实，饱果率降低，种子质量差，产量明显减少甚至失收。

广东北部、福建与云南中南部、广西中北部、湖南与江西南部等地，以大暑至立秋播种为宜；中部地区，包括广东中部、福建东南部、广西中南部、云南南部等地，以立秋前后播种为宜；南部地区，包括海南全省、广东和广西南部等地，以立秋至处暑播种为宜。

3. 增施肥料

为保证秋花生高产稳产，必须增施肥料。据各地经验，秋花生要施足腐熟有机肥做基肥，氮、磷、钾、钙合理搭配，追肥要比春花生相应提早。基肥以堆肥、土杂肥、塘肥、人畜粪等农家肥为主，一般 1 hm² 施 1500 kg 左右，加过磷酸钙 300 kg，钙肥（石灰、壳灰）300 ~ 375 kg，草木灰 375 ~ 750 kg，或氮：磷：钾比为 16：16：16 的进口三元复合肥 600 ~ 750 kg。土杂肥要采用全层施肥，在犁耙时一次性施用，然后反复耙匀，整畦播种。追肥则在幼苗主茎展开 3 片复叶时，1 hm² 施尿素 60 ~ 90 kg 或稀粪水 22500~30000 kg，加过磷酸钙 75 ~ 112.5 kg，以加速幼苗生长，促进早分枝、多分枝；最后一次中耕时，1 hm² 撒施石灰与草木灰 300 ~ 375 kg。

4. 合理密植保全苗

秋花生植株较矮小，茎叶生长一般不及春花生旺盛，为充分利用地力和光能，促进早期和全生育期叶面积增长，协调生育过程中个体与群体发展的矛盾，增加干物质积累和荚果产量，必须增加种植密度。秋花生一般以双行或 3 行 2 ~ 3 粒穴播为主，单位面积种植株数一般比春花生增加 20% 株数，$1hm^2$ 以 33.4 万 ~ 36.0 万株为宜。

5 及时排灌

排灌是秋花生高产的关键，总的原则是湿润生长，重点抓好播前灌水湿润土壤以利种子发芽，齐苗。苗期灌水促生长，下针期灌水迎针，结荚期灌水提高出仁率。

6. 中耕除草

秋花生生育前期高温多雨，畦面易板结，田间杂草生长很快，与花生争肥争光，影响花生生长发育；而雨水的冲刷，常使畦内畦边花生的根颈部露出土面，特别是边行花生更为严重，影响果针入土结实。因此，秋花生必须早中耕除草，使土壤疏松透气，减少杂草危害，培育壮苗。

7. 病虫防治

秋花生生育前期气温较高，蚜虫、叶蝉、蓟马、等害虫发生较多，中后期斜纹夜蛾及锈病、叶斑病等易发生危害，为了确保秋花生增产丰收，必须注意观察、测报，及早防治。

8. 安全收贮

秋花生一般以留种为主要目的，在闽西、闽南地区花生鲜果主要做烤花生，因此，宜采用人工收获，防止荚果破损。留种花生荚果晒干后应妥善贮藏，一般荚果含水量在 10% 以下可较长期保存。

参考文献

[1] 师国强. 作物病虫害防治 [M]. 北京：中国农业科学技术出版社，2020.05.

[2] 张文强，陈雅芝，沈爱芳. 小杂粮优质高产栽培技术 [M]. 北京：中国农业科学技术出版社，2020.08.

[3] 杨雄，王迪轩，何永梅. 小麦优质高产问答 [M]. 北京：化学工业出版社，2020.10.

[4] 张羽，胡志刚. 水稻绿色高产高效技术 [M]. 北京：中国农业科学技术出版社，2020.06.

[5] 李虎，宫田田，吴晚信. 玉米绿色高产栽培技术 [M]. 北京：中国农业科学技术出版社，2020.09.

[6] 梁艳青. 大田作物栽培管理技术问答 [M]. 北京：中国大地出版社，2020.07.

[7] 宋银行. 生姜安全高效栽培技术 [M]. 北京：中国农业科学技术出版社，2020.06.

[8] 万书波，郭峰. 中国花生种植制度 [M]. 北京：中国农业科学技术出版社，2020.12.

[9] 胥洁. 养殖与种植实用技术 [M]. 北京：科学技术文献出版社，2020.09.

[10] 王国才，何艳杰. 农艺工实用技术 [M]. 北京：中国国际广播出版社，2020.02.

[11] 秦永林，王亚妮，苏志芳. 植物学理论及典型农作物的高效种植研究 [M]. 中国原子能出版社，2019.05.

[12] 揭雨成. 麻类作物栽培利用新技术 [M]. 长沙：湖南科学技术出版社，2019.12.

[13] 马新立. 有机农业区域发展与作物高产栽培技术指南 [M]. 北京：中国农业出版社，2019.01.

[14] 张卫建. 三大主粮作物可持续高产栽培理论与技术 [M]. 北京：科学出版社，2019.10.

[15] 张云霞，豆剑，袁歆贻. 农作物栽培学 [M]. 天津科学技术出版社，2019.04.

[16] 张启发. 作物功能基因组学 [M]. 北京：科学出版社，2019.01.

[17] 王会. 大田作物栽培 [M]. 广州：广东教育出版社，2019.10.

[18] 谭宏伟 . 热带亚热带作物施肥理论与实践 [M]. 北京：中国农业出版社，2019.02.

[19] 田福忠，郭海滨，高应敏 . 农作物栽培 [M]. 北京：北京工业大学出版社，2019.11.

[20] 于振文，李雁鸣 . 作物栽培学实验指导 [M]. 北京：中国农业出版社，2019.09.

[21] 孔素萍 . 大蒜优质高产栽培技术 [M]. 北京：科学普及出版社，2019.06.

[22] 刘建军，陈康，陈建友 . 小麦绿色高产栽培理论技术体系与实践 [M]. 中国农业出版社，2019.06.

[23] 于华荣 . 大豆育种与高产栽培技术研究 [M]. 长春：吉林大学出版社，2019.07.

[24] 迟春明，柳维扬 . 作物施肥基本原理及应用 [M]. 成都：西南交通大学出版社，2018.02.

[25] 杨宁 . 作物节水抗旱栽培实用技术 [M]. 沈阳：辽宁科学技术出版社，2018.04.

[26] 李春俭 . 玉米高产与养分高效的理论基础 [M]. 北京：中国农业大学出版社，2018.07.

[27] 孟彦，陈鑫伟，李新国 . 作物栽培技术 [M]. 北京：中国农业科学技术出版社，2018.05.

[28] 刘翠玲，郭振华，张琦 . 农作物优质节本增效种植新技术 [M]. 北京：中国农业科学技术出版社，2018.08.

[29] 许为政 . 北方寒地杂粮杂豆与特色作物栽培技术 [M]. 哈尔滨：黑龙江科学技术出版社，2018.05.

[30] 逄焕成，李玉义，任天志 . 粮食主产区绿色高产高效种植模式与优化技术 [M]. 北京：中国农业科学技术出版社，2018.09.

[31] 包文新 . 农作物病虫草鼠害防控技术 [M]. 合肥：合肥工业大学出版社，2018.03.

[32] 阳会兵，周仲华，杨俊兴 . 棉花短季栽培的高产高效机理及其生产模型研究 [M]. 长沙：湖南科学技术出版社，2018.10.

[33] 罗瑞萍 . 大豆优质高效技术知识答疑 [M]. 阳光出版社，2018.09.